生态建设与改革发展

2016林业重大问题调查研究报告

Reform and Development:
Research Reports on China's Major Forestry Issues

张建龙　主编

U0321414

中国林業出版社

图书在版编目（CIP）数据

生态建设与改革发展：2016林业重大问题调查研究报告／张建龙主编．—北京：中国林业出版社，2017.12

ISBN 978-7-5038-8755-0

Ⅰ．①生…　Ⅱ．①张…　Ⅲ．①林业－生态环境建设－调查报告－中国－2016　Ⅳ．①S718.5

中国版本图书馆CIP数据核字（2017）第323377号

策划编辑　徐小英
责任编辑　何　鹏　梁翔云
封面设计　赵　芳
版式设计　骐　骥

出版　中国林业出版社（100009　北京西城区刘海胡同7号）
E-mail　forestbook@163.com　电话　（010）83143515
网址　http://lycb.forestry.gov.cn
发行　中国林业出版社
印刷　北京中科印刷有限公司
版次　2017年12月第1版
印次　2017年12月第1次
开本　889mm×1194mm　1/16
印张　12.5
字数　258千字
印数　1～3000册
定价　128.00元

2016年林业重大问题调查研究报告

编辑委员会

领导小组

组　长：张建龙

副组长：张永利

成　员：刘东生　彭有冬　李树铭　李春良　谭光明
　　　　封加平　张鸿文　马广仁

编委会成员

孙国吉　赵良平　徐济德　杨　超　刘　拓　王海忠　闫　振
胡章翠　吴志民　程　红　潘世学　王连志　金　旻　周鸿升
潘迎珍　丁立新　王志高　李金华　王永海

编委会办公室

主　　任：李金华　王永海

副 主 任：王月华　菅宁红

成　　员：张志涛　蒋　立　张欣晔　郭　晔　张　宁

序

调查研究是发现问题、解决问题的重要手段。国家林业局始终高度重视调查研究工作，自2006年以来，连续组织多项林业重大问题调研活动，取得了一系列重要研究成果，为服务林业决策提供了重要支撑。2016年，国家林业局继续组织开展林业重大问题调查研究，围绕生态文明体制改革、林业现代化建设、维护国家生态安全、深化林业改革等全局性、战略性问题，确定了10多项专题研究任务。国家林业局经济发展研究中心牵头，联合国家林业局有关司局和单位，组织有关地方林业部门、高校和科研院所，深入基层一线开展调研，撰写了多份质量高的调研报告，许多政策建议被有关决策部门采纳，为推进林业改革发展发挥了重要作用。

党的十九大作出了中国特色社会主义进入了新时代、我国社会主要矛盾已经转化等重大政治论断，确立了习近平新时代中国特色社会主义思想的指导地位，明确了新时代坚持和发展中国特色社会主义的基本方略，回答了新时代坚持和发展中国特色社会主义的一系列重大理论和实践问题，站在新的历史起点描绘了新时代中国特色社会主义建设的宏伟蓝图。十九大报告明确指出，建设新时代中国特色社会主义，必须坚持人与自然和谐共生，树立和践行绿水青山就是金山银山的理念，坚持节约资源和保护环境的基本国策，形成绿色发展方式和生活方式；要加快生态文明体制改革，实施乡村振兴战略；既要创造更多物质财富和精神财富以满足人民日益增长的美好生活需要，也要提供更多优质生态产品以满足人民日益增长的优美生态环境需要。这些重大决策部署对我国林业改革发展将会产生重大影响，林业现代化建设迎来了前所未有的大好机遇。

随着我国社会主义事业进入新时代和社会主要矛盾发生转化，我国林业的形势与任务正在发生深刻变化，需要各级林业部门深入研究、准确把握、积极作为。希望各级林业部门认真学习领会党的十九大精神，坚持以习近平新时代中国特色社会主义思想为指引，紧紧围绕十九大报告中关于生态文明建设和林业改革发展的重大战略思想、重要工作部署，大兴调查研究之风，坚持问题导向，深入基层一线，认真分析林业现代化建设面临的新形势新任务，着力解决影响林业长远发展的全局性关键性问题。林业重大问题调查研究工作要突出重点，抓住关键，科学选题，组织开展新时代林业现代化战略研究，系统谋划林业现代化建设的总体思路、目标任务和工作举措，为国家林业局党组决策提供科学依据。

2017 年 11 月

目　　录

"一带一路"建设与林业合作发展战略研究报告 …………………………………（1）
京津冀协同发展中的林业生态建设调研报告 …………………………………（28）
林业建设与精准扶贫工作调研报告 ……………………………………………（46）
关于中国林业现代化路径若干理论问题的研究 ………………………………（61）
关于三北工程维护生态安全的调研报告 ………………………………………（77）
国有林场职工生计与社会保障问题调研报告 …………………………………（87）
国有林场森林资源保护和监管调研报告 ……………………………………（112）
东北、内蒙古重点国有林区民生监测报告 ……………………………………（124）
东北、内蒙古重点国有林区改革监测报告 ……………………………………（145）
林业供给侧结构性改革及生态产品供给研究报告 ……………………………（163）
林业建设 PPP 模式应用研究报告 ……………………………………………（181）

"一带一路"建设与林业合作发展战略研究报告

【摘　要】通过云南实地调研，分析云南省林业在"一带一路"建设林业合作中的优势与机遇。研究发现，"一带一路"建设在理论和实践两个方面都取得进展，超越了新自由主义发展观和传统地缘政治格局，林业"一带一路"合作在荒漠化防治、跨境森林防火和保护合作取得不同程度进展；缺乏顶层设计，传统林业经贸环境合作、边境合作与"一带一路"三张皮，是林业"一带一路"建设进展不足的主要问题；实施生态外交，与"一带一路"沿线国家共建生态与社会经济命运共同体，将国家生态安全与经济发展、边境林业建设与保护、周边国家森林生态保护和修复的有机结合，克服我国对境外森林和生态破坏的负面影响，应是林业在"一带一路"建设中的顶层设计；云南林业集"民族团结、生态建设和脱贫致富"三大任务于一身，是"一带一路"林业合作在南亚和东南亚落地的重点和突破口，应成为林业"一带一路"先行先试省份，加大政策支持力度；边境地区林业合作将是"一带一路"林业合作的重要突破口，以县为单位开展边境地区林业合作动态监测，是掌握林业国际合作动向和趋势、主动融入"一带一路"建设的重要途径，应及早启动。

在大量文献研究的基础上，我们到"一带一路"南亚、东南亚辐射中心的云南省进行了实地调研。调研期间，与云南省林业厅、腾冲、德宏和西双版纳林业局进行了座谈，实地考察了猴桥、瑞丽和磨憨三大口岸的木材及林产品贸易情况，访问了6个林产品加工、边贸等企业。实地调研得到云南省林业厅的大力支持。

一、"一带一路"建设理论与实践进展

"一带一路"自2013年提出，2015年完成顶层规划设计，2016年以来，"一带一路"已经进入全面落实阶段。

"一带一路"是丝绸之路经济带和21世纪海上丝绸之路的简称。借用古代丝绸之路的

历史符号积极发展与沿线国家的经济合作伙伴关系，共同打造政治互信、经济融合、文化包容的利益共同体、命运共同体和责任共同体。“一带一路”战略，包含了道路联通、贸易畅通、货币流通、政策沟通、人心相通五个方面的内容。“一带一路”建设构想的提出，契合沿线国家的共同需求，为沿线国家优势互补、开放发展开启了新的机遇之窗，是国际合作的新平台，体现的是和平、交流、理解、包容、合作、共赢的精神。

丝绸之路经济带包括北线、中线、南线：北线主要为中国经中亚、俄罗斯至欧洲（波罗的海）；中线主要为中国经中亚、西亚至波斯湾、地中海；南线为中国至东南亚、南亚、印度洋。“一带”主要依托国际大通道，以沿线中心城市为支撑，以重点经贸产业园区为合作平台，包括新亚欧大陆桥、中蒙俄、中国—中亚—西亚、中国—中南半岛等国际经济合作走廊。

21世纪海上丝绸之路有两条线：第一，中国沿海港口过南海到印度洋，延伸至欧洲；第二，中国沿海港口过南海到南太平洋。“一路”主要以重点港口为节点，共同建设通畅安全高效的运输大通道，包括中巴、孟中印缅两个经济走廊。

不同于美国主导的跨太平洋伙伴关系协定（TPP，现已解散）、欧盟、上合组织等，“一带一路”倡议是一个和平、包容、相对松散的国际经济合作框架，通过国家层面的政策沟通、软硬机制的建设等为国际合作建立平台。

（一）“一带一路”理论进展

“一带一路”代表了一种全新的国际合作模式，可以克服双边、区域和世界贸易组织（WTO）多边体制等存在的缺陷，因而能够达到事实上的合作博弈的均衡，使众多发展中国家在平等条件下获得实质性帮助和利益[①]。

“一带一路”是由中国倡导、全新的国际合作模式，其背后是中国古典外交理念“天下无外”“和而不同”的回归。

1.“一带一路”超越新自由主义发展观

强调基础设施投资是“一带一路”的重要特点，是对新自由主义发展观的重大超越。新自由主义认为阻碍发展的关键是国家的政策，其他因素比如地理条件却被忽略了。进入21世纪以后，许多经济学家意识到，地理障碍是束缚许多后发国家发展的核心障碍之一，基础设施对于帮助这些国家发展经济以及进入全球生产网络，都具有重要意义。

世界并不是“平”的，存在很多坑坑洼洼。历史上，亚洲大陆一直缺乏大规模的基础设施建设，许多国家直到第二次世界大战后才开始工业化进程。第二次世界大战后因为有美国“马歇尔计划”的援助，欧洲地区完成了基础设施的重建。随后，虽然美国提出了“十四点计划”支持发展中国家的建设，但是没有意愿也没有能力帮助亚洲发展中国家完

① 保建云．论“一带一路”建设给人民币国际化创造的投融资机遇、市场条件及风险分布[J]．天府新论，2015.

成基础设施建设。而且在新自由主义发展观的指引下，发达国家、世界银行以及亚洲开发银行也没有能力和意愿组织国际合作和资源。这种发展观有意贬低政府的作用，也不鼓励国际合作。亚洲各国都认为基础设施建设是本国的事，但是仅仅靠私人投资又无法实现大型特别是跨国甚至跨洲际交通基础设施的建设。

基础设施的缺乏已经成为亚洲地区的突出特点，是束缚经济发展以及经济一体化进程的关键因素之一。大量研究都表明，完整的地区联系通道的缺失是影响亚洲地区贸易增长和一体化进程的重要因素。特别是亚洲的内陆国家、基础设施较差的国家，可能会因为不能从全球化中受益，导致发展水平较低。除了非洲地区以外，南亚和东亚地区一直都是世界上贫困人口规模最大和最为集中的地区。

中国基于自身的发展经验，一直强调公共基础设施投资对于经济发展的重要性。这与国际货币基金组织和世界银行等国际金融机构宣传推广“华盛顿共识”教条的做法形成了鲜明的对比。美国经济学家萨克斯在2007年就已经指出，当西方国家还高高在上地教育非洲国家的官员如何发展经济的时候，中国人却在非洲与他们平等务实地帮助推进基础设施建设。二者究竟孰优孰劣，现实中已经有清楚的答案。

中国提出了“一带一路”倡议，并建立亚洲基础设施投资银行和丝路基金，正好响应了亚洲地区发展基础设施合作的强烈需求。因此，许多发展中国家代表在2015年博鳌亚洲论坛上由衷地表示：他们参与亚投行，并不是要跟中国选边站，而是选择了正确的发展潮流。

“一带一路”倡议突出基础设施建设在发展议程中的重要性，而且对平等、包容、市场主导等原则的强调，无疑将为全球发展理念带来更加丰富的内容。美国经济学家曾经指出，“华盛顿共识”所提倡的政策比如稳健的宏观经济政策、自由贸易和放松管制等，也并非完全错误。但是仅仅强调这些因素对于理解经济发展却是显得过于片面。真理多向前走一步就成了谬误。“一带一路”强调开放性和包容性，强调一国一策。它所代表的发展观认为，全球发展的复杂性和多样性需要更深刻和全面的理解，这种态度也是它超越新自由主义发展观的高明之处[①]。

2. “一带一路”倡议与地缘政治理论创新

地缘政治理论旨在解释地理因素在国际政治中的作用，分析地理因素对一国外交政策的机遇与挑战，并提出相应的地缘政治战略。西方地缘政治学历经百余年来的发展演变，形成了系统、权威的古典地缘政治理论，提供了一整套有关地缘政治的思维模式和认识论框架。“一带一路”不以追求权力和控制为目的，不依循国家中心主义路径，也不采取海陆对立的“两分法”视角，尝试超越传统的地缘政治思维[②]。

① 谢来辉．“一带一路”超越新自由主义发展观[N]．证券日报，2015-10-24.

② 科林·弗林特，张晓通．“一带一路”与地缘政治理论创新[J]．外交评论，2016.

“一带一路”尝试超越西方地缘政治的权力观，谋求增进理解和信任、加强全方位交流。古典地缘政治理论注重权力与控制。无论是马汉的海权论、麦金德的心脏地带说，还是斯皮克曼的“边缘地带”理论，都主张用军事力量对某一战略要地实施有效的控制，以此带来国家间权力地位的变迁。这种以对抗冲突为核心的思维模式，将其他国际事务参与者全都当成自己的竞争对手或潜在敌人，只有自己进占卡位、控制战略要地，国家安全与利益才能得到保障；即便如此，这种保障也只是暂时的，为了获得更长久的安全，还需要对潜在敌人进行遏制，以保持自己的绝对优势。而且，西方古典地缘政治理论都是从大国出发立论，尤其是从西方资本主义强国的角度，公然论述如何通过占领、控制那些战略要地从而取得优势，无视小国的利益诉求。在麦金德的理论中，基础设施项目被视为一国动员起来对抗另一国的工具，而中国在诠释“一带一路”时认为，通过促进自由贸易能给沿线国家带来福祉，结果是互利共赢的。中国方面强调，打造“一带一路”并不是为了谋求权力本身，而是旨在建立一条亲善、繁荣、交流之路，打造一条福泽沿线各国的发展之路。“一带一路”沿线国家大部分处于东亚和欧洲两个经济发展引擎中间的“塌陷地带”，发展经济与追求美好生活是该地区国家和民众的普遍追求。中国敏锐地注意到了该地区经济发展的巨大潜力与人民的美好愿望，结合地区国家共同利益提出的“一带一路”设想，充分考虑到了沿线国家的利益，超越民族主义与大国中心主义的狭隘视角①。

“一带一路”突破“国家中心主义”，倡导“多中心”的联动和转化。在西方地缘政治中，领土化的民族国家是参与世界竞争的基本单位，国家被定义为单一的行为体，是地缘政治的主要施动者。这种以本国、本民族为中心的地缘政治战略和实践，易于催生民族主义情绪，加剧国家间的竞争和冲突。而“一带一路”的施动者是多元的，多个行为体在同时发挥作用，这些行为体包括沿线国家、国际机构、区域合作组织（如东南亚国家联盟、上海合作组织、欧亚经济联盟、亚洲基础设施投资银行等）、跨国公司、地方政府、商业行会等，它们以一种混合交互的方式共同创造着“一带一路”的场域，充分调动各个行为体和市场主体的积极性，大家共商、共建、共享“一带一路”，超越单个国家视角的狭隘与某一方利益的局限。相对于西方地缘政治想象僵硬地将世界地缘政治空间区分为中心与边缘，“一带一路”构想实现了一种范式转换，代之以不同国家、地区、文化或文明的互为中心、互为边疆的空间思维①。

“一带一路”强调海陆融合，突破海权与陆权的截然对立。麦金德的“心脏地带”理论突出基于欧亚大陆板块在地球上的物理位置而形成的相对地缘战略优势，世界被划分为陆权和海权，欧亚大陆被赋予了特殊重要性。“一带一路”则尝试超越西方传统地缘政治“海陆两分法”的视角。“一带一路”所倡导的互联互通和交通枢纽建设将向世界表明，地

---

① 科林·弗林特，张晓通.“一带一路”与地缘政治理论创新[J]. 外交评论，2016.

方、国家或地区在宏大的历史变迁背景下，是如何逐渐改变其作用的，而这种变化将重构地缘政治的内涵。"一带一路"的目标就是通过非常复杂的交通网络对接，将海洋与陆地连接起来，以高速公路、高速铁路、油气管道、电网、海上通道等代表的互联互通，旨在创建一个连接海陆的、自由开放的功能区，维系这一功能区的主要是商业法则和市场逻辑，而非强权和战争[①]。

"一带一路"能够在多大程度上超越国家中心主义以及"海陆两分法"的视角，真正超越权力政治。特别是考虑到当今世界依然是一个由主要大国唱主角的威斯特伐利亚体系，"一带一路"的创新能否改变国际政治的无政府状态，仍有待时间和实践的检验[①]。

3. "一带一路"必须超越掠夺式资源与生态合作模式

掠夺他国自然资源用于发展本国经济，不仅是西方殖民时期的发展窠臼，而且仍在当今世界继续上演，只是掠夺和破坏的规模和程度有所收敛。在气候变化、资源能源短缺、生物多样性锐减等全球性生态环境危机下，掠夺式资源与生态合作模式难以为继。

中国与发展中国家合作的传统模式是输出廉价消费品、获取能源矿产资源，这种模式的潜力接近用尽，也越来越不受欢迎[②]。中国海外投资主要走向资源蕴藏丰富的地区，如非洲、拉丁美洲和大洋洲等。由于西方发达国家先入为主基本垄断了地理位置优越和资源蕴藏较为丰富的地区，中国企业进入这些地区的大多属于规模小、投入大、开采难度大的项目，而这些地区往往生态脆弱、环境敏感、基本都坐落在世界生物多样性热点地区内，开发不当极易对这些地区的生态环境产生显著的负面效应。2013 年 2 月，商务部、环境保护部联合发布了《对外投资合作环境保护指南》，该指南从倡导企业树立环保理念、要求企业遵守东道国环境保护法律法规以及鼓励企业环保行为与国际形势接轨三个方面对企业境外环境保护进行要求和指导。2014 年，国家林业局也发布了《林业企业境外投资指南》，要求企业在海外林业开发中，注意保护外国的生态环境。

实施生态外交、践行与"一带一路"沿线国家共建生态与社会经济命运共同体，是突破掠夺式资源与生态合作模式的途径。通过跨境生态补偿方式，打破或缩短生态掠夺的发展路径，实现中国与"一带一路"沿线国家林业的共同发展。

（二）"一带一路"建设实践进展

1. 总体进展

2013 年 9～10 月，习近平总书记正式提出包含"丝绸之路经济带"和"21 世纪海上丝绸之路"的"一带一路"理念；2013 年 11 月，十八届三中全会将"一带一路"上升为国家战略；2015 年 3 月发展和改革委员会、外交部、商务部联合发布了《推动共建丝绸之路经济带和 21 世纪海上丝绸之路的愿景与行动》，其是"一带一路"首次公布的总体的顶层设

① 科林·弗林特，张晓通．"一带一路"与地缘政治理论创新[J]．外交评论，2016.

② 赵华胜，"丝绸之路经济带"的关注点及切入点[J]．新疆师范大学学报(哲学社会科学版)，2014，6.

计和战略规划；2016年3月列入“十三五”时期主要目标任务和重大举措。政策逐层演进，由理念到框架，由框架到战略规划，由战略规划到深入实施。

“一带一路”提出以来，中国在国内外各个层面取得了一系列重要的政策进展。国内方面，中央和部委层面各项具体推进措施不断出台，大部分“一带一路”省市已经出台“一带一路”专项政策，国家发展和改革委员会、商务部等13个部门以及香港特区政府均已设立“一带一路”专门机构。国外方面，习近平总书记在2013年9月至2016年8月期间访问了37个国家（亚洲18国、欧洲9国、非洲3国、拉美4国、大洋洲3国）。截至2016年9月，我国已与70多个国家、地区和国际组织完成战略对接，达成联合声明、双边协议/合作协议、合作备忘录/谅解备忘录、中长期发展规划和合作规划纲要等成果。马来西亚、新加坡等和联合国已设立“一带一路”相关机构。

2013年9月7日，习近平在哈萨克斯坦纳扎尔巴耶夫大学发表演讲时表示：为了使各国经济联系更加紧密、相互合作更加深入、发展空间更加广阔，我们可以用创新的合作模式，共同建设丝绸之路经济带，以点带面，从线到片，逐步形成区域大合作。2013年10月3日，习近平主席在印度尼西亚国会发表演讲时表示：中国愿同东盟国家加强海上合作，使用好中国政府设立的中国—东盟海上合作基金，发展好海洋合作伙伴关系，共同建设21世纪海上丝绸之路。

2013年3月28日，国家发展和改革委员会、外交部、商务部联合发布《推动共建丝绸之路经济带和21世纪海上丝绸之路的愿景与行动》，标志着“一带一路”建设的顶层设计顺利完成，“一带一路”工作也从顶层设计转入到务实推进阶段。2013年11月，“一带一路”写入党的十八届三中全会通过的《中共中央关于全面深化改革若干重大问题的决定》。

2014年“一带一路”建设开始落地，亚洲基础设施投资银行和丝路基金提出。2014年5月21日，习近平在亚信峰会上做主旨发言时指出：中国将同各国一道，加快推进“丝绸之路经济带”和“21世纪海上丝绸之路”建设，尽早启动亚洲基础设施投资银行，更加深入参与区域合作进程，推动亚洲发展和安全相互促进、相得益彰。

2015年3月27日在海南博鳌亚洲论坛上，国家发展和改革委员会、外交部和商务部联合发布了《推动共建丝绸之路经济带和21世纪海上丝绸之路的愿景与行动》。这标志着对中国发展将产生历史性影响的“一带一路”进入全面推进建设阶段。

2016年，习近平总书记在乌兹别克斯坦议会发表重要演讲，总结“一带一路”倡议提出以来取得的进展，提出中国愿同沿线国家携手打造“绿色、健康、智力、和平”四大指向的丝绸之路，明确了“一带一路”建设的大方向，描绘了共建“丝绸之路”的新愿景，得到国际社会普遍响应。《建设中蒙俄经济走廊规划纲要》正式签署，实现了“一带一路”在多边经济走廊方面的突破。“一带一路”与欧亚经济联盟对接合作稳步推进。亚太经合组织首次在领导人宣言中写入共商、共建、共享等“一带一路”核心理念。

2016年，与沿线国家的互联互通和产能合作加快推进。雅万高铁开工建设，中老、中泰铁路开工在即，泛亚铁路网建设提上日程。中国企业中标皎漂深水港及工业区项目，为规划中缅经济走廊提供了必要条件。瓜达尔港正式开航，使中巴经济走廊的脉动更加清晰。科伦坡港口城项目全面复工，预示着海上丝绸之路的重要支点正在形成。我国同哈萨克斯坦成立产能合作基金，中哈产能合作模式继续发挥引领作用。中亚最长的安格连—帕普铁路隧道建成通车，为打通中国、中亚和西亚走廊作出了贡献。中国企业中标希腊比雷埃夫斯港港务局项目，呼唤中欧陆海快线建设加快推进。匈塞铁路签署商务协议，中欧班列常态化运输机制已然形成。以中国装备和标准制造的亚吉铁路正式通车，为中非产能合作树立了成功范例。

2016年3月，《国民经济和社会发展第十三个五年规划纲要(草案)》将"一带一路"列入"十三五"时期主要目标任务和重大举措部分。"十三五"时期主要目标任务和重大举措主要分为6个方面，"一带一路"作为"深化改革开放、构建发展新体制"重要组成部分，在国际产能合作、贸易升级、高标准自由贸易区网络建设方面发力，基本形成开放型经济新体制新格局。"一带一路"已经成为统筹国内区域开发开放与国际经济合作的新的战略。

2017年1月，国家发展和改革委员会同外交部、环境保护部、交通运输部、水利部、农业部、人民银行、国资委、林业局、银监会、能源局、外汇局以及全国工商联、中国铁路总公司等13个部门和单位共同设立"一带一路"PPP工作机制。旨在与沿线国家在基础设施等领域加强合作，积极推广PPP模式，鼓励和帮助中国企业走出去，推动相关基础设施项目尽快落地。

2017年5月，中国将发起并主办第一届"一带一路"国际合作高峰论坛，这是中国继2014年APEC峰会、2016年G20峰会之后最重要的一次国际峰会，也是2017年最大的政策亮点。"一带一路"峰会除了会邀请不亚于G20和APEC量级的各国政要参与之外，这还是中国第一次发起和主办如此高规格、大规模的国际峰会，将成为"一带一路"国际合作的关键节点和重要沟通平台。

2015年，中国与"一带一路"相关国家双边贸易总额达9955亿美元，占全国贸易总额的25.1%，吸引"一带一路"相关国家投资超过20%，我国企业对"一带一路"相关国家直接投资增长18%(商务部)。截至2016年，已有100多个国家和国际组织表达了积极支持和参与的态度，我国已同40个国家和国际组织签署共建"一带一路"合作协议。

2. 边境合作进展

2010年6月29日，广西东兴、云南瑞丽、内蒙古满洲里等地区被国家列为重点开发开放实验区建设对象。2011年，国务院办公厅印发的《兴边富民行动规划(2011～2015年)》中对推动发展边境旅游做了明确的阐述，提出大力培育开发涵盖民族、休闲、探险、农业、生态等具有边境特色的旅游项目和活动。《推动共建丝绸之路经济带和21世纪海上丝绸之路的愿景与行动》将云南被定位为面向南亚、东南亚的辐射中心，通过发挥区位优势，推进国际运输通道建设，打造成为大湄公河次区域经济合作新高地，标志着边境地区开放开发已上升为国家战略[①]。2016年云南磨憨被确定为国家级开发开放实验区。

2016年9月8日，中国与老挝签署共建"一带一路"合作文件：《中华人民共和国和老挝人民民主共和国关于编制共同推进"一带一路"建设合作规划纲要的谅解备忘录》。双方一致同意，秉持"一带一路"合作、发展、共赢的理念，按照共商、共建、共享原则，扩大在双方共同关注领域的多元化、多层次合作，不断创新合作机制、模式和内容。双方商定，在中老两国《共同推进"一带一路"建设合作规划纲要》中纳入基础设施、农业、能力建设、产业集聚区、文化旅游、金融、商业与投资等合作领域，并围绕其开展合作。

2016年10月13日下午，习近平总书记对柬埔寨进行国事访问期间，签署了《中华人民共和国和柬埔寨王国关于编制共同推进"一带一路"建设合作规划纲要的谅解备忘录》。该备忘录是继老挝之后，我国与中国—中南半岛经济走廊沿线国家签署的第二个政府间共建"一带一路"合作文件。

二、"一带一路"建设中的林业发展机遇、定位与进展

（一）"一带一路"带来的林业发展机遇和战略定位

1. 发展机遇

截至2016年，围绕"一带一路"建设，林业确定了防沙治沙和野生动植物保护两大重点，建立了中国—中东欧国家（16＋1）、大中亚地区、中国—东盟等林业合作机制，成功举办世界防治荒漠化日全球纪念活动暨"一带一路"高级别对话，发布了《"一带一路"防治荒漠化共同行动倡议》（以下简称《防治荒漠化倡议》）。

共建绿色丝绸之路，对林业国际合作提出了新要求。加强生态环境、生物多样性和应对气候变化合作是"一带一路"战略对生态环境建设的总体要求。在推动生态环境合作的同时，加强生态外交，为"一带一路"经济合作提供绿色软实力，建立中国与"一带一路"沿线国家生态与经济命运共同体平衡发展的新模式，是林业在"一带一路"中义不容辞的责任[②]。

2. 战略定位

林业在"一带一路"中的地位如何确定？我们认为有三个层次的定位，一是作为贸易

---

① 李凡．云南边境口岸旅游发展模式及对策研究［D］．昆明：云南师范大学，2015.

② 谢晨，李颖明，张坤，等．2016周边国家林业外交战略研究报告［R］．国家林业局经济发展研究中心，2016.

畅通的一部分，传统林产品贸易在“一带一路”中的作用；二是共建绿色丝绸之路中，林业发挥的生物多样性保护、荒漠化防治、应对气候变化等生态保护与修复作用；三是中国与“一带一路”沿线国家生态与经济命运共同体建设中林业的作用，即林业的生态外交定位。通过与“一带一路”沿线国家建设国家生态与经济命运共同体，林业发挥生态外交作用，克服境外森林和生态破坏的负面影响，将国家生态安全与经济发展、边境林业建设与保护、周边国家森林生态保护和修复的有机结合，推动“一带一路”林业实质发展，实现共建、共享、共赢的“一带一路”发展理念。

（二）“一带一路”林业合作进展

1. 中国与东南亚国家林业合作进展

中国—东盟林业合作论坛进一步深化。林业合作历来是中国—东盟全方位合作的重要组成部分。中国和东盟各国森林资源禀赋、林业产业结构各具特色，互补性强，合作潜力大。2015 年，中国—东盟国家的林业贸易额达 318 亿美元，其中中国从东盟各国进口额达 200 亿美元。这些合作为促进亚洲乃至全球林业发展作出了积极贡献。

2016 年 9 月 11 日，2016 年中国—东盟林业合作论坛在广西南宁开幕，论坛主题为“维护森林生态安全，提高国民绿色福祉”。会上，张建龙局长就中国—东盟林业合作提出三点建议。一是积极构建中国—东盟林业合作长效机制，深化区域合作。本着优势互补、互利共赢原则，推动中国与东盟各国林业高层对话，以务实态度开展全方位林业合作，深化林业经济技术合作，促进中国—东盟林产品贸易，发挥区域林业合作机制作用。二是促进森林资源保护与利用。加强在森林生态系统综合管理、跨界自然保护区和生物多样性保护、林木种质资源的收集保护和开发利用等方面合作。建立畅通的信息沟通渠道，相互通报重大林业灾害信息，开展林业灾害联防。充分发挥林业在应对气候变化中的独特作用，共同推进绿色低碳发展，拓展各国发展空间。三是加强林业科技创新，驱动林业产业合作。搭建林业科技合作平台，促进科技交流和人员互访，共同提升林业科技创新能力。深化双方林业产业合作，优化产业布局，推动林业上下游产业和关联产业协同发展。促进林业经贸合作提档升级，积极鼓励双方林业企业开展林产品加工、贸易和林木种植等领域合作，提升林业经贸与投资合作水平，实现互利共赢。

中国—东盟林业全方位合作不断加深。近年来，随着林业合作关系日趋紧密且广泛，广西与东盟成员国在林业领域的合作，从单一的木材贸易逐步转向森林资源综合开发、木材加工及林业科技交流等多方面的全方位合作。

一是举办中国—东盟博览会林产品及木制品展。中国—东盟博览会林产品及木制品展从 2010 年起已成功举办六届。展览规模从第一届的 1 万平方米增至第六届的 3 万平方米，展品类别从木材家具和木制品扩大到第六届的包括红木家具、林下经济产品、木材加工机械等在内的全产业链产品类别，贸易成交额累计达到 19.5 亿元，专业观众累计达 30 万人，境外展商比例达到 25%，专业化程度和影响力不断提升，是国内举办的同类展会中东盟国家参与度最高的展会。

二是引入林浆纸龙头企业，促进产业结构优化升级。通过引入和充分发挥世界级浆纸业巨头和特大项目的示范带动作用，把林业资源优势转化为产业优势、经济优势，以制浆、造纸、纸制品的全球先进生产力倒逼广西林业产业转型升级，淘汰了落后产能，延长产业链，提高了附加值，树立了品牌，打造了全区第9个千亿元产业——造纸与木材加工千亿元产业，为把广西建设成为林业产业强区、打造林业产业升级版作出了重要贡献。

三是开展科技项目交流合作，实现双方林木种质资源优化，在油茶、八角、竹业等经济林领域与东盟国家开展密切的合作交流。

四是加强野生动植物保护合作，实现珍稀动植物跨国保护。自2011年起，广西壮族自治区林业厅与越南高平省农业与乡村发展厅就跨边界保护东黑冠长臂猿展开合作，建立双方边境保护区合作的长效机制，共同推进中越边境东黑冠长臂猿及其栖息地的持久保护。

2. 中国—中东欧国家林业合作

中东欧地区是欧洲的新兴力量和连接亚欧大陆的重要纽带，是中国“一带一路”倡议与欧洲投资计划的对接区，拥有巨大的发展潜力。

2016年5月24日，第一次中国—中东欧国家林业合作高级别会议在斯洛文尼亚首都卢布尔雅那召开。中方愿与中东欧国家继续稳定并开拓双边交流渠道，大力支持中国—中东欧国家林业合作协调机制发展，以对话促合作促发展，促进森林可持续经营和多功能林业、湿地和野生动植物保护、绿色经济和生态文化，鼓励绿色科技交流与转移，为企业搭建贸易投资合作平台，将生态环境友好的观念始终贯穿到中国—中东欧国家合作中。会议通过了《中国—中东欧国家林业合作协调机制行动计划》。

3. 荒漠化合作进展

良好的生态环境是“一带一路”沿线可持续发展的基础，是实现“一带一路”愿景的保障；荒漠化造成饥饿贫困，恶化生存环境，引发社会冲突，是对人类生存与发展的严峻挑战，是制约“一带一路”沿线国家可持续发展的重要因素。

2016年6月17日，在北京举行的世界防治荒漠化日纪念活动暨“一带一路”共同行动高级别对话发布了《“一带一路”防治荒漠化共同行动倡议》（以下简称《防治荒漠化倡议》）。

《防治荒漠化倡议》明确共同行动将遵循“和平合作、开放包容、互学互鉴、互利共赢”的合作原则，通过采取综合生态系统管理措施、鼓励发展沙区绿色经济、开展沿线国家交通干线和城镇（绿洲）综合生态防护体系建设等5项举措，确定了建立和完善相关监测与规划、完善国家相关政策和法规、联合编制《“一带一路”沿线重要沙漠及自然遗产名录》等6项合作重点。为落实行动计划、加快遏制荒漠化和逆转土地退化，建设绿色丝绸之路，改善民生、减轻贫困，为全面实现2030年土地退化零增长目标奠定基础。

《防治荒漠化倡议》提出，充分利用现有双边、多边和区域合作机制，广泛建立伙伴关系，推动“一带一路”沿线各国、国际组织的战略和政策衔接与融合，反映共同关切，筹集资源支持。充分动员企业和民间部门参与，鼓励技术创新和机制创新，利用金融和市场手段，吸引企业家投资沙漠绿色生态项目，并通过国家政策手段给予支持和激励。通过防治荒漠化共同行动，全面提升荒漠化地区生态保护、恢复和沙漠绿色经济发展水平，为“一带一路”沿线可持续发展提供生态保障、技术支持和合作动力。

4. 林业保护合作进展

我国在实施濒危物种贸易管理、加强国家履约执法和立法、开展保护濒危物种宣传教育和能力建设、完善管理体系和履约协调机制、加强国际履约合作等方面开展了大量卓有成效的工作，取得了显著成绩，对保护全球濒危物种、保障国家生态安全、有效打击走私犯罪活动、配合国家重大外交战略等发挥了重要作用。组织开展了对“长江经济带”“一带一路”等国家战略涉及濒危物种管理举措的配套研究。

2016年10月，中越召开CITES履约执法交流会。会议提出：①充分发挥两国有关执法监管部门现有合作机制作用，特别是要推动广西有关部门与越南接壤省份对口部门就反走私综合治理、共同打击野生生物犯罪建立直接沟通合作机制；②在双边各部门现有交流机制的基础上，积极推动将野生动植物非法贸易的综合治理与执法打击纳入业务交流议程，加强信息情报交流分享，及时提供执法协作；③中越双方计划在2017年开展中国广西和越南广宁之间的执法机构联合培训，在共同提高业务技能的同时，加强双边一线执法人员的经验交流，共同推动双边履约管理与执法部门的能力建设；④中越双方将进一步加强沟通交流，开展多种形式的宣传教育活动。此次会议是中越两国强化CITES履约执法新的里程碑，标志着两国合作应对野生动植物犯罪的起步。

三、云南省“一带一路”林业合作现状、问题及建议

2015年，习近平总书记考察云南时提出云南“努力成为我国民族团结进步示范区、生态文明建设排头兵、‘一带一路’面向南亚东南亚的辐射中心”的定位。林业在落实习总书记对云南的三个定位中都发挥重要作用。

（一）云南在“一带一路”建设中具有独特优势

1. 南亚东南亚地缘优势

云南是中国通往东南亚、南亚的窗口和门户，地处中国与东南亚、南亚三大区域的结合部，与缅甸、越南及老挝三国接壤，与泰国和柬埔寨通过澜沧江—湄公河相连，与马来西亚、新加坡、印度、孟加拉国等国邻近，是我国毗邻周边国家最多的省份之一，边境线长4060千米，其中中缅边界1997千米，中越边界1353千米，中老边界710千米，

约占我国陆地边境线的1/5，涉及怒江、保山、德宏、临沧、普洱、西双版纳、红河、文山8个州(市)25个边境县(市)，其中11个县(市)与邻国城镇隔江(界)相望，是中国通向东南亚、南亚陆路最便捷的国际通道，国家"一带一路"建设的重要门户，正在成为中国—东盟的经济走廊。

我国周边交通设施中与"一带一路"建设相关的线路约有10条大通道，其中5条陆路通道与云南省具有直接的关联，一是从云南保山腾冲，经过缅甸到印度加尔各答的铁路通道，即抗日战争时期修建的史迪威公路；二是从云南腾冲或瑞丽，经过缅甸到孟加拉国吉大港的铁路大通道；三是从云南瑞丽到缅甸实兑港和皎漂港的铁路公路大通道；四是从云南昆明经过缅甸到泰国曼谷的公路铁路通道；五是从云南景洪经万象、金边，到新加坡以至雅加达的铁路大通道①。

2. 生态安全地位重要

云南边境地区生物多样性富集，森林覆盖率达65.68%，望天树、龙脑香、亚洲象等我国珍稀濒危动植物物种尽分布于此，是全国热带雨林分布面积最大的区域，也是我国生态服务功能和生物生产力最高的区域，对维护国家生态安全意义重大。

云南边境地区是中国西南和东南亚极为重要的生态廊道，其生态变化具有广泛的扩散效应，对中国构建跨境生态安全和重要资源安全保障体系、推进西部沿边区域合作、实施向南开放战略及生态外交等有重大影响。云南边境地区是国家西南安全屏障的前沿和载体，其生态建设与国土安全、睦邻友好、民族团结、精准扶贫等问题密切相关，对落实习总书记对云南的三个定位、维护我国生态安全具有不可替代的作用。

3. 区域合作丰富多样

1992年，在亚洲开发银行的倡议下，中国、缅甸、老挝、泰国、柬埔寨、越南正式启动大湄公河次区域经济合作(GMS)机制。云南作为中国参与GMS合作的最前沿和主体省份之一，为推动大湄公河次区域经济合作作出了贡献。与此同时，云南省积极参与孟中印缅经济走廊建设、完善滇印滇缅合作机制，积极参与打造中国—东盟自贸区升级版，稳步提升云南与周边国家的多边、双边合作水平。2013年6月6~10日首届中国—南亚博览会与第21届昆明进出口商品交易会同期举办，中国-南亚博览会永久落户云南，标志着云南又创建了一个新的对外开放合作平台②。2015年11月，由中国主导的湄公河—澜沧江合作机制启动实施，这是中国、柬埔寨、老挝、缅甸、泰国、越南等根据共同需求量身定制的新型次区域合作机制，六国将在政治安全、经济和可持续发展、社会人文三个重点领域开展合作，全面对接东盟共同体建设三大支柱，互联互通、产能合作、跨境经济合作、水资源合作、农业和减贫合作是澜湄合作五个优先领域。

---

① 田春生．从"一带一路"看中国沿边经济发展与合作的特点与问题[J]．广西大学学报(哲学社会科学版)，2015，37(5)：80－85.

② 和颖，张晓霞．云南融入"一带一路"建设研究[J]．学术探索，2016，1：16－21.

4. 跨境合作潜力巨大

云南已成为中国边境对外贸易大省和对东南亚开放的桥头堡。2012 年云南对外贸易进出口总额达210 亿美元，约为全国外贸总额的1/20，增速超过全国平均增长速度24.6个百分点[①]。至2014 年7 月，云南全省有14 个国家一类口岸、7 个二类口岸、90 个边民互市通道和103 个边贸互市点[②]。

表1　云南边境口岸情况

口岸等级	口岸类别			
	航空口岸	公路口岸	水运口岸	铁路口岸
一类口岸（国家级口岸）	昆明、西双版纳、丽江	河口、鑫水河天保、磨憨、瑞丽、畹町腾冲、孟定、打洛	景洪、思茅	河口
二类口岸（省级口岸）	——	田蓬、片马、盈江、章凤、南伞、孟连、沧源	——	——

2015 年7 月23 日，云南勐腊(磨憨)国家级重点开发开放试验区设立。试验区位于云南省西双版纳傣族自治州最南端，东、南、西三面与老挝相连，西北面与缅甸隔江相望，现有面向老挝开放的国家一类口岸——磨憨口岸和澜沧江—湄公河航道的国家一类口岸——景洪港关累码头，位居昆明—曼谷国际大通道、澜沧江—湄公河国际航道对接部，是我国面向南亚东南亚辐射中心的重要节点和中南半岛合作的重要前沿，战略地位十分重要。试验区范围涉及10 个乡镇，国土面积大约4500 平方千米。

建设试验区是加快沿边地区开发开放步伐、完善我国全方位对外开放格局的重要举措，有利于加快构建“一带一路”面向西南开放的桥头堡，推动中老全面战略合作伙伴关系发展，深化澜沧江—湄公河次区域合作，维护边境地区民族团结和社会稳定，实现西南边疆地区和民族地区与全国同步建成小康社会。生态屏障建设是试验区五大建设内容之一。

(二)云南林业在“一带一路”建设中的定位及合作进展

云南是“动物王国”“植物王国”，是我国乃至世界生物多样性富集区，在全国生态文明建设战略中担负着建设祖国西南生态安全屏障的重任。多年来，云南省委、省政府始终将林业工作摆在重要位置，国家公园建设试点、野生动植物保护、集体林权制度改革等多项工作走在全国前列，起到了示范引领作用。习近平总书记高度重视林业生态建设，在云南考察工作时，总书记要求要像保护眼睛一样保护生态环境，像对待生命一样对待生态环境。一些学者认为云南林业国际合作应以桥头堡建设为契机，努力建设面向西南开放的绿色生态安全屏障，坚持对外开放，适应国际形势发展。形成以老挝为突破口，

---

① 张丽君，张妍．云南边境对外贸易成就、问题与对策研究[J]．中央民族大学学报(哲学社会科学版)，2014，41(2)：43－51.

② 李凡．云南边境口岸旅游发展模式及对策研究[D]．昆明：云南师范大学，2015.

联动缅甸、越南、泰国、柬埔寨的周边林业合作布局。

1. 边境森林防火合作

近年来，云南边境地区跨境森林防火取得积极成效。边境县市围绕"预防、扑救、保障"三大体系，着手推进"预测预报、火场通信、林火阻隔"等能力建设，森林防火制度规范不断完善，基础设施和装备建设得到加强，防火经费保障机制初步建立。截至2016年，成立防火指挥部25个，组建县级专业扑火队25支，人员750人；配备林火专职管理人员130余名、护林员2万余名，建设边境防火隔离带和防火通道1975千米。此外，为加强边境和邻国行政边界联防，部分边境县市采取与比邻国家省、县签订《边境森林防火协议》，建立联防会议机制，举行民间森林防火联谊交流会等，强化边境沿线森林防火管控，有效控制了森林火灾事故的发生。

2. 云南省跨境保护区建设

云南野生动植物跨境保护以及野生动物疫病联防联控任务艰巨。云南与缅甸、老挝、越南接壤，边界线长达4060千米，15个民族与境外相同民族在国境线两侧居住，有100多个边民互市集贸市场。云南省边境一线建立了高黎贡山、南滚河、西双版纳、黄连山、大围山、分水岭等6个国家级和铜壁关、老山、南捧河、古林箐、老君山、竜山和小黑山等7个省级自然保护区，保护着边境一线的国土和资源安全。

(1)高黎贡山国家级自然保护区开展的合作。2004~2010年，高黎贡山国家级自然保护区怒江管理局与缅甸边境的特区政府签定了《中缅边境资源保护联防协议》，确定双方每半年互通一次信息，对国境一线的森林防火、盗伐林木、偷猎野生动物等事件进行协商，共同配合查处跨国盗伐林木和偷猎野生动物案件；严厉打击武装盗伐林木或运输野生动物活体及其制品，以及妨碍办案人员执行公务等。2006~2010年，双方共同合作扑灭了两起边境森林火灾，有效保护了森林资源。

(2)西双版纳国家级自然保护区开展的合作。为了有效地保护好边境区域丰富的野生动植物资源、扩展野生亚洲象及印支虎等野生动物的生存空间，2006年4月，首届"中国老挝跨边境亚洲象保护交流研讨会"在西双版纳举行，西双版纳国家级自然保护区与老挝南塔省农林厅、南木哈国家级自然保护区通过会晤及磋商，达成了合作的初步意愿。2009年11月，第四次"中国西双版纳—老挝南木哈国家级自然保护区跨边境保护交流年会"举行，中老双方正式签署了《中老挝跨边境保护协议》，建立了面积为5.47万公顷"中国西双版纳—老挝南木哈国家级自然保护区联合保护区域"。

2010年以来，西双版纳国家级自然保护区管理局与老挝自然保护区管理部门建立了中老边民交流互访机制，开展了项目工作人员技能培训、村寨社会经济情况调查、生物多样性本底调查、联合监测巡护，举办了边民保护意识提高培训等项目合作，全面推进与老挝保护区管理部门的合作，加强跨边境一线的生物多样性保护。

在与南塔省农林厅推进合作的同时，西双版纳国家级自然保护区又与老挝于2011年

11月签订了“中国西双版纳勐腊—老挝丰沙里省生物多样性联合保护区域”项目合作协议，于2013年划定了“中国西双版纳磨憨—老挝南塔省磨丁跨境经济合作区生态保护区域”和“中国西双版纳勐腊—老挝乌渡姆塞生物多样性联合保护区域”。至此，南北长约220千米，东西宽约5千米，总面积约20万公顷的“中老跨边境联合保护区域”初步形成。

3. 跨境野生动物疫病防治和打击走私合作

加强对边境地区动物疫病的联防联控，减少动物疫病的入侵和抑制野生动物走私一直是云南林业重点工作。自2004年开始，在国家林业局和云南省委省政府的支持下，云南省积极组织开展陆生野生动物疫源疫病监测工作。全省相继建立了一批国家级、省级和州市、县区级监测站，初步形成了陆生野生动物疫源疫病监测网络体系。根据云南省政府2009年批准实施的《云南省陆生野生动物疫源疫病监测体系建设规划（2008～2020年）》，云南省规划建立78个监测站，其中，20个监测站计划在边境县建设。截至2016年年底，已完成19个边境监测站建设投资，占规划任务的95%。已建监测体系在防控禽流感疫情以及候鸟监测保护等方面的工作中发挥了重要作用。但是因动物疫病监测工作经费不足，基础设施建设落后，监测设备和应急物资缺乏，难以满足监测站建设和监测工作开展的需要。

在国家林业局的支持下，2011年以来，云南省在红河州河口县举办了4次中越野生动物疫源疫病监测联防联控双边合作座谈会。双方就加强边境地区疫源疫病监测、定期开展技术交流和宣传教育、及时通报监测信息等方面达成共识，初步建立了河口－老街边境地区双边联防与交流合作机制。同时，还印刷了中越文的《野生动物疫源疫病防控宣传手册》和日历，用于发放给中国河口与越南老街边境地区群众。通过跨边境合作，促进了边境地区野生动物疫源疫病监测的顺利开展，树立了云南乃至中国的保护形象。目前，边境联防联控合作机制建设无项目资金支持，除河口外，其他边境县区均未开展此项工作。

（三）缅甸与云南边境林业合作现状

1. 中缅木材贸易

1）中缅木材贸易的三个阶段

第一阶段从20世纪80年代中后期到1998年。改革开放后，中国实施沿边开放战略，双边的木材贸易起源于云南边境居民易货，贸易交换缅甸的木材。随着云南口岸建设初成规模，对外贸易政策进一步开放，积累了一定资本的云南民间商人成为这一时期参与缅甸木材开发和进口贸易的主体。

第二阶段从1999～2006年。1998年中国天然林资源保护工程开始实施，国内木材产量锐减；这一期间主要贸易模式是中方应缅方要求组织设备、人员入境伐木然后再运送回云南境内。随着规模的不断增长，云南边境毗邻缅甸的地区逐渐发展成为集木材销售、初级加工为一体的产业区。但因为多方原因，随后缅甸中央政府加强了对各地采伐木材的控制，在双方协商的基础上云南省于 2006 年出台了《关于云南省对缅木材矿产使用管理暂行办法的通知》，主要内容包括对缅木材进口实行备案制和核准制，仅云南与缅甸接壤的 6 个边境州(市)备案的企业能从缅甸以现汇方式直接进口木材，且每年每州(市)备案的企业不能超过 5 家，同时现汇贸易下的木材进口需从缅甸中央政府认可的缅方企业进口木材；合作项目下的木材进口实行核准制，申请核准的企业需提供经缅甸中央政府相关部门认可的合同(协议)和相关批准(认可)文件。

第三阶段从 2007 年至今。由于中缅双边对木材贸易的限制，云南从缅甸进口木材逐步减少。贸易的主要模式也发生了转变，由中方应缅方要求组织设备、人员到缅方伐木转为中方企业、商人到当地木材市场挑选木材再运回国内的贸易模式。缅甸进口木材的减少对云南边境地区的木材加工业产生了较大影响，这一时期云南边境地区的木材加工企业开始出现倒闭和撤离。2011 年以后，欧美各国陆续解除了对缅甸长达几十年的经济制裁，缅甸中央政府又逐步放宽了对各地木材采伐和对外贸易的限制。2014 年，缅甸中央政府相关部门宣布“自 4 月 1 日起停止原木出口，所有木材需经一定的加工方能出口”。木材收入对缅甸当地财政、民众生计至关重要，缅甸出台这一政策的初衷在于期望能够利用国内现有森林资源增加当地就业机会、创造附加价值，因此改变以往以原材料出口为主的模式，转而走深加工的路子，同时吸引国外木材企业直接进入缅甸开设加工厂，以应对原木出口禁令。在 2015 年“中缅森林治理与木材合法性认证研讨会”上中缅双方一致同意就两国正在各自起草的木材合法性验证体系展开更多的信息互通和对话交流。中方还就在缅合作建立木材加工工业园区以提高缅甸境内的产业附加值、增加就业，以及中国企业在缅开展可持续林业投资等话题与缅方进行了初步的交流①。

2)贸易区域

中国的木材进口量位于世界前列，对外木材依赖度高达 50%，木材资源安全保障问题愈发紧迫。与云南省毗邻的缅甸，森林资源丰富、木材质地好、价格实惠、地理优势明显，一直是中国的主要木材进口来源国之一。据海关数据统计，中国进口缅甸的木材 90% 以上通过云南进口，其中又以边境贸易形式进口为主导。

云南省和缅甸山水相连，国境线 1997 千米，中缅之间的木材贸易持续了近 30 年，牵涉到复杂的历史、政治、经济、社会、环境和国际因素。如图 3 所示，两国木材贸易的主要区域为接壤的边境地区，即缅甸东部的 2 个少数民族自治邦克钦邦、掸邦以及云南西部与其接壤的怒江傈僳族自治州、保山市、德宏傣族景颇族自治州、临沧市、普洱市、西双版纳傣族自治州等 6 州(市)的边境县(市)。这些边境县(市)均属于云南对外开放的口岸，包含国家一类口岸 4 个、二类口岸 6 个。具体来说，在云南境内，集中在怒

① 董敏，黄颖洁，罗明灿，等. 中缅木材贸易探究[J]. 林业经济问题，2016，36(2)：143－147.

江傈僳族自治州泸水县，保山市腾冲县，德宏傣族景颇族自治州的瑞丽市、盈江县，临沧市镇康县、耿马傣族佤族自治县、沧源佤族自治县，普洱市孟连傣族拉祜族佤族自治县以及西双版纳傣族自治州勐海县。其中以与克钦邦接壤的泸水县片马镇、腾冲县猴桥镇和滇滩镇、瑞丽市弄岛镇以及盈江县那邦镇为最热区域。经过近30年的发展，在云南这些边境乡(镇)形成了大片主要以缅甸木材销售、加工为一体的木材产业区①。

3)贸易方式

中缅两国的木材贸易以边境贸易为主，基本属于中国进口缅甸木材的单边贸易，主要方式是云南省与缅甸接壤的边境6州(市)的外贸公司与缅甸边境地区克钦邦、掸邦境内的贸易机构和企业之间的现汇小额贸易。

在中缅边境木材贸易中长期存在着一种类似于“补偿贸易”的方式：一般应缅方要求中方组织用于开辟伐木和运输道路，木材采伐、加工和运输等的机器设备和技术工人到缅方边境地区采伐缅方指定的待采伐、销售的木材，再运回国内，中方投入的设备、技术和劳务用于冲抵一定的木材款。

到了云南境内，“加工贸易”的特征逐渐显现。缅甸木材汇集到云南边境地区的木材市场，各地买家购买后，大部分的木材都以原木的形式或在云南边境加工厂加工成方便运输的锯材或拼板、板材从云南边境经昆明或直接运输到中国东部的广东、上海、浙江、福建等地，用于制造家具、地板或用于室内装饰材料，云南本地制造的终端产品只是少量的高档红木家具。在早、中期的中缅木材贸易中，绝大部分的缅甸木材在中国被加工成高档家具或地板用于出口到欧美等发达国家和地区；2008年以来，随着美国《雷斯法》修正案、欧盟《木材法案》等环境贸易政策的实施，形成了一种非关税贸易壁垒，对中国木质林产品的对外出口影响较大，随着中国国内木制品市场逐渐壮大，越来越多的进口缅甸木材制品被用于国内消费①。

4)贸易规模及趋势

由于欧美等国对缅甸的经济制裁，一直以来缅甸木材主要出口中国、印度、泰国等周边地区。中国进口缅甸的木材主要是原木和锯材。据联合国统计署贸易数据库不完全显示(表1)，1992～2006年中国进口缅甸木材量和贸易额一直呈上升趋势，2006年以后，因双边对边境木材贸易的限制同时受世界金融危机影响，中国进口缅甸木材量逐步下降，2010年中国进口原木下降到43.3万立方米，但受价格上涨因素的影响，进口额仍逐步上升；2011年缅甸文职政府上台以后，双边木材贸易又出现复苏势头，2013年中国进口缅甸原木量又接近100万立方米，同时由于缅甸国内可采资源的下降和贸易成本的上升，木材价格急剧攀升，其中2014年进口额超过6亿美元。因缅甸国内加工能力有限并受双边贸易传统的影响，锯材贸易在中缅之间一直占据很小比例，除2003～2007年中

① 董敏，黄颖洁，罗明灿，等. 中缅木材贸易探究[J]. 林业经济问题，2016，36(2)：143－147.

国进口量维持在约25万立方米的水平外，其余年度进口量基本保持在10万立方米左右，锯材进口额自2006年以后，一直维持在5000万美元左右[①]。

表2　中国从缅甸进口原木和锯材情况

年　份	进口原木		进口锯材	
	进口量(万立方米)	进口额(亿美元)	进口量(万立方米)	进口额(亿美元)
1992	25.7522	0.3405	2.4201	0.0248
1993	40.0662	0.6028	4.3275	0.0461
1994	49.8543	0.5477	7.0242	0.1148
1995	51.1397	0.5396	9.0339	0.1140
1996	45.4981	0.5182	8.4813	0.1110
1997	20.5733	0.1956	6.0495	0.0868
1998	18.1869	0.1679	5.8619	0.0676
1999	35.5906	0.3845	7.3299	0.1011
2000	58.2719	0.5982	—	0.2066
2001	55.7529	0.5797	—	0.3054
2002	60.5200	0.5613	—	0.4120
2003	86.2958	0.7699	24.3714	0.3857
2004	105.4087	1.0081	25.1711	0.3949
2005	113.3217	1.2907	32.1312	0.6387
2006	102.6842	1.1350	17.8360	0.3675
2007	75.9651	1.4102	26.3110	0.4798
2008	49.0353	1.7754	9.9248	0.5046
2009	37.0222	1.2420	11.1585	0.5230
2010	43.2939	1.3899	10.1124	0.5264
2011	68.7645	2.1050	9.8040	0.4586
2012	61.6701	2.4766	8.8599	0.4776
2013	97.0100	5.3537	11.4965	0.6504
2014	—	0.4199	—	0.4199

5) 中缅木材贸易对双边经济和生计的影响

对缅甸边境的影响：2015年缅甸人均GDP仅1221美元，特别是缅甸边境地区多为少数民族聚居区，经济更是落后。过去20多年，木材出口一直是缅甸的支柱产业，是其第二大重要外汇来源，征收矿产、木材税是当地政府的主要收入来源。

缅甸边境克钦邦、掸邦位于“金三角”范围内，曾是世界上鸦片等毒品的主要种植区，在20世纪90年代中后期国际社会及中国政府的强大压力下，毒品种植被基本根除后，采伐和出售木材成为了贫穷的边境地区群众重要的收入来源。边境木材贸易也在一定程度带动了当地第三产业的发展，如出租土地给中国企业、商人用于囤放、加工木材，

① 董敏，黄颖洁，罗明灿，等．中缅木材贸易探究[J]．林业经济问题，2016，36(2)：143－147.

出租马匹、骡子等用于运送木材，开设旅馆、餐厅等。

对云南边境的影响：中缅边境木材贸易带动了当地木材加工业的发展，云南与缅甸交界地区如怒江傈僳族自治州的泸水县、保山市的腾冲县、德宏傣族景颇族自治州的瑞丽市、盈江县等都已发展成集缅甸木材销售、加工为一体的木材产业区，尤其是当地红木家具制造业已形成了较有影响和特色的产业。然而，受双边对木材贸易限制的影响，国内木材采伐又一直未放开，绝大多数木材加工厂都面临着原料短缺的局面。同时，云南边境地区的绝大多数加工厂都属于初级加工厂，对厂房、设备等投资有限，经营管理组织投入水平较低，长远的经营策略较缺乏，融入当地经济的程度有限。

中缅边境木材贸易大多由云南当地民企、商人驱动，以保山市腾冲县为例，据估计，鼎盛时期整个县城50%左右的人口在某种程度上都与边境木材贸易相关。在云南与缅甸接壤的边境地区，绝大多数乡(镇)都形成了木材销售、加工的连片区，当地居民总体来说间接的参与到了木材贸易中。以怒江傈僳族自治州泸水县片马镇为例，据估计20%～30%的当地和周边居民季节性受雇于伐木公司、当地木材加工厂，从事伐木、装运、木材初级加工等工作。当地居民更大的收入来源于因木材贸易、加工而产生的对囤放木材、创办加工厂而产生的租地收入，因木材贸易和加工所带来的外来流动人口集中而产生的出租或开办店铺、旅馆、餐饮店等第三产业的收入。

总之，中缅木材贸易主要是云南与缅甸毗邻地区之间的边境木材贸易，有着深厚的民间贸易色彩，发展过程中受缅甸国内政治、经济、社会、环境以及国际因素影响较大。近30年来，双边边境木材贸易不仅为缅甸中央、地方政府提供了维持统治的政治资金，而且是缅甸边疆少数民族群众重要的生计支撑。对于中国而言，在国内木材需求日益旺盛、国内木材产量短期内不可能增加的情况下，缅甸木材进口是木材安全的保障之一，同时也与云南边境地区民众的生计息息相关①。

2. 腾冲市与缅甸林业合作

腾冲市与缅甸山水相连，国境线长148.075千米。腾冲市有三个口岸，一条通道，分别是：猴桥国家级口岸、滇滩省级口岸、自治省级口岸和胆扎口岸通道。腾冲森林资源丰富，林业用地面积660.39万亩，占国土面积的77.25%，森林覆盖率73%，是全国资源林政管理示范县、森林采伐管理改革试点县和全国林改典型县，也是云南省重点林区县之一。

(1)木材贸易。腾冲是云南省的重点林区县，缅北地区大量木材需经猴桥、胆扎、滇滩、自治等口岸进口到腾冲，再从腾冲运输到全国及世界各地。

近年来，腾冲市从缅甸进口的边贸木材大幅减少。2014年进口边贸木材10.4万立方米，2015年进口边贸木材5.7万立方米，由于缅甸政局动荡，云南省商务厅对缅甸边贸

① 董敏，黄颖洁，罗明灿，等. 中缅木材贸易探究[J]. 林业经济问题，2016，36(2)：143-147.

木材暂停进口，2016年腾冲没有从缅甸进口边贸木材，运输了2015年度库存的进口木材1.45万立方米，树种为阔叶类栎木、西南桦。截至目前腾冲市发放运输证14528立方米，全部用于运输2015年度的库存进口木材。

(2)边境防火合作。多年来，中缅边境一线一直是腾冲森林防火工作的重点和难点，缅方森林防火无组织、无机构，缅方边民每年春季随意放火烧地已成习惯，对腾冲市边境森林资源造成了巨大的损失和威胁。据不完全统计，由于境外火入境给腾冲边境林区造成较大损失的有16起，总受害面积达8.8万亩，损失林木近194.4万立方米，投入扑救经费4060.75万元。2012年4月份以来，缅北战事不断，缅方边民为躲避战乱，在边境线上聚集驻扎，人员活动极为频繁，加之缅方采取火攻战法多次引发森林火灾，同时缅方在边境一线布设了大量的地雷，造成腾冲市无法对境外森林火灾组织有效的扑堵。

针对逐年严峻的中缅边境森林火灾防控形势，腾冲市采取了如下措施：一是加强瞭望监测，及时掌握边境火情。腾冲市加强了中缅边境查林防火监测力度，将边境森林火灾监测人员在历年64名的基础上增至120人。同时通过外事及民间交流等手段，加强与缅甸政府及边民的沟通，有针对性的加强中缅边境森林火灾防控工作。二是加强宣传教育，提高边民防火意识。缅甸发生战事以来，大量缅甸边民为躲避战事滞留在腾冲市中缅边境一线，腾冲市多次组织边境乡镇、林场到中缅边境缅甸边民滞留地向缅民宣传我国森林防火法律法规和相关法律，张贴、发放中缅互译的《森林防火条例部分条款》《防火通知书》等森林防火宣传材料。三是加强基础设施建设，提升防控能力。2008年以来，腾冲市中缅边境森林防火隔离带建设共投入项目资金1262.5万元，完成建设边境森林防火通道38.9115千米，生物防火隔离带44.898千米。中缅边境森林防火防控最有效的措施就是修建森林防火通道，通过修建森林防火通道充分发挥以下两方面的作用：一是修建的森林防火通道，充分发挥防火通道阻隔带的作用，将边境火阻隔在缅方一侧。二是提升运输保障的作用，快速切实提高应急处置能力。三是加大中缅边境森林险火科技投入力度。建设森林防火护林员定位系统一套，配置护林员定位系统终端1018台，投入资金49万元。建设中缅边境森林防火视频监控系统套，投入资金20万元。四是加强应急处置，科学高效处置森林火灾。

3. 德宏傣族景颇族自治州与缅甸林业合作

德宏傣族景颇族自治州有林业用地1238.2万亩，占土地总面积73.9%，其中林地面积1092.7万亩，森林覆盖率67.1%，林木绿化率69.2%。生物多样性丰富，有高等植物339科1908属6033种，有盈江龙脑香、滇藏榄、鹿角蕨等国家级、省级珍稀濒危保护植物157种，速生用材树种1000多种，植物药材2000余种，食用野菜(含真菌、苔藓、地衣)213种，野果46种；陆生和水生脊椎野生动物725种，东白眉长臂猿、印度穿山甲、伊江巨蜥、花冠皱盔犀鸟等国家级、省级保护野生动物89种。

对缅木材及林产品贸易情况。德宏傣族景颇族自治州获得木材进口经营资质备案的外贸企业共有66户，州内从事边贸木材加工和经营的企业近312户，从业人员4000多人。“十二五”期间，通过瑞丽口岸、盈江口岸、章凤口岸报关进口在林业部门办理运输的缅甸木材共290.9万立方米。2011年进口52.5万立方米，2012年36.8万立方米，2013年103.4万立方米，2014年54.3万立方米，2015年43.9万立方米。同时办理植物检疫证调运女桢籽、千张纸、地老瓜、豆叶、草蔻等林产品和药材23476.02吨（瑞丽口岸）。就木材种类来看，主要是红木类居多。截至2016年11月21日，瑞丽市共计办理进口木材运输证3893车，进口木材总量为12.26万立方米，其中：奥氏黄檀16589.01吨，大果紫檀38161.33吨，柚木53216立方米，木炭9940.46吨，西南桦、黑心楠、木荷、脆皮树木等阔叶树种10.53万立方米。

目前，中缅边境缅方一侧克钦邦控制区内木材资源已匮乏，加之2011年以来缅甸边境地区发生战事，克钦邦控制区内有价值的木材已无法运送到中缅边境。进入德宏傣族景颇族自治州的缅甸木材，主要产地为缅甸八莫以南的缅甸政府控制区域，进入地点主要是瑞丽口岸，仅有少量木材从章凤、盈江口岸通道进入。

缅甸木材进入的方式主要为：由缅甸边民和木材供货商砍伐木材后，运送到中缅边境中方一侧历史形成的堆场堆放，中方持有《云南省对缅现汇木材贸易进口核准证》的木材进口企业在边境通道以现汇贸易方式收购木材，在中方口岸办理报关进口手续（目前瑞丽弄岛口岸还有近20万立方米木材未能报关进口）。

4. 西双版纳傣族自治州与缅甸林业合作

西双版纳傣族自治州与老挝、缅甸接壤，毗邻泰国、越南，全州国境线长966.3千米，占云南省边境线近四分之一；其中，景洪市南与缅甸接壤，国境线长112.4千米，勐腊县西部与缅甸隔江相望，国境线长达740.8千米（中缅段63千米），勐海县西南与缅甸国接壤，国境线长113.1千米。

（1）边境贸易。西双版纳傣族自治州共有进口木材经营加工企业314家，年加工进口边贸木材原料约5万余立方米，边贸木材主要来源于老挝、缅甸。2014~2016年，全州共进口木材224473.12立方米。其中，从缅甸进口木材40134.42立方米，从老挝进口木材184338.7立方米。2014年至今，全州进口石斛1500吨；交趾黄檀386立方米；鸟声（鹦鹉）1000多只；野生亚洲象15头、非洲象6头。

（2）跨境保护。缅甸与西双版纳傣族自治州接壤的地区为其掸邦东部第四特区，属地方民间武装控制区域，双方民间、经济方面的合作较多。2013年西双版纳傣族自治州曾派出人员与掸邦东部第四特区方面洽谈推动跨境联合保护相关事宜，但无实质性进展。2016年11月，西双版纳傣族自治州积极派出相关人员参加了云南省林业厅在昆明举办的中缅跨境联合保护研讨会，以期中缅跨境联合保护有新进展。

（3）跨境防火。多年来，边境森林火灾威胁十分突出。针对边境森林防火的严峻态势，一是积极开展边境森林火灾联防联控，确保边境生态安全。与缅甸、老挝地方政府签订边境森林防火联防协议，召开边境森林防火工作会谈，并签署相关会谈工作纪要。通过开展多种形式的民间交流、召开联谊座谈、签订边境用火互通协议等措施，建立了边境森林防火防控互通机制，有效推进边境森林资源保护和防止森林火灾发生。二是严格防火值班制度。进入森林防火期，在全州各边境重点镇安排专人进驻瞭望塔，坚持24小时值班值守严密监测境外火情。一旦发现境外火情，第一时间报告当地政府和防火部门，第一时间组织人员积极应对，严防死守，杜绝了境外火入侵，有效保障了边境地区森林资源安全。

（四）老挝与云南边境林业合作

在老挝的诸多自然资源当中，森林资源是最为重要的资源之一，同时在老挝的整体国民经济当中，林业经济更是有着举足轻重的地位。老挝的森林覆盖面非常大，都具有独特的生态性，拥有许多珍贵植物。森林是老挝人民最重要的生活来源，超过80%的老挝人民都需要森林给他们带来的经济效益。

西双版纳傣族自治州与老挝、缅甸接壤，毗邻泰国、越南，全州国境线长966.3千米；其中，勐腊县东部和南部与老挝接壤，国境线长达740.8千米（中老段677.8千米）。

1. 跨境保护

西双版纳傣族自治州于2006年开始与老挝在边境一线开展了亚洲象的保护、监测与研究工作，初步建立了跨境联合保护合作机制。2009年，双方进一步加强合作。在中国西双版纳尚勇和老挝南塔南木哈建立一个面积为5.4万公顷的中老联合保护区域。2011年，双方又在中国勐腊曼庄和老挝丰沙里建立了第二个长达80千米、面积为5.5万公顷的联合保护区域，两国边境联合保护区域的面积也由原来的5.4万公顷扩展到了10.9万公顷。2012年12月12日，中老双方再次签订联合保护区域协议。新建立起3片联合保护区域，面积由原来10.9万公顷增加到了20万公顷。至此，中老边境联合保护区域从过去的分段式保护区域变为连片式保护区域，5片连线的中老边境绿色长廊全线贯通，形成了南起“中国尚勇—老挝南木哈”，北至“中国勐腊—老挝丰沙里”，地跨中国西双版纳、老挝北部三省（南台省、乌多姆赛省、丰沙里省）的一条牢固的中老边境绿色生态安全屏障，实现了中老边境野生动植物资源的有效保护，开创了中老边境联合保护合作新模式，为“中老边境绿色生态安全屏障”和“中老边境生物多样性走廊带”建设打下了坚实的基础，为栖息于这个区域的野生动植物提供一个安全的迁徙走廊。目前中老跨边境生物多样性保护项目进入云南省“一带一路”重大项目储备库。

在积极与老挝开展跨境保护工作的同时，积极争取亚太森林组织网络实施了“亚欧林业示范项目——老挝北部森林可持续经营项目”。自2006年开始，每年召开一次中老双边合作交流年会，就完善联合保护合作交流机制、加大双边联合保护宣传、在中老联合保护区域开展资源调查和联合巡护、加强联合保护区域内森林防火监测和预警等工作达成共识。二是印制发放了具有中老文化、民族和生物多样性保护方面的宣传年历、挂历等宣传资料，在联合保护区域社区村寨内广泛粘贴发放。三是通过举办 GIS、红外相机和野外调查方法等相关培训，提高了双方工作人员的业务素质和野外巡护技能。四是通过积极开展边民交流会及联台巡护等活动，强化了“增进友谊、共同发展、关爱自然、携手保护”的主题。

2. 跨境执法

西双版纳傣族自治州与老挝、缅甸山水相连，便道纵横，边民入境相当方便；同时，边民法律意识淡薄。受经济利益的驱使，境内外不法分子非法互相勾结，进入西双版纳傣族自治州境内猎杀珍稀野生动物，盗采珍稀植物，走私、贩运野生动植物及其制品等各类涉外案件逐渐增多。西双版纳傣族自治州森林公安机关于 2005 年起与老挝警方建立双边合作机制，就联手共同打击境内外野生动植物资源违法犯罪活动定期举行会晤，互通情报，建立了良好的合作机制。合作过程中，双方签署了《中国西双版纳森林公安与老挝北部三省警务合作会谈纪要》，规范了双方的合作行为。

（五）云南林业发展融入“一带一路”布局存在的主要问题

1. 木材贸易

（1）缅甸全面禁止原木出口，造成相关企业原料短缺，缺乏应对措施。中国的木材进口量位于世界前列，对外木材依赖度高达 50%，木材资源安全保障问题愈发紧迫。云南省和缅甸山水相连，国境线 1997 千米，中缅之间的木材贸易持续了近 30 年。2014 年，缅甸中央政府相关部门宣布“自 4 月 1 日起停止原木出口，所有木材需经一定的加工方能出口”。中缅边境木材贸易带动了当地木材加工业的发展，现如今云南与缅甸交界地区如怒江傈僳族自治州的泸水县、保山市的腾冲县、德宏傣族景颇族自治州的瑞丽市、盈江县等都已发展成集缅甸木材销售、加工为一体的木材产业区，尤其是当地红木家具制造业已形成了较有影响和特色的产业。然而，受双边对木材贸易限制的影响，国内木材采伐又一直未放开，绝大多数木材加工厂都面临着原料短缺的局面。同时，云南边境地区的绝大多数加工厂都属于初级加工厂，对厂房、设备等投资有限，经营管理组织投入水平较低，长远的经营策略较缺乏，融入当地经济的程度有限。

（2）部分口岸木材积压，未能报关进口木材过多。弄岛口岸：虽然省商务厅和昆明海关已同意瑞丽市处置积压在弄岛口岸的进口木材，但 2016 年 11 月 15 日的截止日期已超过，9 月份以来突击报关进口的量只有 12 万立方米，按照摸底上报的数据计算，还有近 20 万立方米未能报关进口。腾冲市：因为腾冲市的口岸木材部分须在腾冲市加工成半成品、产品才对外销售运输，加之由于当前木材市场疲软，口岸木材无法及时进行交易，造成部分口岸木材积压。

（3）木材检查站的建设与高速发展的交通基础设施建设不相适应。随着社会经济的发展，公路网络纵横交错，交通工具的发达、信息网络的发展，涉林违法越来越隐蔽，木材检查站的建设与高速发展的交通基础设施建设不相适应。

（4）口岸木材运输环节上监管难度大，对运输木材违法案件的查处存在一定难度。根据国家林业局相关规定，进口木材到达第一目的地以内不需办理木材运输证，且在第一目的地范围内加工成胶合板、纤维板、刨花板、细木工板、饰面人造板的，在运输过程中根据国家林业局的相关规定不需办理运输证，因此进口到腾冲市猴桥口岸、胆扎口岸、滇滩口岸及自治口岸的木材，林业部门无法进行监管。木材检查站负责木材运输检查，同时又开具边贸木材腾冲市内运输许可证，对运输木材违法案件的查处存在一定难度。

2. 跨境执法

（1）边境管理难度大，执法未形成有效合力。德宏傣族景颇族自治州与缅甸接壤的边境线长，民间贸易频繁，大小通道众多，管控难度大。因人员不足，对边境一线缅方私自运输进入我国境内木材查处和打击力度有限。相关执法部门也缺乏工作协调机制，对进口木材管理难以形成合力。目前，海关、武警边防部队、解放军边防部队、森林公安、地方林业部门都能对非法进口木材进行打击，但各部门侧重点又不尽相同，缺乏相应的工作协调配合机制，难以形成合力。

（2）境外核查，我方人身安全无保障。受利益驱使，少数缅甸边民通过边境便道将小批量的缅甸木材非法偷运入我国境内，通过民间交易出售给我国边民的情况时有发生。还有我方人员出境收购。这些人均成为中缅双方打击的重要对象，同时因为是非法出境，人身安全无法保障。另外替代种植核查工作主要由中方单方面开展，出境核查人员人身安全难于保障。

3. 跨境保护

（1）任务重。云南与缅甸、老挝、越南接壤，边界线长达4060千米，15个民族与境外相同民族在国境线两侧居住，有100多个边民互市集贸市场。野生动植物跨境保护以及野生动物疫病联防联控任务艰巨。

（2）人力投资不足。跨境联合保护、珍贵用材林、清洁能源等项目有待国家层面给予资金上、政策上的支持。

（3）跨境保护区建设很难让缅方响应。首先无相关政策保障和机制；其次，据了解，缅甸的相关政策也没有，响应的缅甸区域也不是保护区，共同保护有难度。

4. 跨境防火

（1）缅方局势造成的困难，缅方无防火组织机构。

（2）缅方政局不稳，无长期可协调人员和机构。

（3）森林防火基础设施薄弱。由于经费不足，导致防扑火装备不足，防控大火的能力不强。特别是中缅边境一线山高坡陡，箐深林密，扑救人员和物资运输非常困难，通讯覆盖率低，极大地削弱了森林火灾综合防控能力。

四、主要问题

尽管林业在荒漠化防治、跨境森林防火和保护区建设方面取得积极进展，但是，由于国家“一带一路”建设正在形成之中，从顶层设计、建设内容到政策机制，林业主动融入一带一路建设都有很多建设性的工作要做。

（1）林业在“一带一路”建设中的国家定位尚未明确。①林业在“绿色丝绸之路”中的总体定位尚未明确。作为生态建设的重要组成部分，林业在“绿色丝绸之路”建设中应发挥重要作用。目前，国家林业局确定的“一带一路”林业合作重点是荒漠化防治和野生动植物保护，但“绿色丝绸之路”的理念尚在形成中，林业在其中的总体定位尚未明确。②生态外交是林业融入“一带一路”的顶层设计，将超越传统经贸合作、动用国家力量推动林业生态战略合作，但目前生态外交没有纳入“一带一路”国家议事日程。

（2）传统经贸合作、边境林业合作和“一带一路”林业建设三张皮，不利于加快林业“一带一路”合作。木材及林产品贸易、海外林业开发等传统林业经贸合作，是全面理解和构建林业“一带一路”的重要基础；边境地区林业合作是林业融入“一带一路”的起点，边境地区不仅可以提供口岸林产品贸易、林产品加工、野生动植物保护、森林防火等林业合作最新动态，而且可以及时掌握像中老铁路开工、磨憨国家级开放开发试验区设立等“一带一路”最新进展，帮助林业部门及时研判林业融入一带一路建设的机遇和问题，但目前，传统林业经贸合作、边境林业合作与“一带一路”林业尚没有有机结合，使决策部门不能全面、准确、及时把握林业融入“一带一路”的重点和动向，延缓林业“一带一路”建设进程。

（3）尽管有一些技术方面的合作，林业总体在南亚、东南亚的“一带一路”合作尚没有落地。从森林资源的角度看，南亚东南亚是林业合作的重点。但是由于比邻国家政局动荡不稳等因素，国家层面的合作进展不足；加之我国多年来对木材及林产品日益增长需求，对缅甸、老挝等国家的森林和野生动植物资源造成不同程度的消耗，直到最近，云南边境地区珍稀野生动植物非法贸易呈多发和逐年上升趋势，“腾冲的森林是靠砍光对面缅甸的山保护下来的”“多的时候，成千上万的中国人在缅甸的山上砍木头”“我们是应该补偿他们了”。种种损害，造成边境地区林业合作大多是“单相思”，协调我国经济发展与边境国家的森林修复与保护，是林业“一带一路”在南亚、东南亚地区落地的优先领域。

（4）云南在“一带一路”林业合作战略中具有独特优势，应承担先行先试的任务，但政策支持明显不足。云南具有独特的地缘优势，是“一带一路”在南亚、东南亚的辐射中心，是促进林业“一带一路”建设在南亚、东南亚落地的关键省份；云南生物多样性富集，生态保护与建设任务繁重，在维护国家生态安全中具有不可替代的作用，是我国今后林业发展的重点区域；云南省25个边境县贫困发生率为17%，远高于全国平均水平（7%），云南林业建设集"民族团结、生态建设和脱贫致富"三大任务于一身，是落实习总书记对云南三大定位的重要行业。分析云南省林业的战略地位，我们认为，云南省应承担起林业"一带一路"在南亚、东南亚地区"先行先试"的任务，统筹国家发展、云南边境建设及境外国家森林保护与修复，是云南完成"一带一路"林业合作先行先试战略的必要条件。目前，国家已经从退耕还林、国家公园建设等方面加大了对云南的支持力度，但与国家对云南在"一带一路"中的定位和林业建设繁重任务相比，政策支持力度仍显不足。

（5）边境地区森林防火基础设施总体薄弱，执法能力和手段不足，难以有效防控边境森林火灾、打击跨境野生动植物非法贸易。与云南接壤的缅甸、老挝等国的边民仍延续刀耕火种的生产生活方式，加之境内外山体相连，边境地区火源复杂、管理难度大，防控外火一直是边境地区森林防火的重点和难点。云南边境25县公路网密度0.241千米/平方千米，为全省平均(0.581千米/平方千米)的41.4%，现有森林防火公路网密度仅为0.28米/公顷，致使火灾发生后扑救力量和物资不能及时送达火灾现场，严重影响扑救效率；由于经费不足和技术短缺，森林防火隔离系统建设目前尚处于起步阶段；同时，边境地区森林防火监测预警能力弱、信息化水平低，基本装备得不到必要配备和及时更新。

在执法方面，云南4060千米的边境线上，分布着16个一类口岸、7个二类口岸，93个正式通道和300余条常年有货物出入境的非正式通道，边境管理任务繁重，但25个边境县现有523名森林公安民警，在执法装备不足和老化的情况下，难以管理和应对边境地区复杂形势和管理需要。近年来，云南边境地区查获的野生动植物及其制品大部分来源于境外，呈多发和逐年上升趋势。

（6）生物多样性跨境保护国际合作初步开展，但具体工作尚无实质进展。云南周边缅甸、老挝均为经济欠发达地区，境外生物多样性保护得不到足够重视。由我国高黎贡山、西双版纳等自然保护区主导建立的边境联合保护机制，缺乏资金支持和政策保障，推行困难。边境野生动植物资源被盗猎、盗采的现象依然存在，野生动植物走私贩卖查处力度有限，境外森林破坏程度加剧，影响我边境一线的生物多样性保护。

（7）信息不畅、缺乏对林业海外和边境合作的全面把握，仍是"一带一路"林业合作战略的制约因素。目前，掌握林业海外经贸合作及边境合作的主要是商务部门、海外开发企业及贸易公司。在调研中，我们了解到往返于中缅、中老的木材商人、企业家最了解林业经贸和跨境合作情况，但因缺乏与这些部门和企业的协作和沟通机制，林业部门难以获得全面、准确及时的信息。同时，重点林业国家的研究也较滞后，难以提供有价值的合作信息。不掌握信息，不能有的放矢，也是林业"一带一路"建设面临的突出问题。

五、政策建议

（1）开展生态外交林业顶层设计，统领林业"一带一路"。生态外交是林业上升到国家“一带一路”建设的重要途径。通过生态外交顶层设计，一方面，整合国家生态安全与发展、边境建设与境外国家森林生态保护与修复资源，在推动边境地区解决生态保护和减轻贫困双重压力的同时，将传统林业经贸合作、边境合作有机融入“一带一路”建设，推动周边国家林业“一带一路”向前发展；另一方面，促进“一带一路”沿线国家林业在应对气候变化、生物多样性保护与林业经贸合作方面的有机融合，推动绿色丝绸之路建设任务。

（2）将云南林业纳入“一带一路”建设，先行先试，加大政策支持力度。结合中老、中柬“一带一路”国家合作协议签署，磨憨国家级开发开放试验区设立等契机，将云南作为林业“一带一路”先行先试省份，制定云南林业“一带一路”规划，确定建设任务和重点；加大对云南在精准扶贫、边境森林防火、边境联合执法、建立边境生态效益补偿基金等，尽快使云南边境地区摆脱贫困与生态保护的双重压力，提高“一带一路”林业建设的能力。

（3）以县为单位，建立边境地区林业合作动态监测体系，为林业“一带一路”提供有力决策支持。以云南省的25县为基础，逐步扩大到广西、内蒙古等省份的边境县，建立边境地区林业合作监测体系。每年收集各边境县林业合作的动态、问题及政策需求，从边境看国家，掌握林业国际合作动向和趋势，为林业主动融入“一带一路”建设提供强有力的决策支撑。

调 研 单 位：国家林业局经济发展研究中心
西南林业大学
调研组成员：谢　晨　王　见　张书赫　张　坤　王佳男　王　江　王　苓

京津冀协同发展中的林业生态建设调研报告

【摘　要】目前，京津冀协同发展战略、筹办2022年冬奥会等机遇都为张家口市的发展迎来了难得的历史时机。林业发展方面，营造良好生态环境，到2022年张家口市森林覆盖率达到50%的林业生态建设目标，是当前一项紧迫而艰巨的工作任务。如何才能高标准完成此项工作，合理协调解决在生态建设工作中出现的规划用地、造林资金、后期管护等方面存在的困难和挑战，顺利完成林业生态建设目标，是本项目研究的主要内容。本项研究深入调查了张家口市当前社会和林业发展现状，分析当前林业建设存在的优势和不足，通过调查数据反映问题、分析问题，提出符合社会发展和本地实际，解决问题的对策和建议。

一、调研目的及方法

（一）项目研究背景

京津冀协同发展、京张携手筹办2022年冬奥会以及可再生能源示范区建设，是目前张家口市全面发展的重大历史机遇。林业生态建设方面，河北省委提出了"到2022年张家口市森林覆盖率达到50%"的建设目标：到2022年，全市新增森林面积775万亩，森林面积达到2764.65万亩，市域范围内所有宜林荒山全绿，宜绿荒地皆林，生态环境明显改善，为举办2022年冬奥会提供优良生态环境，基本建成京津及华北北部地区生态防护功能更强，水源涵养能力更大的绿色生态屏障和水源涵养功能区。

林业生态建设是生态经济多样化和生态平衡的环境基础，是生态文明的重要载体，在人与自然和谐相处中发挥着不可替代的基础作用。高标准完成省委省政府下达的生态建设工程任务，是张家口市、县各级政府及林业部门义不容辞的责任，但是面对如此艰巨的任务，如何协调解决规划用地、造林资金、管护等方面的困难，是政府及林业部门面对的重大挑战。

（二）项目研究内容及目的

根据工作计划，课题组从三个方面开展项目研究：一是张家口市林业发展现状；二是2016年生态建设目标完成情况及主要问题分析；三是张家口市加快林业生态建设的途径和对策建议。本次调研课题目的，是通过对张家口市林业生态建设的深入调查，收集相关调查数据，识别关键问题，并对形成问题的根源进行分析，进而提出符合张家口市社会经济发展实际的对策、建议，为进一步加快张家口市林业生态建设提供决策支持。

（三）调研方式与方法

本课题的调研主要采取资料收集与典型调查相结合的方法，一方面是获取政府及林业等各部门相关的数据及资料。另一方面是调研组采取实地考察、召开座谈会、填写调查表等多种方式进行调研。项目组与张家口市农业局、畜牧局、土地局、财政局及市林业局的有关科室协调沟通，调研了市政府在林业及与林业相关各部门的政策等。同时深入到县区林业局、乡镇基层及村落，广泛听取收集了县区林业干部、基层乡镇领导、林业站长、村干部等不同调研对象的建议与意见。项目组共计调研了13个县区林业局，4个林场和1个自然保护区，30多个乡镇，26个行政村，走访了50多名村干部，20多位村民，获得了大量第一手资料与数据，并在此基础上进行了深入分析研究。

二、张家口市林业发展现状

（一）张家口市基本情况

1. 地理位置

张家口市位于河北省西北部，东经113°50′~116°30′，北纬39°30′~42°10′，东临首都北京，是北京的重要生态屏障和水源供应地。市区距首都北京仅180千米，距天津港340千米，是京津冀（环渤海）经济圈和冀晋蒙（外长城）经济圈的交汇点。

2. 经济发展现状

张家口市总面积5518.15万亩，总人口469.9万人，其中农业人口310万人，耕地面积1348.1万亩。农作物大多以玉米、豆类、莜麦种植为主，农民年收入人均不超过5000元。截至2016年，张家口市辖6区10县中，除怀来县、涿鹿县外，其他8个县均被国家列入重点扶持的贫困县。

表1　张家口市及周边地市GDP在全国297个城市中排名

城市名	GDP总数（亿元）	全国GDP排名	人均GDP（元）
北　京	24541.00	2	113040.07
唐　山	6474.00	25	83000.00
石家庄	5822.00	31	55500.48
呼和浩特	3173.59	64	103725.65

（续）

城市名	GDP总数(亿元)	全国GDP排名	人均GDP(元)
保　定	3150.00	66	30973.45
张家口	1363.54	148	30843.04
承　德	1358.73	149	38489.84
大　同	1053.37	193	30923.26

注：该数据来自2016年网络统计。

2016年，全国GDP总收入为744127.00亿元，人均GDP 53817.00元。河北省GDP总收入31827.90亿元，在全国31个省市范围内排名第8位，人均收入居全国第19名。张家口市为经济欠发达地区，GDP远低于河北省和全国水平，人均GDP在周边城市中也是位列最后。贫困发生率(张家口市为16.2%，全国为4.5%)远远高于全国水平。

3. 影响林业生态发展的相关因素

张家口市属寒温带大陆性季风气候区，春秋风多雨少，夏季凉爽短促，冬季寒冷漫长。坝上年平均温度1～3℃，无霜期90～110天。坝下年平均温度6～8℃，无霜期100～140天。坝上地区降水分布较均匀，年降水量300～400毫米；坝下各地降水不均，年降水量400～500毫米。

张家口市的土壤类型包含13个土类33个亚类105个土属202个土种。土壤的地带性分布明显，坝上地区为灰色森林土、黑土、栗钙土、栗褐土，间有草甸土、沼泽土等；坝下地区为亚高山草甸土、棕壤土、栗钙土、褐土，间有石质土、风沙土等。

张家口市多年平均地表水资源量为11.62亿立方米，多年平均地下水资源总量为11.91亿立方米。扣除地表水和地下水重复计算量5.54亿立方米，张家口市多年平均水资源总量为17.99亿立方米。

总体来说，张家口市干旱少雨，无霜期相对较短，土壤类型复杂，水资源贫乏。林业生态建设面临着水、热条件的制约，发展具有局限性、长期性和复杂性。

(二)林业资源及产业发展现状

张家口市总面积5518.15万亩，规划林地保有量面积2599.55万亩(表2)。截至2015年年底，全市森林面积达到1990万亩，森林覆盖率达到36%，森林蓄积量2490万立方米，湿地面积345万亩。全市现有国家级森林公园2个，省级森林公园19个；国家级湿地公园(试点)5个，省级湿地公园9个。全市以葡萄、杏扁为主的干鲜果品基地总面积达到430.5万亩，果品总产量达到73.5万吨，林业产业总产值82.9亿元。林果产业共覆盖全市200多万人口，对农民收入的贡献率达到20%。近年来，张家口市先后被列为全国防沙治沙综合示范区、全国林业信息化建设示范市、全国退化林分改造试点市、全国首批生态文明先行示范区、全国空气负离子监测试点市，被中国果品流通协会评为“中国葡萄之乡”“中国杏扁之乡”“中国海棠之乡”“中国欧李之乡”等称号，2014年成功创建全省首个“国家森林城市”，2015年成功创建“全国绿化模范市”。

表 2　张家口市各县区林业现状表

统计单位	现　状			
	国土面积（万亩）	现有林地保有量（万亩）	森林面积（万亩）	覆盖率（%）
张家口市	5518.15	2599.55	1990.00	36.00
张北县	574.52	173.41	148.92	25.92
康保县	505.62	132.37	98.46	19.47
沽源县	505.71	172.02	152.89	30.23
尚义县	393.83	187.02	124.46	32.62
蔚　县	479.70	233.50	186.07	37.22
阳原县	277.85	143.18	68.12	24.52
怀安县	253.91	128.72	92.73	36.52
怀来县	266.29	149.83	125.70	47.20
涿鹿县	413.97	202.45	201.73	49.79
赤城县	791.22	549.94	421.66	53.29
崇礼区	350.69	204.84	182.36	50.22
万全区	173.97	83.15	55.67	32.00
桥西区	14.29	7.52	4.34	30.37
宣化区	436.10	200.99	135.87	31.16
桥东区	14.08	0.58	5.22	36.89
下花园区	45.83	24.97	17.55	38.29
察北管理区	54.49	18.61	13.08	24.00
塞北管理区	33.56	11.60	7.72	23.00
市直林场	1.24	1.24	0.84	68.42
经开区	15.77	0.30	2.19	13.92

（三）林业发展面临的三大机遇

1. 京津冀协同发展

京津冀协同发展上升到国家战略，习近平总书记明确要求“要把张家口市定位于京津冀水源涵养功能区，同步考虑解决贫困问题”。张家口担负着保护京津地区生态安全的重要任务，加大生态保护和建设力度，扩大和优化生态空间，强化生态服务功能，打造京津冀生态环境支撑区，是推进张家口科学发展、绿色崛起的必然选择。生态建设领域实现率先突破，发挥领航和示范作用也是京津冀协同发展顶层设计的必然要求。

2. 筹办 2022 年冬奥会

良好的生态环境是筹办冬奥会的重要支撑，省委提出了“多种树，兴水利，快转型，到 2022 年森林覆盖率达到 50%”的目标要求，市域范围内所有宜林荒山全绿，宜绿荒地皆林，张垣大地“地绿、山青、水净、天蓝”，生态环境质量和水平明显改善。因此，张家口的生态建设进入了一个规模大、速度快、质量高、效益好的快速发展阶段，项目资金、政策、科技研究等投入要素也会重点倾斜，打造良好奥运生态环境的目标。

3. 可再生能源示范区建设

可再生能源示范区建设为全市绿色崛起提供了良好的平台，将为全市推进改革创新、促进产业绿色转型、提升生态环境质量、优化能源消费结构、实现绿色低碳发展提供强大动力。要打造集世界体育文化、医疗服务、生命科学先进成果引进转化、清洁能源供给应用、可再生能源利用、节能环保监测、碳汇交易平台为一体的示范区和试验基地，特别是休闲旅游、健康养生、绿色生态产业等将对照国际标准取得跨越式发展，生态环境修复和保护成为重中之重的发展基础和建设主线。

(四)林业发展存在的问题

经过长期治理，全市呈现出生态改善的良好势头，但经济发展和生存需求带来的生态保护压力依然较大；生态领域存在的水土流失、土地沙化、草地退化、湿地萎缩、生物多样性降低、生态灾害频发等问题，严重制约着经济社会可持续发展。特别是生态保护与建设的实际需求相比，无论是总体投入还是单位投资差距都很大。

1. 生态系统仍很脆弱

生态环境虽然得到明显改善，但目前仍处在极不稳定的脆弱状态，特别是处于干旱半干旱农牧交错区，自然条件差，年降水量少、蒸发量大，土壤瘠薄，气候干旱，物种多样性程度低，没有形成稳定的森林结构，生态系统的自然修复能力还没有完全形成，仍然需要长期的、大规模的人工修复与自然修复相结合的措施来进行。张家口市虽然是北京的重要水源地，但其自身也是水资源短缺地区，由于地方财力和投资标准等多方面因素导致的与北京的生态梯度差非常明显，生态短板急需补齐。目前，仍有近 520 万亩荒山荒地需要绿化，而且大部分是土壤瘠薄、岩石裸露、立地条件很差的地块，全市中幼林面积 1281 万亩，其中幼林 730 万亩，急需抚育管理，生态建设与水源涵养保护的任务仍然十分艰巨。

2. 林业产业仍欠发达

2016 年张家口市林业产值为 112 亿元(表 3)。林业产值较低，第二、三产业不发达，大都还以直接收获林产品及植树造林的第一产业收入为主。区域化发展不够，经济林占比仍然较小，特别是集中连片规模化基地少，栽培水平和效益低，树种林种结构也不尽合理，现有的经济林资源优势仍未有效转化为产业优势和经济优势。科技支撑仍然薄弱，技术研发能力不强，特别是基层技术人员少，新技术、新品种引进推广依然滞后，质量监管仍不到位，社会化服务还不健全，林农组织化生产程度低，抵抗市场风险能力弱，农企利益联结不畅。

表 3　2016 年张家口市林业产业产值

产业类别	总产值(万元)	所占比例(%)
第一产业	673042	60
第二产业	182817	16

（续）

产业类别	总产值(万元)	所占比例(%)
第三产业	264206	24
总　计	1120065	

3. 资源保护压力仍在加大

经济发展与生态保护的矛盾依然突出，随着城乡绿化一体化推进，林地与居民区越来越近，加上旅游业兴起，人员流动性大幅增加，野外用火更难管控，林业有害生物危害和人畜破坏森林资源、非法占用林地、湿地现象时有发生。基础设施建设和管护方式滞后，生态监测、评估与预警技术落后，资源环境信息不畅，远远不能适应林业资源快速增加的形势，森林防火、林业有害生物防治形势严峻，压力迅速增加且短期难以缓解。

三、生态建设目标完成情况

(一)2022年林业建设目标

按照省委对张家口市提出的林业建设目标，到2022年全市森林覆盖率要达到50%，森林面积达到2764.65万亩。截至2015年12月，全市森林面积1990万亩，森林覆盖率为36%，距建设目标还需提升14个百分点，新造林775万亩。按照最新工作目标，2016~2019年为造林工程主体实施年份，2020~2022年主要为后期养护工作，因此各县区任务都相当艰巨。

表4　2022年林业建设目标县区任务分解表　　单位：万亩

统计单位	合　计	人工造林	抚育管护			封山育林
			小　计	森林抚育	封林育林	
合　计	1623.08	678.04	863.00	708.43	154.57	82.05
张北县	114.30	35.55	74.00	65.52	8.48	4.75
康保县	143.30	54.30	89.00	80.34	8.66	
沽源县	107.28	27.53	76.00	69.30	6.70	3.75
尚义县	117.10	24.35	86.00	66.82	19.18	6.75
蔚　县	148.82	74.33	63.00	50.19	12.81	11.50
阳原县	113.32	67.32	43.00	34.00	9.00	3.00
怀安县	97.71	43.71	49.00	39.42	9.58	5.00
怀来县	114.08	23.18	80.00	72.00	8.00	10.90
涿鹿县	92.60	52.60	31.00	18.29	12.71	9.00
赤城县	161.63	82.13	69.00	58.48	10.52	10.51
崇礼区	102.87	48.12	51.00	41.58	9.42	3.75
万全区	84.95	31.05	51.00	38.74	12.26	2.90
桥西区	10.00		10.00	7.81	2.19	

（续）

统计单位	合　计	人工造林	抚育管护			封山育林
			小　计	森林抚育	封林育林	
宣化区	159.78	99.29	51.00	32.25	18.75	9.50
桥东区	4.43	0.43	4.00	3.95	0.05	
下花园区	12.78	0.78	12.00	11.19	0.81	
察北管理区	19.99	5.99	14.00	13.29	0.71	
塞北管理区	10.03	4.03	6.00	2.46	3.54	
经开区	8.11	3.36	4.00	2.80	1.20	0.75

注：表中人工造林和封山育林面积共计 760 万亩，抚育管护提升 15 万亩，共计达 775 万亩。

资料来源：《张家口市多种树工作方案(2016~2022 年)》。

(二)2016 年林业生态建设完成情况

2016 年，张家口市政府把生态建设列入全市重点工作任务，各县(区)林业局在各级政府部门大力支持下，多方面、多渠道筹集资金，在市、县林业局及施工方高强度工作下，全市共完成造林绿化 230.3 万亩(其中人工造林 222.3 万亩、封山育林 8 万亩)，占年计划任务量 225.53 万亩的 102%。

1. 2016 年新造林地落实情况

因造林任务落实时间紧、任务重，前期系统规划、准备的时间短，2016 年各县区基本是根据当年任务量临时规划当年新造林用地范围，存在很多不足和弊端。落实过程中出现了很多困难，在各级政府部门和相关人员的努力协调下，大部分通过乡镇干部、村干部及施工方的多次沟通做工作，以适度补偿、调整造林树种(按土地所有者要求)等方式最终予以解决，但仍有个别难以协调的用地，通过调整最初设计方案，更改地块方式完成了当年新造林地块落实工作。

2. 2016 年造林资金落实情况

2016 年造林资金基本落实到位，全年造林绿化总投资达 44.62 亿元。其中国家储备林基地建设利用农发行贷款总规模 35.22 亿元，占总投资的 79%；国家京津风沙源治理等重点生态建设工程 5.37 亿元(包括省级投资)，占总投资的 12%；社会融资 4.03 亿元，占总投资的 9%(图 1)。社会融资虽然占比不大，但在北方也是全新的一种筹资方式，值得今后大力宣传和推广。

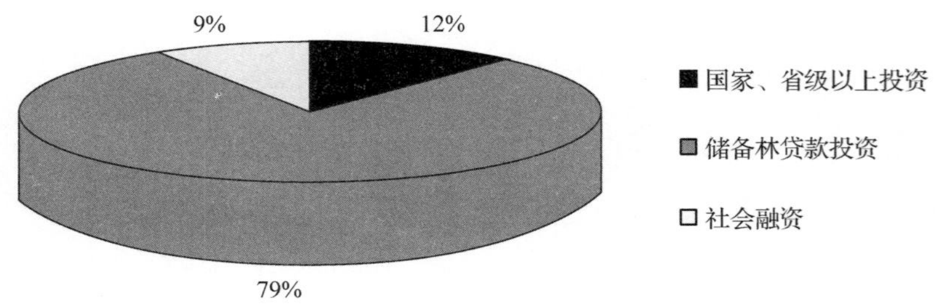

图 1　张家口市 2016 年造林绿化投资分配

（1）国家、省级以上财政投资：2016 年，京津风沙源治理、退化林分改造、中央财政造林补贴等项目国家、省级以上投资共计 5.37 亿元（包括京水源工程北京投资）。

（2）国家储备林基地建设利用农发行贷款投资：为了解决造林资金不足的问题，市政府市林业局争取了国家储备林建设试点项目，利用《中国农业发展银行贷款资金建设储备林项目管理办法》贷款政策：以塞林集团为市政府委托代建购买服务承接主体，计划向市农发行申请贷款 120 亿元（造林 591.9 万亩），其中 2016 年贷款 35.2 亿元（造林 71.5 万亩）（表 5），贷款期 30 年，宽限期 8 年，还款期 22 年。

表 5　张家口市 2016 年国家储备林基地建设项目申请农发行贷款情况表　　单位：万元

统计单位	申请农发行贷款		
	贷款合计	建设费用合计	建设期利息
张家口市合计	352206.95	232410.48	119796.47
宣化区	75400.49	51117.52	24282.97
万全区	50767.57	33105.53	17662.04
怀来县	34801.41	22694.00	12107.41
下花园区	22890.66	14927.00	7963.66
阳原县	22619.01	15304.02	7314.99
怀安县	22292.79	14537.13	7755.66
张北县	22204.09	14479.29	7724.80
涿鹿县	18764.49	12052.43	6712.06
蔚　县	17028.05	11521.18	5506.87
赤城县	15335.07	10000.00	5335.07
崇礼区	13019.47	8490.00	4529.47
桥东区	11091.46	7232.74	3858.72
沽源县	9932.92	6477.26	3455.66
尚义县	9353.01	6099.10	3253.91
桥西区	5192.47	3386.01	1806.46
塞北管理区	1513.99	987.27	526.72

（3）社会融资情况：张家口市坚持政府推动与市场机制相结合，在政府支持下，林业部门积极创新，推广租地造林、流转造林、合作造林、承包造林、社会造林等各种造林模式，有效地推进了全市造林绿化进程。2016 年共计吸纳社会资金 4.03 亿元造林资金。

①政府租地，企业造林。县区政府依据近年土地平均收益，每年向农户支付 600～2000 元/亩不等的租金，统一流转土地给企业，由企业出资开展规模化造林，发展林业产业。怀来县流转土地 5000 多亩，由亿利资源集团投资建设生态产业园。万全区白郭线两侧 5.3 千米 1236 亩土地，流转到亚雄现代农业有限公司，上层苗木、下层辣椒，达到政府得绿、企业得利、农民得惠的效果。

②政府补助，公司造林。对于立地条件好、区域面积大、适宜发展林业产业的区域，

政府补助每亩几十元的土地流转费用，由公司造林经营。尚义县引入张家口大杞红、景鑫生态、吉泰农业三家公司，补助土地流转费用40万元，流转土地2万亩，公司投资7600万元建设坝上生态科技示范园区。

③企业牵头，股份造林。由企业牵头，按照“企业+集体+农户”的股权分配机制，聚合多方力量，开展造林绿化。市塞北林场推行1225股份制造林，聚合总场、分场、乡镇、村集体力量，使3.1万农民变成林场股东，项目区内林木、药材、野菜、牧草等价值百亿元，农民年增收7000多元。阳原县致富能手刘海军采取“企业、农户、村集体631”股份造林机制，投资上千万元，创建了玉屏山万亩林苗一体化示范园。

④借助政策，碳汇造林。借助国家碳汇交易政策的激励约束机制，引导企业投资进行碳汇造林，发展生态节能产业。春秋集团在康保县实施APEC会议碳中和项目，工程区面积4011亩，一期工程2000亩已经验收，老牛基金投资1.25亿元在崇礼区、赤城县和怀来县建设3万亩碳汇林。

⑤发展光电，林光互补。发展光伏林业，按照造林面积和光伏电站面积各50%的硬性要求，在光伏板间及光伏板下种植灌木或者亚乔木的方式进行建设，既解决了光伏项目建设占用林地问题，也推进了荒山荒坡绿化。目前有8个县区的16家公司拟建设光伏林业项目，占用宜林地1.13万亩，今年可完成5059亩绿化任务。

⑥政策支持，承包造林。张家口市出台了《张家口市鼓励荒山绿化实施办法》，各类建设主体完成预定绿化目标后，在优先享受国家、省、市工程造林补助、公益林补助、林业贷款贴息等政策的基础上，5%的土地面积可用于林业生产生活基础设施建设，5%的土地面积可用于生态旅游、休闲度假等经营性开发。目前，全市已有64家企业和个人意向投资荒山绿化34.19万亩，已签约33.18万亩，完成造林3.19万亩。

⑦集体组织，合作社造林。造林工程由合作社实施，统一栽植、统一经营、统一管护，验收合格后政府支付工程项目资金。万全区万全镇东北街依托巩固退耕还林成果专项资金建设千亩林果采摘园，由农民专业合作社统一组织实施，种植寒富苹果、核桃、桃、八棱海棠等经济林，实现了国家生态工程与农民脱贫致富的有机结合，加快了造林绿化步伐，增加了农民收入。

⑧政府引导，义务造林。政府因势利导，把造林绿化与“两学一做”学习教育、美丽乡村建设、脱贫攻坚结合起来，动员机关、企事业单位及广大党员干部投身造林绿化，今年累计义务植树910万株。SGS通标标准技术服务有限公司从2010年开始，连续5年在张北建设生态公益绿化基地，项目总规模达到1万亩。2016～2018年驻张部队在崇礼建设“解放军林”9000亩，军分区在崇礼建设“国防林”3000亩。

⑨搭建平台，捐资造林。政府借助社会公益组织、媒体网络、募捐点等平台，广泛吸引市内外力量开展造林。中国烟草捐资200万元，开展崇礼赛事核心区绿化。上海中船重工建设生物质能源发电厂，并投资2亿元种植柠条，建设生物质能源林基地。中国

建设银行在崇礼投资4000万元实施造林项目。

3. 2016年管护取得较好成效

目前，崇礼生态管护经验具有可操作性，非常有借鉴意义，值得在张家口全市推广，各县区也根据自身情况，在该经验基础上陆续制定自己的管护措施。

崇礼区全面落实禁牧政策，出台了《崇礼县生态管护实施方案》《崇礼县封山禁牧实施细则》《张家口市崇礼区人民政府关于进一步加强生态管护工作的实施意见》等文件，明确了生态管护工作的一系列原则性问题，引入市场竞争机制，每亩每年管护投资4～8元。2016年3月，通过公开招投标产生的8个专业生态管护公司正式和各乡镇签订了管护合同，共计投入车辆20余辆、60余人开展常态化巡山工作，遏制偷牧行为，禁牧力度空前加大，管护成效显著提升。崇礼区管护方式从明确管护范围、管护内容、管护资金等九方面分享了经验做法，生态管护取得了明显成效，主要表现在以下四个方面。

(1)生态建设成果得到有效保护。推行禁牧管理市场化改革，促进了禁牧工作向制度化、标准化、规范化、科学化的方向发展，从根本上提高了生态管护水平，在生态保护区非法散放牲畜现象得到了明显遏制，幼林成活率和保存率进一步提高。

(2)理顺了管理体制。禁牧实行属地管理，市场化改革后，乡镇由执行者变为监管者，可以跳出抓了放、放了抓的人情怪圈，禁牧力度必然加大。

(3)农牧民生产、就业模式发生变化。以前农牧民的散放经营模式是以牺牲生态为代价的，是不可持续的，并且加剧了林牧矛盾。现在鼓励其向舍饲圈养方式转变，可以加快出栏周转，可能暂时增加了养殖成本，但从长期生态发展来看，是利大于弊。牧民就业模式随着张家口市生态城市的定位，也在逐渐发生转变，有的逐渐向农业或第三产业方向转变。

(4)开创了生态扶贫新局面。把生态建设管护与脱贫攻坚相结合，积极鼓励生态管护区域贫困人口参与生态建设和管护。一是绿化施工与扶贫相结合。从崇礼2016年重点区域绿化工程实施以来，工程施工优先雇佣当地劳力，截至目前，日均投入劳力8000人，日均投资120万元，共计投资1800万元。二是护林管护与扶贫相结合。2016年结合精准扶贫工作拟新增贫困护林员762人，对全区地方公益林及其他林地进行管护。目前，全区共有护林员1642人，年均收入1万元；有3120人参与植树造林，收入可达到1万元左右。

(三)2016年生态建设过程中的主要问题及原因

1. 新规划用地落实困难

新规划用地落实困难的原因主要体现在两个方面，一是部分现有土地使用者不愿流转土地用于生态造林，二是造林规划用地短缺，短期内难以全部协调解决。

(1)土地使用者流转土地使用权积极性不高。20世纪90年代，通过“四荒”拍卖、林权改革等激励措施，张家口市的林业建设取得了一定发展，同时也造成了现有林地归属不一、经营状况各异的复杂现象。经调研，崇礼等个别县区“四荒”拍卖土地不多，各村的荒山荒地产权归全村居民共同所有，这种情况在本次征地过程中，阻力较小，地块落实工作比较好开展。其他大部分县区“四荒”拍卖情况复杂，有的乡镇荒山荒地仍归集体所有，有的乡镇是个人承包。造成了部分荒山荒地使用权归个人所有，少则几十亩，多则上千亩土地使用权归一人所有，这些土地承包大户成了新造林地落实的阻力，他们更愿意把土地使用权转让给补贴更高的风电、光伏等产业以获得更高的收益。

(2)规划用地短缺。按省委“到 2022 年森林覆盖率达到 50%”的要求，全市到 2022 年森林面积要达到 2764. 65 万亩，将新增森林面积 775 万亩。根据全市林地保护利用规划，全市现有宜林地 522. 7 万亩。根据规划任务，全市必须新增 295. 8 万亩林地，规划林地保有量达到 2895. 35 万亩，才能保证实现省委提出的目标。295. 8 万亩林地缺口需要从次耕地和其他未利用地等非林地中调剂解决。

《张家口市耕地资源评价与利用》数据显示，全市土地总面积 5518. 15 万亩，其中，农用地 3737. 13 万亩(耕地 1381. 55 万亩、园地 217. 5 万亩、林地 1653. 62 万亩、草地 365. 25 万亩、其他农用地 119. 21 万亩)，建设用地 225. 2 万亩(居民点及独立工矿用地 184. 56 万亩、交通运输用地 26. 48 万亩、水利设施用地 14. 16 万亩)，未利用地 1555. 82 万亩(未利用土地 1463. 1 万亩、其他土地 92. 72 万亩)。

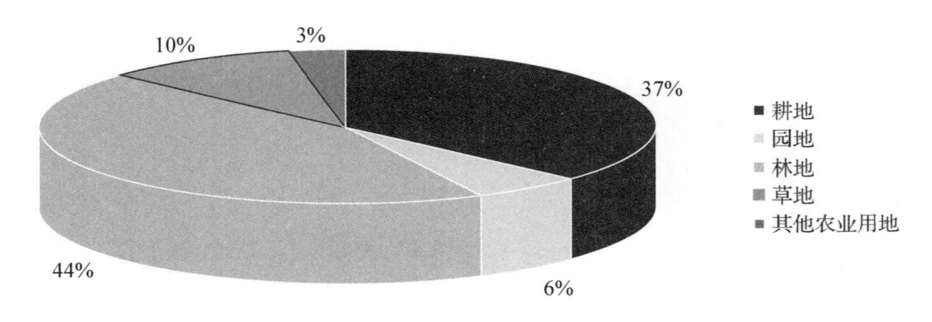

图 2 张家口市农用土地比例

如何从其他农业用地及各类土地中调剂部分林业用地，是上级国土等部门需要尽快落实，解决该问题的根本措施之一。

2. 造林资金仍缺口大

完成 2022 年造林目标，计划总投资为 228. 47 亿元。其中人工造林计划投入 203. 29 亿元，抚育管护 21. 9 亿元，封山育林 3. 28 亿元(表6)。计划向农发行贷款 120 亿元，国家、省级工程投资约 38 亿元，其他资金需要市级政府和各县区通过各种渠道筹措，资金缺口还非常大。

表 6 各县区完成 2022 年造林目标工作方案投资概算表

单位：亿元

统计单位	合 计	人工造林	抚育管护			封山育林
			小 计	森林抚育	封林育林	
合 计	228.47	203.29	21.90	14.17	7.73	3.28
张北县	12.59	10.66	1.73	1.31	0.42	0.19
康保县	18.33	16.29	2.04	1.61	0.43	0.00
沽源县	10.13	8.26	1.72	1.39	0.34	0.15
尚义县	9.87	7.31	2.30	1.34	0.96	0.27
蔚 县	24.40	22.30	1.64	1.00	0.64	0.46
阳原县	21.45	20.20	1.13	0.68	0.45	0.12
怀安县	14.58	13.11	1.27	0.79	0.48	0.20
怀来县	9.23	6.95	1.84	1.44	0.40	0.44
涿鹿县	17.14	15.78	1.00	0.37	0.64	0.36
赤城县	26.76	24.64	1.70	1.17	0.53	0.42
崇礼区	15.89	14.44	1.30	0.83	0.47	0.15
万全区	10.82	9.31	1.39	0.77	0.61	0.12
桥西区	0.27	0.00	0.27	0.16	0.11	0.00
宣化区	31.75	29.79	1.58	0.65	0.94	0.38
桥东区	0.08	0.00	0.08	0.08	0.00	0.00
下花园区	0.49	0.23	0.26	0.22	0.04	0.00
察北管理区	2.10	1.80	0.30	0.27	0.04	0.00
塞北管理区	1.43	1.21	0.23	0.05	0.18	0.00
经开区	1.16	1.01	0.12	0.06	0.06	0.03
市直林场	0.01	0.01				

资料来源：《张家口市多种树工作方案(2016～2022 年)》。

(1)国家、省级以上投资标准相对较低，项目资金规模小。国家、省级以上投入资金为几大工程项目的投入，但资金相对较少，折合亩投资几乎都在 1000 元以内，目前京津风沙源治理人工造林每亩投资 500 元，中央财政造林补贴项目亩投资 200 元，京冀水源林工程亩投资 1000 元。与工程总投资相比，国家投资相当于杯水车薪，资金投入严重不足。

表 7 张家口市 2011～2016 年林业项目投资情况表

单位：万元

年 度	2011 年	2012 年	2013 年	2014 年	2015 年	2016 年
中央预算内基建投资	13665.00	16942.00	7254.00	8368.00	8844.00	19831
治沙示范区	—	—	100.00	100.00	100.00	100
京津风沙源工程	11730.00	14460.00	5045.00	5855.00	6329.00	16967
再造三个林场	1935.00	2482.00	2109.00	2413.00	2415.00	2764
中央财政专项	0.00	229.00	686.40	321.20	693.60	1502
中央财政造林补贴试点	—	229.00	686.40	321.20	693.60	1502
省级预算内基建投资	680.00	500.00	400.00	936.00	3782.31	—

（续）

年　度	2011 年	2012 年	2013 年	2014 年	2015 年	2016 年
京津风沙源治理	180. 00	—	400. 00	936. 00	3782. 31	—
重点造林项目	500. 00	500. 00	—	—	—	—
省级财政专项	990. 00	1489. 00	935. 00	4554. 40	425. 00	30981
再造三个林场	264. 00	308. 00	311. 00	280. 40	—	291
植被恢复费	260. 00	190. 00	140. 00	475. 00	285. 00	70
太行山绿化	—	—	—	—	—	480
省级补助造林	—	—	—	—	—	30000
现代果品	—	150. 00	210. 00	250. 00	140. 00	140
市县投入	21927. 49	25033. 32	31753. 10	46723. 80	38627. 13	352207
国家工程造林	1000. 00	160. 00	950. 00	6330. 70	7460. 80	352207
京冀合作投入	1458. 91	2943. 00	4868. 63	4880. 00	4850. 00	5000
水源林工程	1458. 91	2943. 00	4868. 63	4880. 00	4850. 00	5000

(2)困难地造林成本高，资金落实困难。裸岩、干旱阳坡、偏远荒山等地造林实施比较困难，造林成活率低，在张家口市大部分县区都有30%～60%的造林地属于这类困难地(裸岩、干旱阳坡等)，此类地形造林成本都在每亩几万元以上，造林资金难以解决。如果根据张家口市奥运城市绿化面积和林业发展规划必须对该地块进行绿化，且在短期内见效果的话，必须用高规格大苗、提高造林标准，加大造林成本是根本措施。没有大量资金的投入，造林难以实现。

以下花园区干旱阳坡(高速路沿途可视面造林成本)造林投资为例：困难地高标准造林成本，最低成本新疆杨在每亩2. 5 万～3. 4 万元；高成本国槐、白蜡在每亩4. 1 万～6. 3 万元；针叶树种在每亩3. 7 万～6. 0 万元。

表 8　下花园干旱阳坡造林投资表

项目名称	项目特征	计量单位	金额(元)	造林成本(元)	
				株行距 2m×3m	株行距 2m×4m
			综合单价	每亩 110 株	每亩 83 株
外购种植土回(换)填	(1)回填土质要求：适合植物生长。(2)取土运距：根据现场自行确定。(3)回填厚度：按照设计要求	m^3	44. 19	—	—
人工挖树坑	(1)岩石类别：普坚石。(2)开凿深度：80cm。(3)树坑尺寸：100cm×100cm×80cm	个	49. 51	—	—
栽植乔木	(1)常绿乔木：白扦。(2)穴状坑：100cm×100cm×80cm。(3)株高：2. 5～3. 0m。(4)1 级苗木，冠幅：≥1. 5m。(5)地径：≥6cm，带土球。(6)要求：树形优美，不偏冠。(7)养护期：5 年	株	381. 94	60674. 9	45781. 97
	(1)常绿乔木：云杉。(2)穴状坑：100cm×100cm×80cm。(3)株高：2. 0～2. 5m。(4)1 级苗木，冠幅：≥1. 2m。(5)地径：≥5cm，带土球。(6)要求：树形优美，不偏冠。(7)养护期：5 年	株	281. 94	49674. 9	37481. 97

（续）

项目名称	项目特征	计量单位	金额（元）	造林成本（元）	
				株行距 2m×3m	株行距 2m×4m
			综合单价	每亩110株	每亩83株
栽植乔木	（1）落叶乔木：槐树。（2）穴状坑：100cm×100cm×80cm。（3）胸径或干径：≥8cm。（4）冠幅：≥1.4m，带土球。（5）分支点：≥2.8m。（6）要求：树形优美，不偏冠。（7）养护期：5年	株	335.57	55574.2	41933.26
	（1）落叶乔木：新疆杨。（2）穴状坑：100cm×100cm×80cm。（3）胸径或干径：≥8cm。（4）裸根定杆：H=4m。（5）要求：树形优美。（6）养护期：5年	株	142.42	34327.7	25901.81
	（1）落叶乔木：白蜡。（2）穴状坑：100cm×100cm×80cm。（3）胸径或干径：≥8cm。（4）冠幅：≥1.4m，带土球。（5）分支点：≥2.8m。（6）要求：树形优美，不偏冠。（7）养护期：5年	株	405.57	63274.2	47743.26
其他投资	喷播黏结剂、保水剂、浇水、肥料、无纺布等	—	75.95	—	—

以现在的各类工程造林资金投入来看，资金远远达不到该类型土地的造林成本需求。后期林业生态建设中，全市有160万~360万亩的造林地均属于困难地，按每亩平均投资3万元计算，预计需要投资480亿~1080亿元才能完成这类地块的造林任务。

（3）农发行贷款投资造成的地方财政支出压力大。2016年，全市共计农发行贷款35.3亿元（造林71.5万亩），目前，张家口市大部分县区均为国家级贫困县，地方政府一般预算收入低于财政支出，基本享受财政转移支付补贴维持运行，在如此大的压力下，又增加了储备林贷款保证金的支出，可谓财政形势更加严峻。

表9　主要县区2016年财政收支及储备林贷款保证金支出情况表　　单位：万元

县区名称	一般预算收入	八项财政支出总和	储备林贷款保证金
赤城县	51918	132862	1534
崇礼区	64809	141794	1302
怀安县	41823	117751	2229
阳原县	40486	110603	2261
涿鹿县	136551	195618	1876
张北县	104335	153385	2220
万全区	85096	121278	5077

各县区根据造林任务不同，贷款情况不一，2016年基本为1亿~2亿元，暂时解决了造林资金问题，但10%的贷款保证金也给县财政带来了不小的压力，且今后的贷款偿还问题也是几年后不容忽视的问题。

（4）社会融资规模小。目前在张家口市，社会融资造林是地方政府和林业部门近几年来为了弥补造林资金不足而想出的各种辅助措施，办法虽好，但属于起步阶段，且北方林业收益率低，有一定局限性。企业接受需要一个过程，目前看来，吸收资金不多，规模较小，只能解决一小部分造林问题。

（5）招标过程繁琐，徒增额外费用。《中华人民共和国招标投标法》中明确界定的工程建设项目，并未包括林业工程，目前林业工程资金也多以造林补贴的形式下发，不包含规划、设计、招投标等各项管理费用。但在林业工程具体开展中按照相关部门的要求，前期必须经过招投标手续。招投标在实施过程中委托代理、公开挂网、开标等一系列程序，不但延误了最佳造林时间，影响了造林成活率，而且产生了20%左右的资金支出，造成了资金更加紧缺。

（6）开展统筹整合财政涉农资金造成的林业补助资金流失。2016年8月，张家口市为贯彻落实《国务院办公厅关于支持贫困县开展统筹整合使用财政涉农资金试点的意见》（国办发〔2016〕22号）和《河北省人民政府办公厅关于支持贫困县开展统筹整合使用财政涉农资金试点的实施意见》精神，出台了《关于支持贫困县开展统筹整合使用财政涉农资金试点的实施方案》（张政办字〔2016〕68号）。该实施方案将中央、省、市财政林业补助资金均纳入了统筹整合使用的资金使用范围，允许贫困县打破归口管理界限，自主确定重点扶贫项目和建设任务。在贫困县区，资金使用很难做到生态优先，今后造林资金落实将更加困难，极有可能被挪作他用。在张家口市，符合该文件精神的贫困县区多达12个，也预示着林业补助资金有大量流失的可能。

3. 后期管护任务艰巨，长期管护存在问题

生态工程区农民增收缓慢，贫困问题突出，生态工程管护压力较大；合理的生态补偿机制尚未建立，群众保护和建设生态的积极性受到影响；受多重因素制约生态保护与经济发展之间矛盾尚未得到根本解决等问题依然十分突出。崇礼案例的劣势：存在的不足主要是法律依据还是不够明确和完善，需要上级部门尽快完善出台政策法规。

（1）管护资金长期不足。国家在京津风沙源治理等项目上造林投资太低：京津风沙源治理人工造林投资每亩只有500元，中央财政造林补贴项目亩投资200元，国家造林资金投入不足，后期管护经费不足，造成了部分地段造林不成林现象，严重的地域形成了造林失败地。

（2）管护机制不健全，法律依据模糊。目前，各县区执行的准则、条例都是地方性政策，没有上升到法律层面，严格来说，对实施林区破坏行为的农牧民的处罚没有清晰具体的法律依据，造成了管护工作非常被动的局面。

（3）坝上地区林牧矛盾依然严重。随着工程实施，工程区面积越来越大，禁牧管护任务越来越重。特别是由于张家口市属于农牧交错区，坝上地区又是传统的牧区，畜牧业是当地的支柱产业，也是农牧民的重要收入来源。在20世纪80年代，畜牧收入占到家庭总收入的80%以上。加上近年来国家禁牧奖补政策与农民放牧收益差距加大，个别工程区放牧现象频繁，工程损毁严重，形成造的多，留的少，甚至出现造得上，留不下的现象。工程区禁牧工作异常艰巨，直接影响建设成果的巩固。

（4）防火形势更加严峻。随着工程区面积越来越大，防火任务越来越艰巨，2016 年，全市 5096 名专职护林员和 5162 名兼职护林员全部上岗，134 座检查站、115 座瞭望塔监控人员及时到位，91 套林火视频监控系统全部运转，并通过无人机对市主城区周边公墓、冬奥赛事核心区及重点林区开展了森林防火巡航监测。但现在的情况，权责利极度不匹配，防火人员没有执法权，没有处罚权；很多基层乡镇没有防火交通工具，节假日加班没有任何加班补助；一旦有火情发生，防火人员也有可能面临行政和法律追责。这种现象给基层林业干部对于森林防火工作造成了巨大的压力。

四、对策建议

张家口市地域范围广，地貌类型多，海拔梯次明显，地形地貌特点突出，各县区气候、土壤、植被等环境条件差异巨大，在短时间内大规模、高标准完成造林任务，必将遇到各种各样的困难，解决这些困难，还需要从上到下，各级领导、各部门多方协调，共同努力，在土地政策、资金等各方面给予大力支持，出台切实有效的办法才能够从根本上解决问题。建议今后林业工程项目的开展，由林业相关部门根据实地勘察、分析做出合理规划，经专家科学论证后，决策实施。

（一）保障足够的造林规划用地

1. 调整国土规划

张家口市的生态功能定位，决定了必须大面积造林，提高森林覆盖率，保障良好的生态环境。国家各部门为了支持张家口市林业生态建设目标，应尽快协调国土、水利、畜牧等部门进行调规，将林业用地面积调至实际需求的 50% 以上。建议重点将次耕地、25°以上坡耕地、沙化耕地、荒漠化耕地和其他未利用的宜林荒山、荒地、荒滩、荒沟、荒坡等，调整为林业用地。以保障造林工程在合理合法的土地上开展和实施。目前，张家口市政府也非常重视林业部门提出的土地利用规划调整事宜，正在向上级政府部门积极跑办该事项，但目前推进力度不大，尚未得到批复，建议上级部门引起重视，合理帮助解决。

2. 尽快解决“四荒”拍卖等各种土地遗留问题

“四荒”拍卖是指对国有和集体所有的荒山、荒沟、荒滩、荒坡地规划成片，定级分等，依法定程序，在指定的时间、地点，向符合规定条件的用地需求者公开叫价竞投，并以竞投的最高报价向该出价人出让“四荒”土地使用权的活动（1994 年、1995 年执行）。“四荒”拍卖在南方比较成功，但是在林木生长缓慢的北方地区，林业几乎是只有投入，无产出或产出极低的无经济收益状态，造成了土地使用者造林不积极，20 多年来荒山仍然是荒山的闲置状态。对于这类土地，各级政府应尽快出台相应鼓励办法，通过提高补贴标准、调整造林模式、加大宣传教育力度、技术扶持等措施，全面调动土地使用者的造林积极性。

（二）完善多元化造林投入机制

1. 完善生态保护补偿机制，实现生态建设共建共享

继续加大对重点生态功能区的转移支付，探索建立横向生态保护补偿机制，建立健全生态共享机制。争取国家项目和省际合作项目立项支持。

张家口市定位于京津冀水源涵养生态功能区，同时也是河北省贫困县和贫困人口最多的市。在加快京津冀协同发展大背景下，张家口市的生态建设任务越来越艰巨。多因素造成造林成本较高，若仅仅依靠市本级政府和社会融资的资金投入，张家口市大面积的困难地造林基本难以实现。尽管国家和各级政府投入了大量资金支持生态建设，但稳定的投入机制还未形成，区域间的横向生态保护补偿机制仍未建立。建议尽快建立长效补偿机制，实现北京、天津与张家口生态建设工程共建共享。建议国家设立京津冀水源涵养功能区绿化工程项目，增设京津风沙源治理工程成果巩固项目。争取增加对张家口市的中央财政转移支付，优先用于生态建设。

2. 积极挖潜，加大地方财政投入

市、县财政每年分别安排0.5亿~1亿元公共预算收入建立市级绿化基金；矿山企业被破坏植被没有恢复的，其保证金全部用于矿山植被恢复；国家重点生态功能区转移支付资金的60%用于造林绿化；全市征占用林地植被恢复费全部用于造林绿化。

3. 盘活资源，广泛融资

积极落实张家口市政府出台的《关于鼓励荒山绿化的实施办法》，盘活林地资源，激活营造林机制，推动大户造林、企业造林、家庭造林、股份制造林等形式快速发展，进一步完善和创新造林绿化工程承包、技术承包、招投标、社会监理、政府采购、政府购买服务、以奖代补等工程建设机制，富集市内市外社会资本，实现绿富共赢。

建立林权收储中心和担保中心，加快推进林权抵押贷款，扩大政策性森林保险范围，提高保费补贴标准，建立再保险机制；积极培育发展涉林产业市场主体，制定融资优惠政策，引入众筹、PPP、股权投资基金、互联网金融等新的金融产品，加快建立投资主体多元化、投资渠道和方式多样化的林业投入体系，广泛吸收各种投资参与林业建设。

4. 保障林业资金合理使用

张家口市2022年达50%的森林覆盖率生态建设目标能否顺利完成，关系着“首都水源涵养功能区和生态环境支撑区”建设的成效，关系着“绿色办奥”的成功实现。中央、省级各部门应在政策和资金上予以高度支持和保护，加大资金投入量，并且在使用上真正做到生态优先。在工程实施过程中，去掉招投标等繁琐的手续，使资金能全部用于实际造林。

（三）加强后期管护

1. 加大管护资金投入

对于张家口市自然条件现状下，大部分为没有收益和收益率极低的生态林来说，任何有效的管护方式，都离不开资金的长期投入。今后国家及地方政府应加大造林后管护资金的长期投入，以保障林木能够得以完好保存和成林，杜绝因后期投资跟不上而造成的造林不见林现象发生。对于不同立地、不同用途的造林工程后期管护成本，当地林业部门做出合理预算报上级部门评估审核，通过后，国家、省级以上部门应投入不低于一半以上的资金，剩余资金投入由市、县级通过开展横向生态保护补偿，建立产业发展基金，推动集约农业、发展森林旅游、森林康养、降低资源消耗压力等各种渠道予以解决。

2. 解决林牧矛盾，改革管护方式

全面落实行政执法责任制，完善纠错问责机制，建立权责明确、行为规范、监督有效、保障有力的林业行政执法体制。前期继续执行和完善崇礼区制定实施的生态管护经验做法和各县区也根据自身情况制定出台的相应的管护办法。同时，张家口市委也正在谋划和制定《张家口市禁牧条例》，从根本上解决禁牧缺乏依据的尴尬局面。在今后长期管护工作中逐渐形成新的管护队伍和体制建设。在管护效果提高的同时，有条件地区通过农牧业政策补贴，发展圈养模式。大力发展林下经济（包括林农、林药、林禽、林畜等）、森林旅游、生态观光、休闲服务带动的第三产业为农民提供就业机会，解决当地农牧民的生计问题，实现“禁牧不减收”，从根本上杜绝林牧矛盾。

3. 加强防火设施和队伍建设

在森林防火方面，围绕预防、扑救、保障三大体系建设目标，坚持以人为本，贯彻“预防为主，积极消灭”的森林防火方针，建立“全社会抓保护，全民搞防火，政府负全责”的机制，以火源管理为中心，以依法治火为保障，以重点火险区治理基础设施建设为重点，通过实现全市森林防火工作组织指挥科学化、通信建设信息化、队伍建设专业化、防火装备现代化，达到有火能及时发现、及时报警、及时组织有效扑救的目的，从根本上预防和控制火灾的发生和发展，保护“创森”成果，助力冬季奥运，有效预防和控制森林火灾。加强网络建设，加强扑火工具机具化和队伍专业化建设。建立完善市、县、乡三级专业扑火队伍，逐步配备现代化扑火工具，确保一旦发生火灾，能进行及时、有效地扑救。

调 研 单 位：张家口市林业科学研究院
调研组成员：郭在军　李云涛　王海娇　李　班　杨海廷　王润生　牛海峰
冀鹏举　赵顺旺　李泽军　冯　德　郭建军　刘继华　王月星

林业建设与精准扶贫工作调研报告

【摘　要】2015 年的中央扶贫开发工作会议，体现了中央对扶贫开发工作的高度重视和战略部署。精准扶贫成为到 2020 年全面建成小康社会的重要“体温计”。林业部门根据中央部署，动真格、倾全力，大力支持脱贫攻坚，加大对贫困地区扶持力度，大规模加强生态文明建设，通过实施就业安置、产业发展、生态建设、科技培训、定点帮扶、智力帮扶等多方面、超常规的战略措施，积极探索有效扶贫模式、加快建设扶贫长效机制、扎实落实扶贫工作责任制，正确引导和发力，用市场机制让资金、人才、技术、管理等要素向贫困地区聚集、向贫困户倾斜，动员全行业力量形成抓好扶贫的强大合力。根据国家林业局 2016 年重大调研任务的安排，课题组在总结林业扶贫工作的历史经验和国际上林业扶贫的发展趋势基础上，对 4 省(自治区)林业参与精准扶贫的工作进行详细调查，总结了成效经验，分析了存在的突出问题，并就今后一段时期林业扶贫工作，从思路、抓手、政策以及机制等方面提出了建议。

为协助做好“十三五”时期林业扶贫工作，研究倾斜支持政策，推进贫困地区林业发展改革，努力为贫困人口实现脱贫、贫困县全部摘帽、解决区域性整体贫困提供支撑和保障，根据国家林业局 2016 年重大调研任务的安排，课题组赴广西壮族自治区(河池市、桂林市、百色市)、贵州省(六盘水市、毕节市、黔南布依族苗族自治州、黔东南苗族侗族自治州)、甘肃省(定西市、平凉市)、新疆维吾尔自治区(阿瓦提县、和田县)共 10 个地区开展林业精准扶贫调研。调研发现：4 省(自治区)林业部门贯彻落实五个发展理念，把精准扶贫摆在重要位置，抢抓供给侧结构性改革战略机遇，将生态保护与扶贫开发、“一县一业”与精准到户、林业帮扶与造血扶贫有机结合起来，加大林业投入、瞄准贫困对象、健全长效机制，创造了新时期深入推进林业精准扶贫的好机制、好模式。4 省(自治区)勇于创新、目标挂钩、考核过硬、真帮实干取得的成效，内涵值得研究，经验可供借鉴。

一、扶贫开发事业与林业发展改革的理论研究

（一）国家扶贫大局中林业的地位演变和历史经验

1. 国家扶贫大局中林业的地位演变

自新中国成立以来，我国扶贫事业经历了从救济式扶贫到开发式扶贫再到精准扶贫的战略转变，扶贫重心下沉、扶贫格局壮大、扶贫治理体系和扶贫制度更加完善。随着历史演进，林业部门在扶贫事业中的作用更加明确、任务更加艰巨、方式更加丰富。

一是落实中央扶贫方略的重要抓手。1994 年国家制定《八七扶贫攻坚计划》时确定的 592 个国家级贫困县中就有 425 个分布在我国的生态脆弱带上。2001 年颁布的《中国农村扶贫开发纲要(2001～2010 年)》，扶贫工作重点县放到中西部地区。2011 年颁布《中国农村扶贫开发纲要(2011～2020 年)》，扶贫开发工作重点转入巩固温饱成果、加快脱贫致富、改善生态环境新阶段。党的十八大以后，以 2013 年《关于创新机制扎实推进农村扶贫开发的意见》为标志，扶贫开发进入精准扶贫新阶段。纵观近 30 年来的演变，生态脆弱区、地域偏远区、边疆少数民族地区等一直是国家扶贫重点区。最贫困的人口生活在生态最恶劣的地区，说明通过推进林业扶贫帮助贫困地区改善生态环境，对中国扶贫具有重大深远影响。

二是带动经济社会发展提升扶贫成效的重要动力。在扶贫开发的过程中，我国始终坚持以经济建设为中心，走开发扶贫道路。坚持发展贫困地区的生产力，以森林、耕地、湿地等资源为依托，开发当地资源，发展商品生产，增强自我积累和自我发展能力。林业是广大贫困地区的基础产业，是惠及广大贫困户最直接的民生产业。通过加快林业发展，切实改善贫困户生产生活条件，始终是贫困地区实现脱贫的重中之重。推进林业扶贫开发，大力发展现代林业，调整产业结构，培育壮大绿色产业，提高贫困户素质，始终是加快贫困地区脱贫的重要任务。

三是消除致贫返贫现象巩固扶贫成果的重要利器。自 1994 年实施"八七扶贫攻坚计划"以来，我国贫困人口大大减少，扶贫成果显著，但是成果巩固十分困难，返贫现象严重。返贫率高和农村落后的生产方式以及恶劣的生态环境没有得到根本改善有着密切联系。由于农村生态基础设施薄弱、生产条件没有根本改善，一遇自然灾害，就会出现大量返贫。不幸的是我国又是世界上自然灾害最严重的国家之一。我国自然灾害的多发性和严重性，究其根本主要是人为破坏自然生态环境所致，由于森林减少、土地资源过度开垦导致灾害程度加深。

四是国家扶贫治理体系和扶贫开发大格局的重要组成部分。1986 年，我国成立了专门扶贫机构——国务院贫困地区经济开发领导小组及办公室，1993 年更名为国务院扶贫开发领导小组，林业部门是组成成员单位。林业作为扶贫开发重要内容，长期连续纳入

国家制定的专门减贫规划，如《国家八七扶贫攻坚计划》、两个十年《中国农村扶贫开发纲要》、“十三五”脱贫攻坚规划，目标和政策措施十分明确。近30年来，林业部门相继出台相关文件，扎实落实扶贫工作责任制。党的十八大以来，不断加大林业扶贫资金投入力度，建立健全林业扶贫领导小组机制，制定定点扶贫、片区扶贫、产业扶贫、林业科技扶贫等实施方案，逐步建立健全林业扶贫的现代化信息化治理体系和工作机构。

2. 林业参与国家扶贫开发事业的历史经验

长期以来，我国林业坚持以改善贫困地区生态环境消除发展短板为根本，以通过改革创新激发活力发展经济为引领，政府引导、市场带动和发挥农民主体作用相结合，林业工程吸纳和林业政策照顾相配套，产业发展、资源开发利用和生态保护、生态补偿相衔接，走生态文明建设和扶贫开发相得益彰的扶贫路子。主要经验如下。

一是坚持解放思想，实事求是，围绕生态环境制约，补短板治穷根，精准厚植扶贫基础。紧紧抓住国家扶贫战略中关于贫困地区的发展思路和方向，结合林业优势和实际，创新理念，加大面向贫困地区的生态文明建设力度。以退耕还林为例，1999～2014年，中央累计投入4056.6亿元人民币，涉及3200万农户、1.24亿农民。平均每亩投入达到905元，平均每户有12675元，相当于相关农民每人平均3270元，等于一些贫困地区一位农民四年的生产性收入总和。工程使水土流失和风沙危害明显减轻，促进基本口粮田建设和精耕细作，提高了粮食单产，转移了剩余劳动力，释放了农村生产力，较好地解决了贫困。当前国家正在实施新一轮退耕还林，紧密结合精准扶贫，在效率上、在不同生态条件、不同发展水平上，采取不同的节奏和力度，让扶贫成果更加巩固持久。近年来，林业用习近平总书记生态文明建设战略思想，坚持绿水青山就是金山银山，对贫困地区的生态资金投入持续加大，林业科技、产业、智力、金融等全方位帮扶力度不断增强，取得了明显成效，积累了新的重要经验，为新时期贫困地区加强生态文明建设迈向共同富裕谱写新篇章。

二是坚持改革创新，绿色发展，深化各项林业改革，发展绿色经济，精准激发贫困地区自力更生优势。我国许多集中连片特困地区和零星分布的贫困县，也是森林资源丰富的边远山区林区。长期以来，林业紧紧围绕开发扶贫、精准扶贫的战略思路，通过坚持深化林业改革、完善制度体系，让这些地区资源优势转化为经济优势，培育为规模巨大的绿色经济体，成为城镇化、工业化的重要支撑，成为贫困户就近“双创”的好途径。2016年，全国林业总产值已达6.4万亿元，农民来自林业的收入平均已占总收入的17%。近年来，林业用习近平总书记关于精准扶贫战略思想，扎实武装林业扶贫事业，全面推进各项林业改革，不断增添贫困地区发展活力，加快完善和精准建设贫困地区林业社会化服务机构和体系、引导集体林适度规模经营、加大林区基础设施建设力度，为千万贫困户自力更生、激发生态生产力、实现精准脱贫提供了不竭原动力、打造了脱贫新引擎。

三是坚持群策群力，发动群众，不断健全行业扶贫工作机制、完善扶贫格局和治理体系，精准落实中央扶贫战略和政策举措。举全行业之力，投入扶贫开发。针对不同时期国家扶贫重点和任务，把扶贫开发作为林业规划重点内容，制订产业扶贫、科技扶贫等专门减贫规划。建立健全林业扶贫领导小组机制，出台针对性文件，制订实施方案，从责任、任务、资金和权力等角度落实扶贫工作责任制和负责制。加大财政金融扶持力度，推进林业组织化程度，不断健全贫困户参与组织的利益联结和分享机制，发挥"磁吸效益"，提升扶贫效率。创新定点扶贫模式，根据定点县扶贫内在需求，编制林业定点扶贫规划，制定实施帮扶的行动计划，实施"精准脱贫"。结合林业优势，调动各方面资源和社会力量，形成支持贫困地区发展的合力。近年来，林业根据习近平总书记关于"四个全面"战略布局和五个发展理念的部署，用精准扶贫战略思想，扎实创新和完善林业领域扶贫的工作格局，在增加扶贫投入、引入新的扶贫理念和方法、保护贫困户利益提升扶贫效率、试验和探索新的扶贫开发模式和机制、培养和锻炼扶贫队伍等方面取得了新的重要经验。

（二）国际扶贫事业中林业的地位和作用

一是在顶层制度设计上得到高度承认。联合国《2030 年可持续发展议程》共 17 个发展目标，其中第一个和第二个目标，对未来 15 年消除贫困作出战略设计。明确提出扶贫重大措施，包括保护生态系统、减少自然灾害、维护生物多样性、加强基因库建设等。以此看，林业在全球减贫战略中处于维护经济、社会、生存安全网的地位，有助于贫困人群脱离贫困。

二是在政策实践中得到突出强调。世界银行、国际货币基金组织要求将林业纳入发展中国家《减贫战略文件》的主流，提倡将绿色扶贫纳入贫困地区发展的主流，并提供指导和工具，如《贫困与森林联系工具箱》。2007～2013 年间共制定了 41 份《减贫战略文件》，有 37 份涉及森林，各国越来越重视林业扶贫。

三是在权威机构的科学认识上得到明确认可。世界银行指出 2015 年全球贫困人口从 2012 年的 9.02 亿人减少到 7.02 亿人（预测值），数量大幅减少但贫困人口仍集中在东亚及太平洋、南亚和撒哈拉以南非洲的山区林区。联合国粮农组织等权威机构的研究指出，森林资源、林产品、生态服务、生态补偿等在全球扶贫中担当重要角色，全球 75% 的贫困人口依靠农林牧渔业为生，林业在全球扶贫中发挥重要作用，主要表现在：①推动经济增长减少贫困。从微观来说，生态系统服务和产品占农村贫困家庭生计资源的 47%～87%，林业是减贫的重要推动力（生态系统和生物多样性经济学，2010）。从宏观来讲，生态系统驱动经济增长消除贫困。低收入国家财富的 26% 来自于生态系统，1995～2005 年，全球创造的新财富中，4% 来自于自然资本（经济合作与发展组织，2013）。通过森林等自然资源创造的收入，既可以直接惠及贫困人口，改善民生；也能由政府通过财政投入到扶贫。②提供生存必需品缓解贫困。世界上有很大一部分人依靠林产品来满足能源、住房和初级卫生保健等基本需求。木质能源是欠发达国家农村的唯一能源来源，对贫困人口尤为重要。③提供就业减少贫困。全球正规林业部门从业人数约1320万，另有至少4100万人受雇于非正规林业部门。④林业市场化建设减少贫困。为社区和家庭提供利用森林和进入市场的机会，是提高森林社会经济福利和减少贫困的有效手段。

二、当前精准扶贫与林业发展改革的实践考察

（一）林业参与精准扶贫的成效体现

广西石漠化片区坚持通过重大生态工程改善石漠化贫困区生态环境，大力发展生态产业，特别是速生丰产林、乡土树种和油茶、核桃等名特优经济林树种，深化林产品加工发展，实现兴林富民、绿色发展。“十二五”期间，全区争取中央投资100多亿元用于林业重大生态工程建设，完成乡土树种、珍贵树种、经济林树种造林面积600多万亩，绿化村屯6万多个，“千万珍贵树种送农家”5100多万株。全区石漠化综合治理工程县由35个增加到75个，实现了全覆盖，石质山区贫困村呈现出“石山增绿、群众增收、村在林中、家在绿中”新气象。截至“十二五”期末，全区经济林发展面积达3300多万亩，其中油茶林面积640万亩，核桃林面积200多万亩，林下经济面积达到5293万亩，从事林下经济的农户数量达到300多万户，吸纳就业人数超过900万人，人均增收约1000多元。各地涌现出很多通过发展林业增收致富的成功典型。如罗城县四拔镇里乐村，由当地能人牵头成立专业合作社，租用农民土地发展油茶8000多亩，涉及260多贫困户，农民将土地按30%入股，收益期按股分红，并参与油茶经营和林下种植养殖，每年仅劳务收入就达2万多元。

贵州省毕节市自1988年报经国务院批准建立“开发扶贫、生态建设”试验区以来，依托退耕还林、石漠化综合治理、“三江源”保护等重点工程，至2014年，全市森林覆盖率从15%增长到46%、林木蓄积量从872万立方米增加到2637万立方米、水土流失面积从16830平方千米减少到11544平方千米。依托项目，扶持发展核桃、茶叶、天麻、金银花等产业。2014年，全市林业产值122.55亿元，森林旅游累计接待游客649.1万人次，贫困人口从1988年的312.2万人减少到165.9万人。作为核桃“富民强县”的赫章县，依托退耕还林兴建128千米的核桃长廊，全县核桃种植面积163万亩，年产值12亿元，农民人均增收2000元以上。大方县滑石村，采取退耕农户培训转移就业、发展林下经济等途径，2014年，全村人均可支配收入5960元，是退耕还林前的5.6倍。

静宁县位于甘肃中部干旱地区，是国家级贫困县。该县大力发展林果产业，建成102万亩的林果基地，8个连片开发产业扶贫示范带，7个果园化专业乡镇和60个果品化专业村。2015年，全县挂果园面积55万亩，总产量68万吨，产值29亿元，农民人均果品收益4560元，15万人依靠发展林果产业实现了稳定脱贫，走出了整村推进、全县覆

盖、兴林富民的新路子。

和田县地处南疆沙漠地区，绿洲面积较少，气候干旱，早晚温差大，当地林果业较为发达。和田县提出实施“林果立县、林果富民”工程，帮助贫困户开源增收、脱贫致富。林果业发展切实找准适合和田种植发展并具有高附加值的项目，整合社会资本，调动社会资源，形成政府 + 公司 + 农户的运作模式，由政府提供税收金融等优惠政策扶持公司发展，同时帮助和引导农户种植，公司提供树苗、技术培训和产品回收销售及加工等。全县林地保存面积 97.11 万亩，特色林果面积近 60 万亩，林果总产值 10 多亿元，人均林果业收入达 4200 元，林果业已成为扶贫支柱产业。全县 2016 年退出 28 个贫困村，脱贫 20794 人。

（二）新时期林业参与精准扶贫的实践经验

对调研点林业扶贫工作的交流、考察和总结发现，主要实践经验表现在以下四方面。

一是坚持把精准扶贫摆在林业发展改革的全局位置，动感情、动真格、倾全力、用智慧，举全局之力打好脱贫攻坚战。国家林业局党组把精准扶贫精准脱贫作为事关全局的大事来抓，纳入了“十三五”林业发展规划，提出了“举全局之力坚决打赢脱贫攻坚战”的要求。为搞好精准扶贫，成立了林业扶贫领导小组，一把手亲自抓、负总责，落实了扶贫责任制。各有关单位都把精准扶贫摆上重要工作日程，建立完善了工作机制。陆续出台《关于整合和统筹资金支持贫困地区油茶核桃等木本油料产业发展的指导意见》《国家林业局定点扶贫帮扶计划》《关于支持贫困地区农林水利基础设施建设推进脱贫攻坚的指导意见》等专门文件，制定详细落实方案。发扬“两动两倾”精神，扎实帮助建档立卡贫困户实现脱贫。

二是牢牢抓住“六个精准”这一精准扶贫的本质要求，扎实提升扶贫工作效率。以生态脆弱性、农民人均纯收入、人均土地资源、人均 GDP 等指标为主要依据，对集中连片特困片区主战场划分扶贫开发重点，先难后易。首先对最贫困的县、村进行林业资金、人才、科技、政策等方面“开小灶”，坚持开发扶贫思路加大生态建设促进规模化产业发展，实施整县整村推进，有计划扶贫。同时，以点带面，针对建档立卡贫困人口，瞄准对象，强化科技、护林员、培训、林业补助、金融产品等方面到村到户扶贫措施；另一方面，通过强化基层林业机构、深化林业改革、推进林业治理体系建设，不断完善并推广建档立卡贫困户参与林业产业利益分享的各种有效连接机制。

三是坚持精准扶贫与生态文明建设“两手抓”的方针，以改善生态条件和发展生态产业为重点，坚持不懈、千方百计帮助建档立卡贫困户脱贫。采取产业开发、生态建设、就业安置、金融支持、科技培训、智力帮扶、定点帮扶等多种扶贫措施，围绕拓宽基本增收门路、提高基本素质、改善生态条件等基本问题，激发了贫困地区广大群众自力更生、艰苦奋斗的精神，探索出了一条符合实际的林业扶贫开发路子，取得了明显的经济、生态、社会效益，涌现了毕节试验区、河池石漠化治理、甘肃静宁林果产业等扶贫开发与生态建设相结合的全国典型。

四是坚持政府引导、市场带动和发挥农民主体地位作用，充分调动创造性积极性，挖掘林业潜力和优势，依靠自身努力光荣脱贫。随着我国扶贫形势和经济社会需求的变化，贫困地区的生态优势转变为当前挖掘扶贫潜力提升扶贫效益的重要途径。林业因其特有的多功能性，兼具保护生态和增进产业发展的独特优势，成为激发贫困地区潜力啃最难啃“硬骨头”的重要抓手。在近年来的实践中，林业根据生态扶贫、产业扶贫、智力扶贫的扶贫特点，积极引导市场机制参与扶贫、依托林农组织带动脱贫、协调社会资本参与扶贫、鼓励林农积极扶贫，总结出“四个有利于”的合作扶贫经验，有利于益贫、有利于精准、有利于参与、有利于防范风险。

（三）林业参与精准扶贫的有效模式和长效机制建设

1. 模式创新

从调研的10个县情况分析来看，生态脆弱、灾害突出、林农发展能力低、市场主体少、地方财力弱是致贫主因。实践中，结合当地情况创造了多种有效的林业扶贫模式，其中有五种比较有代表性。

一是加大林业生态建设力度结合林业改革模式，在强基固本中加快推进精准扶贫。实施主体是林业部门和地方政府，受体根据“六个精准”要求聚焦建档立卡贫困户，方法是通过贫困户参加生态工程建设获得补助和工资。优点在于激发其积极性，形成按劳取酬良性循环机制，按照这种方式，贫困农户经济上得实惠、观念上得更新、贫困地区生态得到明显改善。实践证明，这是解决贫困地区文化程度低、发展能力短缺的贫困户的温饱问题，最见效的扶贫方式之一。具体做法：第一，立足发展治穷根。整县推进与到村到户相结合，明确到2020年森林覆盖目标，整合涉农资金加大生态工程实施力度，通过退耕还林发展产业、林下经济壮大产业、连接二三产业增强产业，精准挂钩带动贫困户发展。用工程任务倾斜覆盖、政策倾斜照顾、基地连接等方式，鼓励贫困户培育森林资源，实现人均种植经果林、发展林下经济一定面积以上，加快户户参与发展。广西石漠化片区通过林业生态建设发展林下经济，2015年其产值达到200.6亿元，面积142.13万公顷，惠及林农428.4万人。第二，依靠市场除穷病。通过明晰产权和出台政策，抢抓供给侧结构性改革机遇，引导市场主体转投生态经济建设项目，用生态工程投入撬动社会资本盘活森林资源。六盘水市整合退耕还林、生态治理等资金2510万元，用于“三变”改革，并通过财政杠杆作用，2013年以来有18亿元资金进入林业。第三，壮大力量抓扶贫。精准投放工程优先覆盖贫困群众；创新林业政策和项目优先惠及带动贫困户达一定数量的合作社和企业；积极吸引企业到贫困村培育森林资源、建设林业园区。以不同形式扶持了大批熟悉乡情的林业扶贫能人、扶贫大社、扶贫强企，通过物质和精神两手抓鼓励其承担扶贫责任，让扶贫力量下沉有效抓实了贫困户。第四，完善体系促增收。围绕林业工程建设，探索适度提高生态公益林等补偿标准，用补贴补助收入确保贫困户基本生活、用科技培训提升贫困户发展能力、用经营主体稳定联结贫困户、用产业覆盖解决整村贫困，编织“五个收入网”（工程经济 + 打工经济 + 林下经济 + 绿色产业经济 + 旅游经济）。第五，健全机制稳脱贫。“六联结”（政府为引导、企业为领头、产业为平台、股权为纽带、贫困户为主体、小康为目标）保障贫困户稳定脱贫。

二是培育生态产业结合三产融合发展模式，在增强内生动力中输造并举精准扶贫。这种模式主体包括政府和市场主体，受体是贫困农户；方法是通过科学规划、规模投入、规范管理，促进区域性林产业的形成；优点在于，连片集中地帮助贫困农民脱贫致富，同时提高农民素质，尤其是科技文化水平，达到长期稳定的脱贫效果。各地在实践中，坚持政府引导、市场运作、贫困户持股并持续受益方式，大力培育了木本油料、特色经济林、林下经济、森林旅游等，扶持扶贫林业企业，实行直接帮扶、委托帮扶、股份合作等三种扶贫模式，精准上要求项目资金向贫困村贫困户倾斜，支持每县发展 2 ~ 3 个产业，产业和资金要覆盖一定比例的贫困村贫困户，并通过倾斜性政策引导基地和企业挂钩贫困户。

贵州赫章县整合退耕还林、植被恢复费、扶贫资金、省财政产业发展基金等多渠道资金，用于发展百万亩核桃产业。六盘水市推行以企业带动、农民合作组织联动的机制，把投入到林业基地的建设资金折股量化到村到户，提高贫困人口的参与度和受益面。甘肃静宁县加快互联网 + 林果业推动农村产业融合发展，培育了种植业、育苗业、加工业、包装业、服务业等全产业链，促进了稳定脱贫。走过的 10 个县基本实现有劳动能力的贫困户户均参与一个林业产业，掌握 1 ~ 2 门脱贫致富的林业技能，户均有一项稳定增收的林业门路。

三是林业改革发展结合创新市场机制模式，在区域发展中示范脱贫攻坚。深化集体林区林业改革，推进三权分置，通过明晰贫困户林地林木产权，与生产企业、农村经济组织相联结，贫困户以林权入股，明晰股东身份、科学量化折股、建立分红机制、推进股权交易，完善贫困户股份联结机制，探索市场主体带动贫困户脱贫模式（包括将扶贫对象委托给合作社帮扶）；创新财政金融体制机制，探索集体林地划为生态公益林补偿政策，倾斜支持贫困户；实现每个贫困村有 1 个以上合作社；在林业社会化服务体系、林业产业平台建设、干部选拔任用与精准扶贫挂钩等方面进行创新。贵州省六盘水市到 2015 年年底，林权流转 8.93 万亩，资源变资产集体林地 6.58 万亩，以林权流转入股农民 6 万余人，其中贫困人口 2 万余人。

四是实施科技帮扶结合培育市场主体模式，在调动贫困群众创造性中加快精准扶贫。建立林业科技人员与贫困户一对一帮扶机制，加大投入，推广先进技术和优良种苗，扶持科技能人，用林业科技体系把贫困户组织起来，通过参与林业社会化服务、创业森林人家、创新林下种养业等脱贫。甘肃省静宁县 2015 年整合林业、扶贫资金 6000 万元，用于良种苗木繁育和标准化果园建设，通过果园带农户促脱贫。

五是实施定点扶贫结合打造特色县域经济模式，在破除地方经济发展瓶颈中实现贫困县摘帽。国家林业局积极帮助贵州独山、荔波县落实脱贫攻坚任务、协调扶贫重大事项、拓展扶贫资金渠道等，通过倾斜支持天然林保护、退耕还林等任务安排，增加将贫困人口转为护林员的指标，协调金融扶持力度，努力取得积极进展，保障率先脱贫摘帽。

2. 机制创新和建设

机制创新主要表现在林业行动瞄准精准扶贫：一是政策挂钩。将扶贫明确纳入林业发展规划和基地建设，提出扶贫目标、政策、方式、效果及措施。甘肃省《关于加快推进林业精准扶贫的实施意见》支持贫困地区发展种苗业，每年新育苗木 15 万亩，预计 2017 年苗木产值达 18 亿元。二是资金安排挂钩。设立了精准扶贫专项贷款，贫困人口每户可获得免抵押、免担保、免利息贷款，用于特色产业发展，或作为股份投资到林业企业、合作社等。林业补贴、工程补助等向贫困户倾斜覆盖。成立林业投融资公司，作为贫困户统一授信平台，支持贷款发展林业。陇西县政府奖励印象核桃公司 20 万元，激励其在流转 2000 亩林地造林中吸纳几十户贫困家庭就业。三是政绩考核挂钩。制定扶贫绩效考核办法，开展督查，对落实不力的，追究责任。探索干部评先评优、提拔任用与林业扶贫绩效挂钩。静宁县组建一支 5793 名双联干部为主力军的贫困村驻村帮扶工作队，与贫困户“结对认亲”，落实林果产业发展帮扶措施。四是对象分类挂钩。对有能力的贫困户，引导以林权流转入股，获取租金、打工、股金多种收入；对失能、无能贫困户，帮助入股，或者将扶持资金量化入股，获得租金收入、股份分红长期收益；对返乡大学生、农民工等，积极支持其双创，推动森林资源向农村流动和集聚，促进群众脱贫致富。五是实施六到户瞄准贫困人口。重点向建档立卡贫困户倾斜，林业工程实施和产业发展中落实“六到户”（公示、申请、资金、验收、考核、干部帮扶直接挂钩）瞄准机制。同时，积极探索林业扶贫长效机制建设。

一是整合资金加大投入，用于生态建设与管护等推进扶贫。整合涉农资金，用于生态工程实施后配套基础设施、发展特色产业、增加退耕户收入；用于贫困户种植经济树种的苗木补助（甘肃免费提供每亩价值 300 元的苗木）和林业技术培训；用于高山贫困户搬迁。甘肃省陇西县加大投入，着力解决 566 名建档立卡贫困人口转为护林员，自 2015 年起在 93 个贫困村开展面山绿化，每年新增人工造林 2 万亩、封山育林 1 万亩。

二是以股份为纽带建立长期稳定增收机制，用市场机制挖掘林业扶贫效益。以股份联结的形式让资源、资金和劳动力集中，贫困户以林地入股生产企业，从原来的旁观者到参与者，持股分红，形成长期稳定收益，激发了内生活力，挖掘收入链拓宽增收链。贵州省水城县加强对退耕林地确权颁证，推行“退耕地承包经营权入股经济实体变股权、财政扶持资金落实到户变股金、退耕户持股变股东”，目前有 25722.8 亩林地入股保底分红模式和合作开发共建共赢模式，全县 43047 人实现了农民变股东。

三是通过产权创新转变发展方式，确保实现稳定的林业脱贫效益。六盘水市加快开展退耕还林工程区域的土地、林权等确权颁证，建立市、县、乡三级林权交易平台。采取扶持补贴政策和适当降低民营评估机构准入条件等措施，发展林权评估市场。转变发展方式，将林业工程建设与森林旅游康养相结合，拓展林业多功能性，推进农村第三产业融合发展。水城县通过产权创新，积极发展特色林业产业76.64万亩，7个产业园区不断发展壮大，例如：茶叶、猕猴桃、核桃、刺梨等已形成规模。甘肃省规划到2017年培育以种养为主的林下经济示范典型120个以上，产值达60亿元。

四是探索完善林业扶贫利益联结机制。主要包括：第一，保底收益+按股分红的分配机制，用“五转”建设连接一、二、三产的命运共同体（贫困户在一产转为出租者或生产者独享保底收入，二产上转为工人、用财政资金投资入股转为公司股东，三产上转为销售人员、通过发展森林人家等将能力强的贫困户转为个体老板）。第二，订单与财政补贴相结合的保障机制。引导企业与贫困户、合作社签订林产品长期购销合同。探索建立公共财政调节基金，保证双方利益。第三，改革与风险转移相结合的防范机制。稳定林地流转关系，规范工商资本租赁林地行为，确保贫困户利益。六盘水市今年对茶叶、猕猴桃等特色产业进行保险，2018年实现全覆盖，兜底保障贫困户。

五是加大财政金融支持林业扶贫。甘肃省庄浪县财政每年拿出5000万元专项支持林果发展；静宁县发展贫困村互助资金，安排风险担保基金，选定10个金融扶贫试点村开展扶贫。贵州省设立扶贫风险补偿金，在相关金融部门设立专户，封闭运行，用于扶持建档立卡贫困户贷款发展农林业。

（四）林业参与精准扶贫存在的主要问题

调研的10个县中，当前林业扶贫工作仍很艰巨，主要表现在三方面：一是贫困面广，贫困人口多。仅广西罗城县建档立卡贫困户数2.20万户，贫困人口8.34万人，占全县总人口38万人的21.95%。二是生态治理瓶颈问题仍很突出。尤其是连片特困地区生态环境脆弱、自然灾害频发，部分重点区域水土流失、土地沙化和石漠化等问题严重。三是基础条件薄弱，扶贫攻坚难度加大。调研点大部分生态环境脆弱、交通区位偏远、产业基础薄弱、基础设施落后，困难程度深、脱贫成本高、返贫现象突出，扶贫攻坚难度大。

调研发现林业精准扶贫存在的主要问题包括以下四个方面：一是风险防范不足。一些地区脱贫心理急切，全县或相邻几个县同时大规模推进相同产业，一旦外部条件变化，极易让参与的贫困户“四险叠加”（自然风险、价格风险、市场风险、龙头企业信用风险）大面积返贫。二是工作进展和推进力度有待加强。生态护林员、产业开发建设等扶贫工作在一些地区的推进仍较为缓慢，对贫困户的直接帮扶措施力度仍然不足。三是林业领域扶贫投入不足，配套机构和机制缺乏。调研点多数县林业设施建设历史欠账多，生态脆弱抵御自然灾害能力弱。随着扶贫攻坚难度越来越大，林业生态建设投入相对深度贫困地区的生态改善需求，还有较大差距。对一些调研点的走访发现：林业配套专项扶贫资金和金融支持不足，难以培育带动贫困户达到一定数量的新型经营主体；林业生态补偿标准相对贫困户脱贫的需求还有较大差距；基层林业职能弱化、人员不足，难以有效监管市场机制扶贫，政策利好、项目资金直接扶持企业和大户，后续管理跟不上，导致精准扶贫失真；由于缺乏林业评估机构和相关制度约束，一些大户、企业借扶贫之机将农村优势的森林资源、优质湿地向少数人集中，没有保护好贫困户利益，精准扶贫极易演变为“资本盘剥”。实施精准扶贫，当前亟须加强机构和人员建设，监督规范企业与贫困户之间的合作联结机制，设立林业科技培训部门，扶志和扶智并举，真正提高贫困户自我发展能力。四是林业领域的社会化服务体系和组织化建设滞后，扶贫面临新挑战。多数地区林业生产在很大程度上仍延续传统的生产方式，产品附加值低，管理不规范，服务带动能力弱。一些深层次矛盾突出：如服务体系不健全，组织化程度不高，特色林产品缺乏规模、品牌和良好销售渠道。林业扶贫资金投向的区域、对象、产业重点需进一步优化和集中；涉农部门资金整合使用在生态建设方面的效益需要创新和提高；随着精准扶贫形势与任务的变化，林业扶贫工作理念、措施、机制等需要进一步创新和完善。一些调研点还反映，存在林业扶贫资金规模不大，带动效应小，将贫困人口转为护林员的需求大而指标少等问题。

三、加强林业建设，助推精准扶贫

(一)明确新时期林业参与精准扶贫的战略思路

中央关于精准扶贫的方略，充分体现了对扶贫的高度重视，研判了林业发展与精准扶贫的关系，为新形势下林业参与精准扶贫指明了方向，明确了目标。要充分认识到，我国现存贫困人口的贫困程度更深、减贫成本更高、脱贫难度更大的问题十分突出，林业扶贫工作的长期性、艰巨性和复杂性局面依然严峻。随着经济进入新常态和供给侧改革深入推进，精准扶贫形势发生了新的变化。要适应形势的变化，坚持精准扶贫的基本方针，实行生态保护与开发相结合，继续坚持行之有效的林业扶贫政策措施。

推进新时期林业扶贫工作，要全面贯彻落实党的十八大和十八届三中、四中、五中、六中全会精神以及中央扶贫开发工作会议精神，深入学习贯彻习近平总书记系列重要讲话精神，紧紧围绕统筹推进“五位一体”总体布局和协调推进“四个全面”战略布局，牢固树立五个发展理念，认真落实党中央、国务院决策部署，在“五化同步”深入发展中同步推进脱贫攻坚，以改善生态环境为主线，以促进建档立卡贫困户增收为中心，大力推进实施一批脱贫攻坚林业生态工程和民生工程，不断增强林业基础设施建设，做大做强特色林产业，建设现代林业产业体系和林产品、生态产品市场，大力推动林业技术培训，帮助扩大林农就业，走出一条具有中国特色的贫困地区林业现代化建设道路。进一步明确目标任务和工作重点：①明确重点范围。按照精准扶贫重心下沉的要求，以 14 万个贫困村为基本单元，重点加强滇桂黔等集中连片特困区、林业定点扶贫县和国有林区林场扶贫力度，相对集中连片，集中资金投向，解决突出生态、贫困问题，提高林业资金扶贫效益。②明确重点对象。以建档立卡贫困人口为主要对象，通过发展绿色产业、就业安置，以及林业技术培训提高贫困人口素质，帮助稳定脱贫。③明确中心任务。从解决生存问题转向重点解决建档立卡贫困人口的发展问题。④明确扶贫资金重点投向。区域上必须重点投入连片特困区贫困村；对象上必须瞄准建档立卡贫困人口，强调扶持到户；产业上必须以贫困人口直接增加收入的生态产业为重点。

（二）抓好新时期林业参与精准扶贫的战略工程

1. 产业扶贫

树立绿水青山就是金山银山的理念，根据林业“十三五”规划、林业行业扶贫攻坚规划等一系列规划，立足贫困地区森林、湿地资源和特色林产业优势，以促进建档立卡贫困户增收为目标，以改善生态环境为保障，着力提高林产业的市场竞争力，推进现代林产业专业化、标准化、市场化，完善现代林产业体系，切实提高贫困地区的自我发展能力。

提出“十三五”时期14个集中连片特困地区林业产业扶贫专项规划，明确受益贫困人口数量、基地规划和投资规模，加强规划项目进村到户机制建设。集中发力、重点布局、典型示范，在一些重点贫困县要加快建成一批脱贫带动能力强的林产业。结合国家生态建设工程，培育一批兼具生态和经济效益的木本油料、特色林果、林下经济、竹藤、花卉等产业，打造一批特色示范基地，带动贫困人口脱贫致富。以市场为导向，加快现代林产业组织化发展，建立健全林产业扶贫联结到户到人的精准扶持机制，让贫困人口劳动技能得到提升，贫困户经营性、财产性收入稳定增加。着力提升生产加工水平，扶持发展以干鲜果品、竹藤、速生丰产林、松脂等为原料的林产品加工业。重点实施中草药、林果、木本油料、林下经济、林木种苗、花卉产业、竹产业等产业扶贫专项工程。

2. 生态工程扶贫

牢固树立保护生态环境就是保护生产力、改善生态环境就是发展生产力的理念，尊重自然、顺应自然、保护自然，以林业生态工程为引领和动力，加强贫困地区生态环境保护与建设，用生态建设托起扶贫希望。把生态文明建设融入贫困地区发展及现代化建设之中，推动绿色发展、实现绿色减贫，创新生态扶贫新品牌和新路子，建立和完善生态补偿制度，增强贫困地区自我发展能力。

加快改善西南山区、西北黄土高原等水土流失状况，加强林草植被保护与建设。加大三北等防护林体系建设工程、天然林资源保护、水土保持等重点工程实施力度。加大新一轮退耕还林还草工程实施力度，加强生态环境改善与扶贫协同推进。在重点区域推进京津风沙源治理、岩溶地区石漠化治理、青海三江源保护等山水林田湖综合治理工程，遏制牧区、农牧结合贫困地区土壤沙化退化趋势，缓解土地荒漠化、石漠化，组织动员贫困人口参与生态保护建设工程，提高贫困人口受益水平，结合国家重大生态工程建设，大力发展具有经济效益的生态林业产业。

3. 森林旅游扶贫

实施森林旅游扶贫工程。推出一批森林旅游扶贫示范市、示范县、示范景区；确定一批重点森林旅游地和特色旅游线路；鼓励发展“森林人家”，打造多元化旅游产品。以森林旅游为引领，促进贫困地区产业融合发展。深度挖掘林业多种功能，培育壮大新产业、新业态，推进林业与旅游、文化、健康养老等产业深度融合，加快形成农村一、二、三产业融合发展的现代产业体系。

4. 财政金融扶贫

纳入整合和统筹范围的中央财政专项资金，包括退耕还林、防护林、中央财政林业补助资金、财政扶贫资金、现代农业发展资金、农业综合开发资金等相关资金，集中支持林产业发展。协调国开行等提供大额、长期、稳定的信贷资金支持，加大支持力度。做大林权抵押贷款，建立和完善政策性森林保险制度。制定出台实施国家财政投入林业产业让贫困户受益的试点方案和政策措施。对吸纳贫困户就业达到一定数量的林业经营主体，积极帮助落实融资扶持政策。探索精准扶贫林业特色产业专项保险。鼓励各地区通过创新 PPP、政府购买服务等融资模式，吸引社会资本（包括符合条件的融资平台公司）投入贫困地区木本油料产业。同时创新担保方式，探索林权、林地承包经营权抵押、项目相关应收账款质押及企业风险准备金等制度。鼓励引导各类商业性金融机构和社会资本参与油茶、核桃等木本油料产业建设中来。加强对地方政府开展林业领域市场化扶贫的企业风险防范指导，确保运行在精准扶贫的轨道上。

5. 林业科技扶贫

实施六个“一批”科技扶贫工程加大林业技术推广和培训力度，推广一批实用技术成果、建立一批科技示范样板、选派一批科技扶贫专家、培养一批乡土技术专家、培育一批区域特色产业、构建一批科技服务平台。健全强化贫困地区基层林业技术推广体系。鼓励科研机构和企业加强对地方特色动植物资源、优良品种的保护和开发利用。支持林业科研机构、技术推广机构建立互联网信息帮扶平台，向贫困户免费传授技术、提供信息。强化新型职业林农培育，扩大贫困地区培训覆盖面，对农村贫困家庭劳动力进行农林技术培训，确保有劳动力的贫困户中至少有 1 名成员掌握 1 项实用技术。在贫困地区支持建设农技协联合会（联合体）和农村专业技术协会。

6. 其他扶贫

鼓励和引导贫困户将已确权登记的土地承包经营权入股林业企业、合作社、家庭林场与新型经营主体形成利益共同体，分享经营收益。推行以企业带动、农民合作组织联动的机制，把投入到林业基地的建设资金折股量化到村到户，提高建档立卡贫困人口的参与度和收益度。进一步完善机制，强化督查，推进定点扶贫。加强林业扶贫事业的信息化建设。加大林业扶贫的宣传力度。

（三）加大新时期林业参与精准扶贫的政策支持力度

一是建立健全生态保护补偿机制。加大对国家重点生态功能区中贫困县的转移支付力度，扩大政策实施范围，完善转移支付补助办法，逐步提高对重点生态功能区生态保护与恢复的资金投入水平。在贫困地区开展生态综合补偿试点，逐步提高补偿标准。健全各级财政森林生态效益补偿标准动态调整机制，依据国家公益林权属实行不同的补偿标准。推进横向生态保护补偿。探索碳汇交易等市场化补偿方式。

二是多渠道扶贫，统筹安排一批林业综合打捆项目在重点贫困地区实施。统筹林业相关渠道的资金，利用林区道路、森林旅游基础设施建设、农业综合开发等项目资金，改善贫困农村基础设施，扶持贫困户发展特色种养殖、森林人家等。因地制宜，统筹协调在重点贫困地区集中实施林下经济、森林旅游、林业重点工程、速丰林特色经济林、生态护林员工程、现代特色林业核心示范园区等，发挥规模化扶贫效益。

三是加大片区扶贫攻坚实施力度。扩大滇桂黔石漠化片区新一轮退耕还林规模，争取退耕还林任务量在现有基础上翻一番。加大天然林的保护力度，实现该地区天然林保护全覆盖。发展木本粮油，速生丰产用材林。以国家储备林基地建设为引领，在该区域大力建设松、杉、桉以及黄檀、柚木、沉香等珍贵树种基地。发展特色经济林和林下经济基地。以森林、湿地、野生动植物等特色资源为依托，发展森林生态观光和休闲度假，打造一批在有影响的森林旅游精品。

四是进一步研究完善相关林业支持政策。探索扩大生态护林员空间的可行性。协调政策性金融拓宽支持林业建设项目领域。协调设立林业扶贫贴息资金。探索贫困地区发展林产品、林果产业、森林旅游的产业基金。研究出台退耕还林、防护林体系建设等尽快发挥效益的生态配套改革措施和政策。健全贫困地区林业扶贫成效监测统计体系。建立林业行业扶贫督促考核机制。针对连片特困地区设立的林业科技创新和培训平台提供财政信贷支持。对吸纳建档立卡贫困户达到一定规模的林业组织提供奖补政策。

（四）完善新时期林业参与精准扶贫的长效机制

着眼长效机制建设，发挥政府引导、用好市场力量，激发千万贫困户创造力，扎实推进生态文明建设与精准扶贫工作。

一是加强组织领导，完善扶贫机制。在国家林业局林业扶贫开发领导小组的指导和协调下，各省林业主管部门应建立扶贫领导机制，抓好本地林业扶贫工作。落实脱贫责任，细化任务分工，定期开展考核，狠抓工作落实。坚持逐级督办制度，建立局省信息反馈系统，加强经常性联系，沟通情况，解决问题，制定措施，总结经验，共同推进林业脱贫攻坚工作。

二是统筹谋划好林业扶贫方案或实施意见。提前统筹谋划，首先摸清贫困人口状况、贫困人口意愿，在此基础上，根据当地资源、资金、政策等因素，协调扶贫、财政等有关部门的力量，分类指导、因地制宜地编制好林业精准脱贫规划和实施方案，制订切合实际的林业脱贫措施，切忌一刀切。

三是抓好生态扶贫科学规范发展。界定好生态扶贫的内涵和外延。研究提出，按科学标准确定可享受生态扶贫的贫困地区范围，以及贫困地区生态产品的范围和价值。推动制定对生态产品进行补偿的法规、标准和政策。明确或建立相应的落实贫困地区生态补偿的机构。

四是深化林业改革加强林业市场化建设，提高扶贫成效。鼓励和帮助贫困户同合作社、企业签订长期合同。探索“公司 + 农户”“合作社 + 农户”等方式，让农户获取劳务、薪金、租金、股金等林业全产业链收入。以超常规举措推进定点扶贫，完善机制，落实政策，建立检查、评估和考核制度。

五是抓好先进典型总结，探索林业生态扶贫先行区建设。整合涉农资金、项目和政策对试验区开小灶，集中力量示范。加大与贫困地区的双向智力帮扶力度。整合资源形成生态扶贫工作合力。统筹运用涉农、生态环境治理等相关专项资金，支持贫困地区生态建设和生态产业发展。在试验区，鼓励对扶贫成绩突出的林业干部优先提拔任用。鼓励贫困县选配熟悉扶贫的林业干部进领导班子。鼓励林业系统选派熟悉扶贫的干部到贫困县挂职。

六是加强监督管理。脱贫攻坚战涉及部门多、资金渠道多，很多政策要求超常规落实，各级林业部门应加强监督管理，确保财政资金使用规范、安全、有效，避免出现借此名义挪用资金的现象。充分发挥审计部门、金融机构、社会中介机构以及新闻媒体和社会舆论监督的作用，确保资金安全有效运行。加大宣传力度，树立工作典型，探索先进经验，推广先进模式，不断扩大林业脱贫攻坚的影响，为全国打赢脱贫攻坚战作出示范。

七是建立林业扶贫监测系统。在精准识别的基础上，突出林业信息，贫困地区林业产值，林农来自林业的增收情况，增加一批林业扶贫统计指标，建立贫困地区林业扶贫成效统计监测系统，算好林业参与精准扶贫的有关账目。

调 研 单 位：国家林业局经济发展研究中心
调研组成员：王亚明　曾以禹　赵金成　彭　伟　张　多　王　江　吴　琼

关于中国林业现代化路径若干理论问题的研究

【摘　要】林业现代化可以理解为是从传统林业到现代林业的历史性转变过程，以既定特征的出现作为完结的标志。在历史上，发达国家的林业具有不同的现代化路径，具有非线性的特征。中国林业现代化的进程，与世界林业基本同步，但经历了艰辛曲折的过程，除了受到现代化一般规律和整体发展的影响之外，还受到自身规律和所处形势的影响。进入新时期后，随着形势深刻复杂变化，中国林业坚持以生态建设为主的发展战略，在此基础上重新安排现代化路径，以维护国家生态安全为主要方向，对主要目标、评价体系、关键领域和支撑体体系进行适当调整和加强完善。

一、前　言

现代化是一个久盛不衰的话题，相关理论层出不穷、流派颇多。20 世纪 50 年代，美国学者研究提出了经典现代化理论。经典现代化理论认为，现代化是指从传统社会（农业社会）向现代社会（工业社会）、从农业经济向工业经济转变的历史过程及其所引发的深刻变化，或者落后国家追赶世界先进水平、实现工业化的过程。

20 世纪 70 年代以来，传统工业经济逐步式微，信息经济迅速发展，信息社会来临，这些新变化超越了经典现代化理论范畴。新的现代化理论探索应运而生[①]，如后工业社

---

① 现代化理论从萌芽至成熟，大致经历了三个阶段。第一个阶段是现代化理论的萌芽阶段，从 18 世纪至 20 世纪初。这一阶段以总结和探讨西欧国家自身的资本主义现代化经验和面临的问题为主，其中主要的学者有圣西门、孔德、迪尔凯姆和韦伯等。第二个阶段是现代化理论的形成时期。从第二次世界大战后至 20 世纪六七十年代，以美国为中心，形成了比较完整的理论体系，主要学者有社会学家帕森斯、政治学家亨廷顿等。第三个阶段是从 20 世纪六七十年代至今，这一时期研究的核心是如何处理非西方的后进国家现代化建设中的传统与现代的关系。

会、后现代社会、再现代化、第二次现代化，等等，形成了多家理论流派。现代化理论根据其发展进程。可大致分为六大学派：(1)结构功能主义学派：现代化是从传统社会向现代社会的转变。重点研究现代性和传统性的比较和转换。代表人物帕森斯、列维、穆尔。(2)过程学派：现代化是从农业社会向工业社会转变的过程，这个过程包括一系列阶段和深刻的变化。重点研究转变过程的特点和规律。代表人物罗斯托。(3)行为学派：现代化必然涉及个人心理和行为的改变，强调人的现代化。代表人物英克尔斯。(4)实证学派：各国的现代化具有不同特点。开展现代化的实证研究。代表人物亨廷顿。(5)综合学派：现代化涉及人类生活方方面面的深刻变化。比较研究、发展模式研究、定量指标研究等。代表人物布莱克。(6)未来学派：研究未来的发展趋势，重点研究发达国家的发展趋势。代表人物托夫勒。

现代化科学研究认为，现代化是18世纪工业革命以来的一种世界现象，是现代文明的前沿变化和国际竞争。它包括现代文明的形成、发展、转型和国际互动，文明要素的创新、选择、传播和退出，以及追赶、达到和保持世界先进水平的国际竞争和国际分工等。

现代化问题的研究，主要围绕三个基本命题不断探索和突进：现代化的基本维度是什么？现代化是否已经成为一种全球性的社会状态？是否存在不同的道路通往现代化，即实现现代化是否有多种方式？综合而论，现代化理论主要流派比较一致地认识是，“现代化”是指：人类社会从工业革命以来所经历的一场涉及社会生活诸领域的深刻的变革过程，这一过程以某些既定特征的出现作为完结的标志，表明社会实现了由传统向现代的转变。

本研究在考察一般现代化和若干领域的现代化基础上，回顾林业发展历程和理论流派，根据所处的当前形势，对中国林业现代化路径问题进行若干理论讨论。

二、林业现代化的历史进程

(一)世界林业现代化的历史进程

现代林业不仅是现代生产要素逐渐被引入或技术进步的过程，还是林业发展策略不断演化和创新的过程。现代林业的发展呈现出动态的、非线性特征，不同国家、不同历史时期，现代林业建设和发展的道路存在差异。

对世界林业现代化的历史进程，存在多种划分方法。欧美林学界流行的划分方法是，从全球的范围来看，林业发展历史可以分为三个阶段，即经验林业、科学林业和可持续林业[①]。前两者可以认为是传统林业的范畴，而可持续发展林业是现代林业的范畴。我国一些学者主张，按照世界森林资源评估指标的发展演进趋势划分，世界林业现代化可以划分为三个阶段：经济导向型的林业发展阶段、经济与生态并重的林业发展阶段、可持续林业发展阶段。这一主张在国内较有影响。

第一，经济导向型的林业发展阶段。在经济导向型的林业发展阶段，人们注重森林资源的经济价值，而忽视其重要的生态和社会价值。这一阶段又可以具体划分为两个小阶段。一是森林资源无序利用时期。从17世纪末产业革命兴起开始，许多国家的工业基础建立在对森林的开采之上，受经济利益激励，人们对森林资源进行了掠夺式开发。二是木材永续利用时期。19世纪后半叶，森林过度采伐导致木材供应严重不足，木材永续利用理念相继产生。虽然人们开始重视对森林的保护以及木材生产的永续、均衡，但是对森林利用的主导目标仍然是经济利益。

第二，经济与生态并重的林业发展阶段。20世纪50年代，随着社会对森林认识的逐渐深入及社会需求的变化，对森林的经营与利用开始注重追求森林的经济效益、生态效益和社会效益的多个目标，林业的发展进入经济与生态并重阶段。

第三，可持续林业发展阶段。可持续是一个延续数千年的历史概念，只是到20世纪80年代后才以我们熟知的面貌出现。二战之后，世界经济快速发展，欧美地区普遍经历了史无前例的经济繁荣。与此同时，全球生态环境问题日益严重，引起了西方国家主导的国际社会普遍关注。1987年，“布伦特兰委员会”在《我们共同的未来》中全面阐述了可持续发展的概念、标准和对策，对各国研究制定可持续发展战略产生了重大影响。1992年，联合国环境与发展会议召开，对可持续发展取得空前共识，通过了《21世纪议程》《关于森林问题的原则声明》等五个文件，强调：“森林可持续是人类经济社会可持续发展的重要组成部分，林业应该采取可持续方式进行经营管理，以满足当代人和子孙后代在社会、经济、生态等方面的需求”。此后的20余年里，可持续林业从理念逐步走向实践、变成现实，一些国家政府和绝大部分国际组织致力于确立可持续林业的标准和指标体系，形成了各层次的国际林业进程。可持续林业进入了实质性发展阶段，与林业现代化进程迅速、全面、深入地融合，产生了广泛而深刻的影响。自此，林业不再被视为一个狭窄封闭的追求内在自我调节平衡的产业，而是融入全球人口、资源、环境与发展的战略格局中，成为一项具有重要地位和广泛影响的公共事业。

（二）我国林业现代化的历史进程

相关研究普遍认为，中国林业大体上也经历了与世界林业相近似的发展历程，但由于中国的制度以及林业体制和管理的特殊性，使得中国林业发展在具有一般性进程特点

① 西方林学界一个流行的划分方法是，从全球的范围来看，林业发展历史可以分为3个阶段，即经验林业、科学林业和可持续林业。前两者可以认为是传统林业的范畴，而可持续发展林业是现代林业的范畴。

的同时，又呈现出自己的特色[①]。考虑世界林业发展演进的趋势，结合中国林业发展的客观实际，可以将20世纪50年代以来中国林业发展进程划分为3个阶段：经济导向型的林业发展阶段、经济与生态并重的林业发展阶段、林业可持续发展阶段。

第一，经济导向型的林业发展阶段(1949～1977年)。1949年，新中国成立，中国林业建设历史地进入到以经济效益为主导目标的发展时期，形成了以木材生产为中心的林业发展道路。这期间又经历了3个小时期。

一是新中国成立初期的森林资源恢复和发展时期(1949～1952年)。受历史积累、战乱和自然灾害影响，新中国成立时森林资源已遭受严重破坏。这一时期，林业建设的主要任务是：确定林业建设方针，强化林业行政管理；界定山林权属，推进林业合作化。林业的中心任务就是大量生产木材，以满足战后恢复和经济建设的需要，为国家提供经济恢复和发展必需的原始积累。这一时期，林业行政管理基础薄弱，发展模式单一，追求目标突出，林业生产所依靠的主要力量是农民群众，这些因素造成我国森林资源继续减少。

二是"一五"期间的林业全面发展时期(1953～1957年)。这一时期，林业部门的中心任务是如何多生产木材满足国家经济建设需要。林业部提出"普遍护林、护山，大力造林、育林，合理采伐、利用木材"的林业建设方针，指导全国的林业生产。但是，中国林业却别无选择地走上了以原木生产为主，重采轻育的发展道路。

三是林业建设的曲折发展时期(1957～1977年)。先后经历了大跃进、三年经济调整和十年动乱。林业发展遭受了严重挫折。这一时期，林业只单纯满足物质需要，追求木材利用，在生产力低水平下形成林业粗放经营。林业的劳动生产率、技术进步、产业结构以及管理体制处于较低水平，以木材生产为主要标志，导致了忽视森林生态系统的保护，引起了森林破坏、物种锐减、环境恶化、资源短缺等一系列严重环境问题。

第二，经济与生态并重的林业发展阶段(1978～1998年)。1978年，以"三北"工程启动为标志，林业具有木材生产与生态建设并重发展的特征，随着陆续掀起全面绿化荒山的高潮，启动了一批林业重点生态建设工程，经济与生态并重阶段得到确立。这一时期的林业主要表现是：恢复和重建林业机构，大力推进植树造林；加强林业法治建设，制定和调整林业政策；实行承包经营责任制，推动森工企业改革；木材采伐量进一步增加，生态环境恶化加剧；加强生态环境建设，发展林业科技教育事业。在经济与生态并重的林业发展阶段，以木材生产为中心的传统林业受到一定抑制，多功能兼顾的现代林业形态在

① 许纪霖、陈达凯在《中国现代化史》总论中认为，中国的现代化是被迫进行的。因为错失了工业革命的历史机遇，我国从工业时代开始衰退。在工业革命发生以来的一百年里，我国综合国力相对不断下降，中国人民生活水平相对下降，在国际舞台上饱受欺凌，在与列强的战争中屡战屡败、割地赔款、丧权辱国。从清末起，我国现代化从一开始就在极其严酷复杂的形势下运行：一是庞大的人口过剩压力与自然资源的相对短缺，二是列强环伺、时刻亡国灭种的民族生存危机，三是政治衰败、国家四分五裂的乱世局面。罗荣渠认为，1949年前的中国现代化探索分为清朝和共和时期两个阶段，加上1949年以来的现代化探索和建设，中国现代化分为三个历史阶段。

林业的实践运行中有所体现，但林业仍然难以摆脱以木材生产为主的传统发展模式。

第三，林业可持续发展阶段(1998 年至今)。1998 年之前，林业已出现战略转移的先兆，开展了林业发展战略的大讨论，受世界共同发展趋势影响，制定了《中国 21 世纪议程——林业行动计划》。以 1998 年爆发的特大洪灾为历史性转折点，我国实施以生态建设为主的林业发展战略，并在中央 2003 年颁布的《关于加快林业发展的决定》中得到确立而成为国家战略决策，中国林业现代化的进程进入可持续发展阶段。从中央文件到部门行动计划一致明确，林业既是重要的基础产业，又是一项重要的公益事业，肩负着优化环境、维护生态安全与保障和促进国家可持续发展的双重使命，在社会经济可持续发展中具有不可替代的作用。这一时期林业现代化的特征表现为：整合六大林业工程，大力推进生态环境建设；提出建设两大体系——林业生态体系和林业产业体系；探索新的林业经济体制和发展模式；健全法律法规，强化依法治林；建立林业科技创新体制。

迄今，中国林业现代化过程也经历了：森林资源经受破坏、恢复和发展的过程；以木材生产为中心的林业建设指导思想从不断强化到逐步弱化的过程；对林业地位、作用、性质不断深化的过程；从传统林业发展模式向现代林业发展模式迈进的过程。经过半个多世纪的探索，确立了林业现代化的新方向，进行从以木材生产为主到以生态建设为主的发展战略调整，林业现代化进入了新境域。这是我国林业现代化的历史性转变，意味着继续对传统林业进行改造，并向现代林业加快推进。

三、林业现代化的理论流派

林业现代化有多种理论流派，既有一般现代化、农业经济、生态经济等一般理论的适用，也有基于森林经营自身特点而形成的林业现代化理论创新。从大视野看，林业现代化的理论流派主要包括以下几方面。

(一)森林经营理论

森林经营理论是研究如何采取技术措施正确处理森林管理中的各种矛盾，以控制森林的组成，促进森林生长，提高森林数量、质量和各种有益功能的科学。简言之，它是研究科学、合理、有序利用森林，充分发挥森林的生态、经济和社会效益的科学。

传统的森林经营以木材生产为主，林业生产经营的主要内容是森林采运和原木生产以及大规模人工造林实践，其结果往往造成森林结构单一、森林功能退化、林地地力衰退。20 世纪末以来，在可持续发展理论指导下，出现了“森林可持续经营”的思想——在维护森林生态系统健康、活力、生产力、多样性的前提下，结合人类需要和生态价值，通过生态途径达到科学经营森林的目的。森林经营的主要内容转变为拟定措施提高森林的生产力、多样性和稳定性，实现森林多功能的可持续发挥。

（二）森林生态理论

森林生态理论的研究内容包括森林环境（气候、水文、土壤和生物因子）、森林生物群落（动植物、微生物）和森林生态系统，其研究目的是阐明森林的结构、功能及其调节、控制的原理，为不断扩大森林资源、提高生物产量，充分发挥森林的多种效能和维护自然界的生态平衡提供理论基础。该理论认为，森林生态系统是由森林中的土壤、水、空气、阳光、微生物、动植物等组成的综合体，是陆地上生物总量最高的生态系统，对陆地生态环境有决定性影响。森林生态系统具有三大特点：第一，森林生态系统具有任何生态系统都具有的结构特征，因此，经营森林就是要朝着有利于各种不同的生态系统结构特征的方向进行，使之发挥最大生态和经济效益；第二，森林生态系统中存在着能量流动、物质循环和信息传递；第三，森林生态系统具有一定的自我调节能力。人类的经营要注意到，任何生态系统都有一定的阈值，超过它会破坏生态平衡，同时，自然界有些生态系统的净生产量很低，尽管它已经处于生态平衡状态，人类也要通过建立人工或人工生态系统对其进行改造。此外，经营活动要保持森林生态系统的稳定性，即生态系统中的生物与环境之间、生物各种群之间，通过能流、物流和信息流的传递达到相互适应、协调和统一的状态，处于动态平衡之中。

（三）资源与生态经济理论

森林生态系统是一个有机整体，这个系统和其他系统，如森工系统、其他资源系统、农业系统等发生着物质、能量和信息的交换。森林资源的特殊性在于它具有多种功能和效益，是一种短缺资源，且森林资源价格的变化所引起的森林资源的可供给量的变化需要一定时间，即森林资源供给能力随价格变动具有一定的延迟性。通过对森林资源需求与供给之间关系的研究，分析森林资源的最有效利用和配置，将大大有利于林业现代化。

后工业化对林业发展提出了必须走生态与经济协调发展的道路，林业现代化就是对这种道路的实践。生态经济理论就成了林业现代化必不可少的理论基础。

生态经济学以生态经济系统为研究对象，结合生态学和经济学，以生态学原理为基础，经济学理论为主导，以人类经济活动为中心，围绕人类经济活动与自然生态之间相互发展关系这个主题，研究生态系统和经济系统相互作用所形成的生态经济系统。目的在于协调人类经济活动和自然生态之间的相互关系，寻求生态系统和经济系统相互适应与协调发展的途径。

生态经济理论认为，林业现代化的实现由两大系统来完成，即由森林的自然再生产过程形成的“森林生态系统”和由林业的经济再生产过程形成的“林业经济系统”。前者是人类社会经济活动的物质基础和前提条件，对林业经济系统的建立和发展起着基础性的决定作用。因此，林业现代化首先要遵循自然生态规律，充分利用森林的自然再生产和经济再生产，保持森林生态经济复合系统的最优状态。

（四）林业可持续发展理论

随着生态科学的兴起，林业现代化受生态现代化影响而发生革命性的转变，进行着另辟蹊径的实践，产生了独树一帜的指导理论，最终汇合形成了林业可持续发展理论。

可持续林业自身并不是具有独立性的理论，而是可持续发展理论在林业领域的适用。简单来说，可持续林业是对森林生态系统在确保其生产力和可更新能力，以及森林生态系统和生物多样性不受损害前提下的林业实践活动。通过综合开发、培育和利用森林，发挥其多种功能，并且保护土壤、空气和水的质量，以及森林动植物的生存环境，既满足当代人社会经济发展的需求，又不损害后代人满足其需求能力的林业。林业可持续发展是一个复合概念，包括社会、经济和生态三个方面的目标，三大目标的统一是最理想的境界。但是由于不同利益主体的存在，实践中三个目标常常处于矛盾之中，至今尚在探索建立起合理的利益分配机制以协调这三大目标。尽管如此，林业可持续发展的提出，为重新认识林业以及重构林业与社会经济系统之间的合理关系，提供了理论指导和战略路线。

四、林业现代化的定义与特征

（一）林业现代化的定义

林业现代化尚未有统一的定义，也没有统一的内涵界定。从学术界来看，不少学者对林业现代化进行界定，形成了一些比较一致的看法。

比较有影响的研究认为，现代林业是相对于传统林业而言的，传统林业的经营思想建立在“以木材生产为中心、以经济效益为目标的永续利用方针”基础之上，以生产木材和获取最大经济效益为目的。但是，林业是由生态系统、经济系统和社会系统复合而成的开放系统，是一个经济生态系统为主的行业，是具有生态、经济、社会三大效益，多元、多层次的复杂系统。因此，现代林业被定义为：充分利用现代科学技术和手段，全社会广泛参与保护和培育森林资源，高效发挥森林的多种功能和多重价值，以满足人类日益增长的生态、经济和社会需求的林业。

现代林业是在新技术、新观念的基础上发展起来的，涵盖了林业生态体系、产业体系、文化体系建设的全部内容。就其内涵而言，现代林业应当是以可持续发展理论为指导，以生态建设为重点，以全社会共同参与和支持为前提，实现林业资源、环境和产业协调发展，生态、经济和社会效益高度统一的林业。概括地说，现代林业是采用现代科技装备，依托现代制度政策，发挥森林多种功能，通过多目标可持续经营，以满足人类对森林的多样化生态需求为主，多效益利用的林业。

林业现代化则是指由传统林业向现代林业、从单纯追求经济效益向重视生态、社会和经济三大效益协调、由单目标永续利用向多目标可持续经营转变，以及由此引起的林业发展从理论到实践的深刻变化，并最终实现现代林业发展目标的过程。

（二）林业现代化的主要特征

1. 林业现代化的主要特征

具体而言，林业现代化具有以下特征。

第一，目标多样化。森林作为陆地生态系统的主体，不仅是提供产品的自然资源，更重要的是人类生存和发展的生命保障系统。林业现代化旨在追求森林多样产出。需求多样化是以森林功能多样性为基础的，在社会经济发展中，森林必须提供基本的生存保障和改善生存质量所需的必要条件；森林能在多方面提供不断增长的贡献：保存多样性使未来发展具有更广泛的选择。林业现代化追求的是多种效益融合，以森林多样产出的有效供给来满足多样化的需求。

第二，经营持续化。林业现代化必须研究和实施可持续森林经营的标准，按照森林的主导功能进行全面综合规划，调整树种、林种和生态系统结构，通过森林生态系统管理的手段发展、培育和利用森林资源，逐步实现可持续森林经营。可持续与不可持续是现代林业与传统林业的重要分野，实现森林多目标可持续经营则是林业现代化的重要标志。

第三，利用科学化。现代林业广泛应用现代科技成果，依靠技术进步，采用现代技术、先进装备和现代化的管理手段，旨在提高科技对林业建设的贡献率和显示度，全面推进森林资源培育和管理、林业生态环境建设以及林业产业化。现代林业强调利用的科学化，在充分尊重自然规律、经济规律和社会发展规律的基础上，最大限度地提升森林的产出。

第四，参与社会化。林业现代化不再单纯追求木材产出和部门利益，而是要保护生态系统和物种多样性，维护生态系统平衡和稳定。每个社会成员即是生态的受益者，也必须是生态保护的贡献者。只有采取各种鼓励措施广泛动员全社会的力量参与林业建设，减少对森林的破坏，大力提高社会对林业的支持力度，才能发挥林业的经济效益、生态效益、文化效益和社会效益。

第五，手段综合化。林业现代化必须以生态经济学理论为基础，系统工程技术为手段，新技术革命为支撑，建立多层次、多学科有机联系的理论体系。同时林业现代化并不排斥传统林业手段在实现现代化中的独特作用，而是将传统手段和智慧融入现代林业转变过程中，充分发挥传统技术和手段在促进森林功能发挥的作用，形成新理念支持下的新经营理论和经营方法。

第六，制度体系化。林业现代化的关键是建立适应现代林业的管理体制和运行机制。要求建立适应现代需求和经营的治理体系和治理能力，用制度的方式确保森林得到保护和发展，要建立林业产权制度改革、林业自然资源用途管制、林业生态保护红线、林业生态保护补偿、国家生态保护管理体制，等等，通过制度创新，破解制约林业现代化推进的体制机制障碍。

2. 林业现代化的指标体系

面对现代需求和发展方式的转变，林业现代化承担着更为广泛的历史使命，包括生态需求、木材需求、环境需求以及持续供给能力建设，因此林业现代化必须有具体的衡量标准。

目前，国内外对林业现代化指标体系的研究不少，取得了不小的成绩，但当前国外对林业现代化指标体系的研究转向可持续发展指标，这里不做重要论述。国内指标体系主要包括：①1992 年，世界自然基金会提出的指标包括森林本质特征、森林健康、环境效益、社会和经济价值四个方面，偏重于森林的质量指标。②1996 年张建国教授提出的以经济指标为主，包括生态环境评价指标、经济效益指标和社会效益指标的指标体系。③1996 年原林业部经济发展研究中心提出的包括 1 个综合指标体系、4 个卫星指标体系（经济指标体系、环境指标体系、科技指标体系和社会指标体系）的指标体系群。④1997 年吕柳、温作民提出的包括状态指标、持续指标与评价指标 3 个层次的指标体系。⑤2000 年江泽慧等根据林业现代化的内涵与基本特征，从林地资源、林木资源、生态环境、经济发展、社会效益和科技发展及贡献等六个方面提出的一套现代林业指标体系，该指标体系选择 60 项指标构成国家级水平林业发展的综合评价指标体系，110 项指标构成地区级水平林业指标框架。在此基础上，以林业生态工程效益评价为典型案例，设计了一套标有各个指标权重的中国林业生态工程评价指标体系，包括一级指标 3 个，二级指标 11 个，三级指标 33 个。⑥2008 年，周光辉等根据中国现代林业建设的要求，结合国家林业现代化建设示范城市总体规划实践，构建了林业生态体系、林业产业体系、生态文化体系和基础支撑保障体系 4 个一级指标；林地保护工程、森林食品和干鲜果产业建设以及生态精神文化建设工程等 25 个二级指标的中国现代林业建设体系。⑦2009 年，徐期瑚从林业现代化的建设内容与目标出发，以现代林业的生态、产业和文化三大体系为基础，构建了以林业生态体系、林业产业体系、生态文化体系为一级指标，资源状况、生态状况、经济效益、产业管理、生态文化意识、生态文化建设为二级指标，包含 36 个三级评价指标体系的林业现代化评价指标体系（表 1）。

林业现代化评价指标体系的建立对评价中国林业现代化的发展进程，包括森林质量及其生态贡献与社会价值都有重大作用[①]。综合起来，各指标体系发展不断健全，内容不断充实，可操作性越来越强。但各指标尺度都有一定暂时性，有必要根据中国林业现代化进程的发展作出相应调整。

---

① 当前世界主要有 7 个林业现代化国际进程，即赫尔辛基、蒙特利尔、ITTO、塔拉波托、非洲干旱地区、近东林业进程，以及我国组建的亚太森林网络。前 6 个进程都依据国际或者区域公约的制度基础，而亚太森林网络尚没有相应公约的制度基础。但是，这些森林进程在标准和指标均可归为五个方面内容，即进程水平、森林资源、森林功能、经济社会需要和制度机构安排。

表 1　国内林业现代化的指标体系一览图

提出者	发布时间	主要指标内容
世界自然基金会(重在森林的质量指标)	1992 年	森林本质特征；森林健康；环境效益；社会和经济价值
张建国	1996 年	经济效益指标；社会效益指标；生态环境评价指标
原林业部经济发展研究中心	1996 年	1 个综合指标体系；经济指标体系；环境指标体系；科技指标体系；社会指标体系
吕柳、温作民	1997 年	状态指标；持续指标；评价指标
江泽慧等(重在林业生态工程效益评价)	2000 年	国家级水平林业发展的综合评价指标体系(60 项指标)；地区级水平林业指标框架(110 项指标)；涵盖林地资源、林木资源、生态环境、经济发展、社会效益和科技发展及贡献等六个方面
周光辉等(重在体现中国现代林业建设)	2008 年	一级指标(4 个)：林业生态体系；林业产业体系；生态文化体系；基础支撑保障体系
		二级指标(25 个)：林地保护工程；森林食品和干鲜果产业建设；生态精神文化建设工程等
徐期瑚(从林业现代化的建设内容与目标出发)	2009 年	一级指标(3 个)：林业生态体系；林业产业体系；生态文化体系
		二级指标(6 个)：资源状况；生态状况；经济效益；产业管理；生态文化意识；生态文化建设
		三级评价指标：包含 36 个

五、林业现代化的制约因素和解决途径

(一)制约因素

总的看，从传统林业到现代林业的转变的过程，除受到工业革命、科技革命、自然灾害和人类战争等影响之外，主要受人口增长、农业现代化、城镇化和生态现代化四个方面影响，而这些影响又是相互交织、相互推进的。迄今，世界林业现代化的过程远未完成，因为现代林业目标具有随着社会发展变化而变化的特征，即使进入现代林业发展阶段，也存在着现代化程度之分。对我国林业现代化而言，制约我国林业现代化的因素主要包括：

(1)商品林资源培育面临严重困难。主要表现在：林地资源利用率不高，森林生产力低；经营管理粗放；可用资源枯竭；林分结构不合理、质量低。

(2)林业科技发展与应用滞后。林业信息技术和林业生物技术的突破已对林木育种、森林培育、灾害控制和资源利用的方式产生了巨大影响。在许多领域，我国林业科技水平与世界发展水平还存在相当大的差距，我国林业科技发展任务紧迫而艰巨。

(3)农村经济结构转型困难制约林业发展。农村是林业工程建设的主战场，农村林业是我国林业战略和国土生态安全体系的重要组成部分，也是农业战略性结构调整的重要内容。

（4）植被建设与水资源的配置不合理。长期以来，我国一直强调林业建设对水资源的调节和保护作用，很少提及林业建设对水资源的需求。原因在于我国的林业建设主要是在自然降水量较为充足的地区。但随着林业现代化的推进，森林植被建设的边界不断拓宽，传统思维需要得到调整，实现植被建设与水资源的合理配置。

（5）林业产业发展观念滞后。为了消除长期重产业、轻生态造成的生态环境恶化，我们必须强调生态建设，并尽快把林业建设的重点转移到生态体系建设上来，但决不能放松储备林基地建设和林业产业的发展。要重点发展林产品的精深加工。

（6）当前形势发生深刻变化。当前，我国进入全面建成小康社会的关键时期。党的十八大提出了经济建设、政治建设、文化建设、社会建设和生态文明建设五位一体的战略布局，强调坚持走中国特色新型工业化、信息化、城镇化、农业现代化道路，促进工业化、信息化、城镇化、农业现代化同步发展。我国林业现代化就在这样新的背景下进一步地向前推进，面临着复杂深刻形势变化，以下四个变化将对林业现代化产生重大影响。

人口规模结构新变化。这些年来，我国人口规模和结构悄然发生变化，出现新的阶段性特征①。截至2014年年底，中国总人口数量超13.6亿人，其中60周岁以上老龄人口2.1亿人。从城乡结构看，城镇常住人口7.49亿人，乡村常住人口6.18亿人，城镇人口占总人口比重为54.77%，随着城镇化加快，这一比重必然上升②。此外，随着人口增长趋缓和老龄化问题突出，劳动力即将进入短缺状态，“人口红利”逐步消失，出现所谓的“刘易斯拐点”。城乡之间，劳动力出现双向迁移。一方面，城镇化加快推进，农村人口入城，一些地区农村出现空心化。另一方面，沿海地区“民工荒”日益严重，农民工返乡务农创业成为潮流。我国人口新变化，将对林业就业、林业生产经营、林业生态建设以及林产品供给的数量、质量和结构，产生很大影响。

经济发展进入新常态。我国经济进入新常态，即经济增长速度由原来的高速增长转向6%~8%的中高速增长，经济结构不断优化升级，经济发展从要素驱动、投资驱动转向创新驱动，提质增效成为今后经济发展的主要任务。但从另一角度看，我国现在经济总量已经超过了10万亿美元，如果按7%增长，那每年就要增加一个中等国家的经济规模。与新常态相对应的是出现了“新业态”，比较引人注目的有“互联网+”“中国制造2025”和新型基础设施建设，等等。

---

① 蔡昉等认为，按照2010年第六次人口普查数据，2010年15~59岁劳动年龄人口的总量达到峰值，为9.4亿，此后就出现负增长，且减少速度越来越快，预测到2020年就降到9.1亿。随着人口红利的消失，支撑高速经济增长的传统源泉相应枯竭，特别表现在经济增长动力不再单纯依靠劳动力和资本的投入，而必须消除各种制度障碍，转向创新驱动和生产率驱动。同时，在一定时期内或者在一定程度上，仍有可能通过改革挖掘传统“人口红利”的潜力。

② 此数据来源为国家统计局。对于我国人口增长趋势，翟振武等专家进行预测，认为未来国内人口将在达到14.78亿左右的水平后，逐步下降；中国人口总量将在2020年达到高峰。

生态文明建设新布局。十八大明确提出五位一体的战略布局，将生态文明建设贯彻到其他四个建设当中。十八届三中全会系统提出了生态文明建设的制度建设思路，最近党中央、国务院专门出台了《关于加快推进生态文明建设的意见》。随着资源约束趋紧、环境污染严重、生态系统退化，生态文明建设取得了前所未有的社会共识和行动支持，逐步形成了包括生态空间、生态资源、生态环境、生态经济、生态社会、生态制度在内的完整体系，考核、评价、奖惩等相关责任制度正在建立。

对外开放合作新格局。无论是四大自由贸易区和长江经济带形成的T型格局，还是丝绸之路经济带和21世纪海上丝绸之路（简称“一带一路”），以及与美国主导的TPP相对应的“区域全面经济伙伴关系协定（RCEP）”[①]，这些对外开放的战略举措既是我国对外开放战略的继承，更是在新形势下的创新，是从“走出去”到“走向全球”的战略转变，是有别于美国主导的新一轮全球化进程。在这样由我国主导的全球化进程中，我国林业现代化面临着新挑战与新机遇，结合林业资源利用、科技发展、产业提升等需要，抓住投融资、基础设施和建材生产线装备等重点领域，发挥林业国际合作中性化和绿色化的优势，既有效服务国家开发战略，又积极引导全球生态治理进程。

（二）解决途径

对于当前林业现代化，在理论和实践上仍然在深化之中。现阶段，我国林业现代化的总体战略和具体措施，设想如下：

（1）发展总体战略思想：坚持以生态建设为主的林业可持续发展道路；建立以森林植被为主体的国土生态安全体系；建设山川秀美的生态文明社会。林业发展总体战略思想的核心是“生态建设、生态安全、生态文明”。林业战略指导方针是“严格保护，积极发展，科学经营，持续利用”。具体而言就是严格保护天然林、野生动植物以及湿地等典型生态系统；积极发展人工林、林产品精深加工、森林旅游等绿色产业；高新技术与传统技术相结合，加强森林科学经营；实现木质和非木质森林资源以及生态资源的持续利用。

（2）中国林业要走上可持续发展道路，真正实现林业现代化，其战略途径是：以“六大工程”为载体，以科技创新为先导，以体制改革为动力，推动转型林业发展，使之从以木材生产为主转变为以生态建设为主的新阶段。通过林业现代化，使我国的生态由整体改善转向生态稳定、良性发展；林业经济增长方式由粗放、低效、高耗转向集约、高效、低耗发展。

（3）推进林业现代化的战略措施。推进林业现代化是一项长期艰巨的任务，必须将

---

① “区域全面经济伙伴关系协定（RCEP）”，虽然因为美国的阻碍至今没有实质性进展，在知名度和实质进展上远远不如“一带一路”，但是“区域全面经济伙伴关系协定”对于我国对外开放格局的重构仍然具有重大战略意义。“区域全面经济伙伴关系协定”与“一带一路”，构成以我国为中心枢纽、同时向东和向西前进的全球化布局。

维护生态系统稳定和发挥多种功能放在首位，用可持续发展理念和制度引导林业现代化的实践过程。

建立适宜的现代林业目标。没有目标就没有方向，现代化是一个过程，现代化目标是一个动态过程，进入现代化与实现阶段性现代化以及更高水平的现代化，都需要具体的目标指引。昨日的现代不代表今日的现代，别人的现代不能代替我们的现代。我国要依据现代化的一般标准结合中国的实际，制定自己的现代化标准。

明确现代化建设的主要任务。林业现代化路径选择与各国国情和发展阶段密切相关，中国林业现代化既不能脱离中国的实际，又不能不遵循现代化的一般规律。对我国而言，为实现确保国土生态安全的目标，必须围绕三大目标进行路径选择：一是保护，保护生态资源不受侵害；二是发展，让适宜绿化的国土披上绿装；三是提升，通过各种手段和措施，提升生态资源的质量和效益。

加大林业改革力度。改革林业管理体制机制，使之适应现代化发展。推进国有林区和国营林场改革，形成以中央政府和地方政府行使所有权和监管权的体制机制，确保国有自然资产服务于全社会；深化集体林权制度改革，赋予所有权人以应有的权能。通过改革破除各种障碍，形成有利于发挥森林多种功能，有利于提高森林质量，有利于林业可持续发展的体制机制。

健全生态资源产权制度。对国土空间内的生态资源明确产权主体，确保生态资源的占有、使用、收益、处置做到权有其主、主有其利、利有其责。用制度确保不同性质、发挥不同功能的生态资源归属于不同的所有者，采取不同的政策措施，是林业发展建立在稳定产权基础上。

完善森林经营制度。以维护国家生态安全和木材安全为目标，形成国家级的森林经营规划制度，明确森林经营的基本原则、目标任务、战略布局、经营方向、政策措施等。对各类森林经营主体，建立森林经营方案制度，按照可持续发展的具体要求编制森林经营方案，并按照森林经营方案执行。

完善科学技术支持体系。充分尊重科学技术在林业发展中的决定作用，为技术发挥创造条件，并使之成为提升林业功能的核心支撑。明确技术发展的关键领域和关键技术，创新研究和实用技术结合机制，研究与使用有机融合，成为推进林业现代化的核心力量。

完善生态资源监管制度。建立起所有权人和管理者相互独立、相互配合、相互监督，统一行使生态资源用途管制职责的制度。运用生态资源法律制度、生态资源考核制度、生态资源社会监督制度，并且将生态资源的监管置于全社会监督之下，提高生态资源监管成效。

健全生态补偿制度。研究确定合理的补偿标准，并建立与工资物价水平挂钩的动态调整机制。根据生态区位、资源状况实行分级分类补偿，逐步将所有森林纳入补偿范围。探索建立公益林政府赎买制度。对大江大河源头、国家级自然保护区等生态区位极其重要的集体公益林，由政府出资赎买或者用国有林进行置换，交由国有林业单位经营管理。

完善财税金融支持制度。将林业作为公共财政的重点支持对象，形成稳定的林业政策和资金投入机制，加大对生态保护、生态修复、资源监测、绿色产业和基础设施的投入力度。完善金融支持制度。制定林业中长期、低息贷款政策。扩大政策性森林保险范围，提高保费补贴标准，建立再保险机制和森林巨灾风险基金，增强林业抗风险能力。

六、关于林业现代化路径十个问题的思考

通过林业现代化相关问题进行文献综述和考察比较，我们对林业现代化产生许多收获，受到许多思想启示，结合当前形势和时代主题，对关于林业现代化的重要理论和制度政策安排的十个问题进行思考。

(1)林业现代化是指传统林业向现代林业演进的历史进程。现代林业是林业现代化的结果。林业现代化既有遵从一般现代化共性规律的一方面，也有其自身现代化特殊规律的另一方面。推动我国林业现代化，需要充分认识我国的基本国情和发展阶段，顺应现代化和世界林业发展的共性规律和发展趋势，充分考虑我国林业现代化新阶段所遇到的主要障碍和需要解决的突出问题。

(2)从一般现代化规律和部门领域现代化情况来看，一般认为，林业现代化不仅包括物质装备和生产手段的现代化，还应该包括技术变革和制度变革。从发达国家林业现代化的共性结果来看，现代生产技术和林业装备水平明显提高，形成了完备的林业组织、社会化服务体系、支持保护政策体系等，专业化、产业化、市场化水平高，林业经营者和劳动者文化水平、知识水平、科技水平提高，追求在增加林产品供给、维护生态安全、促进林区民生改善和农村综合发展之间获得平衡的可持续发展。这可以认为是林业现代化的目标。

(3)不管是一般现代化还是部门领域现代化，都可以设定衡量其现代性的指标体系。衡量林业现代性的指标体系，关键在于两方面：一方面是现代林业生产要素的投入，另一方面是平衡满足生态、经济、社会多种需求的林业产出。在要素投入方面，从单位面积林地石油量和林区生产道路千米数看，我国林业已经不是传统意义上的传统林业，但仍然处于比较低的投入水平；从林业产出来看，我国生态脆弱程度、木材对外依赖度高达 50%、山区林区发展差距加大，我国林业现代性处于较低水平。这足以说明，我国林业现代性较低，处于加快全面推进现代化的新阶段。

(4)我国现代化进入了非常关键的拐点阶段，对林业现代化而言既是机遇又是挑战。拐点主要标志是：第一，在工业现代化方面，工业投入、工业需求、工业消费等一系列指标出现转折点，工作技术实现重大突出，出现新一轮工业革命的前兆。第二，在农业现代化方面，农业占 GDP 份额下降到现代化转折点，农村劳动力从无限供给转向负增

长，农村劳动力的非农化进入“刘易斯转折点”区间，人口再生产进入更替水平，农业投入发生阶段性变化，农业生产率发生重大变化。第三，在城镇化方面，2014 年年底城镇人口占总人口比重为 54.77%，随着城镇化加快这一比重必然上升，而在城镇化加快推进的同时，却又出现人口反城镇化的端倪。林业现代化应在国家整体现代化大格局中明确其基础地位和作用，促进林业发展方式转变，消除造成林业领域与非林业领域吸引汇聚优质生产要素竞争中处于不利局面的制度障碍，完善林业基本经济制度与创新林业经营组织形式，推动林业生态建设、促进山区林区综合发展。

(5)林业现代化是一个林业结构不断演变的过程，也是林业功能不断被认识的过程。无论是其他国家还是我国，林业都经历了从原始林业到单一利用的传统林业再到多功能多方位利用的可持续林业，在不同的发展阶段，其林业结构和价值发现发生重大变化。未来我国林业结构变化面临的矛盾是：林产品和生态服务产品的市场需求消费增长刚性和结构转变，林业资源禀赋约束增强和投入成本上升，林业生产装备不足、基础设施建设滞后和要素流动受阻，林业科技支撑不足和社会化服务不健全，林产品和生态服务的生产交易条件变化和可贸易空间限制，林业结构政策与农业、环保等其他行业领域政策冲突。

(6)在诸多制约因素中，农村劳动力流动对林业现代化推进具有深刻影响。从生产方式看，林业中资本投入和劳动投入的关系必将在近期发生某种具有转折特征的变化，机械对劳动的替代变得更加经济，林业机械化进程显著加快；从国土空间布局看，随着农业现代化而出现农业集约经营，随着城镇化加快而出现农村人口不断向小城镇集中，传统的“依山逐水而居”等以生产为中心的居住方式，正被兴起的以服务配套为中心的新型农村社区所逐步替代，这意味着更多的边际耕地和其他土地可以纳入生态建设用地。

(7)随着现代化加快推进，我国林业未来经营规模将发生变化。一方面，随着生态文明建设推进，维护生态安全的主体功能区将得到更有力保护。另一方面，林业改革深化将带来林业经营新变化：劳均林地经营规模扩大，完善林农土地承包权与承包林地的经营权可分离的制度安排，落实林农的林地承包经营权长久不变，制定山区林区人口市民化的政策安排，实行明确时点的村社所有制。

(8)不管国外还是我国，林业现代化要有系统全面有力的投入政策支撑。在我国林业现代化投融资政策中，财政资金发挥了支持林业现代化的主渠道作用。当前，林业投融资体制存在的突出问题是：财政支持林业资金总量不足，资金结构不合理，使用效率低，银行信贷支持不到位，森林保险保障水平偏低，证券期货市场的作用不足。

(9)我国林业现代化应与林业全球化对接。加入 WTO 以后，我国林产品进出口贸易总额不断扩大。未来，我国林产品的种类和数量都将继续增加，我国林业与世界林业分工体系不断深化，森林经营、林产品加工和生态建设与世界林业发展联动性越来越强。进入 21 世纪后，世界林业市场和贸易环境发生了深刻变化，林产品现货市场具有价格波动幅度大和风险高的金融市场性质。我国具有极大的需求和动力，推动林业“走出去”，参与国际林业分工，服务国家外交战略。

(10)可持续林业是现代林业的产物，现代林业的充分发展是实现可持续林业的基础。未来我国林业现代化，应该充分吸取发达国家林业的经验教训，需要通过科学技术的突破，进一步显著提高我国林业劳动生产效率和生态建设效益，既满足我国城乡居民不断增长的林产品需求，又满足维护生态安全、实现中华民族永续发展的国家战略预期，实现现代可持续林业的目标。

调研单位：国家林业局经济发展研究中心
北京林业大学人文社会科学学院
课题组长：李金华
专家顾问：戴广翠
课题成员：吴柏海　林　震　李　欣　文彩云　韩　枫　余琦殷
陈霈弦　孙　喆　张嬴心　胡仲琪　苏彦舒

关于三北工程维护生态安全的调研报告

【摘　要】按照国家林业局重大问题调研计划，国家林业局经济发展研究中心与国家林业局西北华北东北防护林建设局、中国社会科学院组成联合调研组，于2016年6月和10月赴甘肃、青海和山西，就三北工程区开展生态建设、维护生态安全的情况开展专题调研。调研组先后深入到甘肃省古浪县、民勤县、临泽县和高台县，青海省西宁市、大通县、祁连县、海晏县和贵德县，山西省隰县、永和县、大宁县和吉县，一共13个县进行了实地调研。通过查阅资料、观察现场、走访基层、召开座谈，了解了这些地方实施三北工程任务、推进生态建设、维护生态安全的具体做法、工作进展、取得的成效和面临的困难。

一、由于自然生态环境恶化变迁，三北地区长期以来面临着各种生态胁迫，遭受着严重的生态灾害，威胁着中华民族的永续发展

三北地区横跨我国北方半壁河山，东起黑龙江西达新疆，同俄罗斯、蒙古等10多个国家接壤，无论是我国经济社会发展、生态环境治理还是维护国家总体安全，具有非常重要、非常突出的战略意义。根据历史文献记载，三北地区曾经是水草丰美、湖泊密布、植被茂密、牛羊成群、自然生态条件良好的地方。三北地区聚居着汉、回、蒙古、满、维吾尔、哈萨克、鄂伦春、塔吉克等22个民族，总人口1.67亿，占全国总人口的12.3%。千百年来，各族人民在这里生息繁衍，创造了光辉灿烂的华夏文明。

从中世纪以来，由于战争动乱、过度垦殖、过度放牧等复杂原因，三北地区森林植被遭受严重破坏，生态环境发生变迁、不断恶化，带来风沙肆虐、水土流失、干旱缺水、洪涝灾害、河湖淤积、物种灭绝等系统性生态灾害。现在，三北地区分布着我国的八大沙漠、四大沙地和广袤的戈壁，总面积达158万平方千米，约占全国风沙化土地面积的90%，形成了东起黑龙江西至新疆的万里风沙线。这一地区风蚀沙埋严重，经常出现沙尘暴，流沙压埋农田、牧场、村镇、村庄，威胁公路、铁路、水利设施的安全。三北地区在20世纪60年代初到90年代末的三十几年间，有667万公顷土地沙漠化，有1300多

万公顷农田遭受风沙危害，粮食产量低而不稳，有1000多万公顷草场由于沙化、盐渍化，牧草严重退化，有数以百计的水库变成了沙库。据调查，三北地区在20世纪五六十年代，沙漠化土地每年扩展1560平方千米；20世纪七八十年代，沙漠化土地每年扩展2100平方千米，对中华民族的生存与发展空间构成严峻挑战。

三北地区大部分地区年降水量不足400毫米，许多地方处于资源性缺水状况，干旱、风沙等自然灾害十分严重。而另一方面，由于森林植被严重破坏，一些地方洪涝灾害频繁发生，水土流失非常严重。三北地区水土流失面积达55.4万平方千米，黄土高原的水土流失尤为严重，每年每平方千米流失土壤万吨以上，相当于刮去1厘米厚的表土，黄河每年流经三门峡16亿吨泥沙，使黄河下游河床平均每年淤沙4亿立方米，下游部分地段河床高出地面10米，成为地上“悬河”，母亲河成了中华民族的心腹之患。

由于森林植被破坏而带来的干旱、风沙危害和水土流失等严重自然生态灾难，严重制约着三北地区经济社会发展，使各族人民长期处于贫穷落后的境地，同时也构成中华民族生存和发展的严峻挑战。三北地区生态治理，不仅对改善三北地区生态环境起着决定性的作用，而且对改善全国生态环境也有举足轻重的作用。因此，新中国成立之后，三北地区生态建设开始进入了共和国决策者的考虑之中。早在20世纪60年代，周恩来总理作出指示，“林业要以营林为基础。造林要把重点放在水土流失、风沙危害严重的地区，有阵地、有重点、有步骤地前进。”根据总理指示精神，林业部门对沙区、山区进行全面深入的调研，逐渐形成了三北地区建设大型防护林工程的构想。“文化大革命”的十年，这一构想搁置。十一届三中全会前夕，在邓小平、陈云等中央领导同志的亲切关怀下，1978年8月，林业部门向国务院报送了《关于西北、华北、东北风沙危害和水土流失重点地区建设大型防护林的规划》，11月获得批准并列为国民经济社会发展重点项目。三北工程从此时正式启动，由此揭开了我国大规模生态建设的序幕。

二、近40年来，三北工程伴随着时代步伐不断深入推进，取得了令人瞩目的成就，为推进生态建设、维护生态安全作出了重大贡献，创造了成功经验

从1978年正式启动以来，在党中央、国务院的正确领导下，在有关部门大力支持和协助下，通过各级党委政府广泛发动与精心组织，三北工程区广大干部群众锐意进取，艰苦奋斗，顺利实施了工程任务，取得了令人瞩目的生态建设成就，为维护国家生态安全、经济社会可持续发展、促进生态文明建设作出了重要贡献，探出了新路子，取得了

好经验。突出表现在以下 3 个方面。[①]

(一)改善了生态环境，增加了生态资产，稳定并拓宽了中华民族生存发展的生态空间

一是重点治理区的风沙危害得到有效遏制，沙化土地和沙化程度呈“双降”趋势。在东起黑龙江西至新疆的万里风沙线上，采取封育、飞播、人工造林相结合的办法，营造防风固沙林 667.89 万公顷，使 33.62 万平方千米沙化土地得到治理，使 1000 多万公顷严重的沙化、盐碱化草原、牧场得到保护和恢复，重点治理地区的风沙侵害得到有效遏制，沙化土地和沙化程度呈“双降”趋势。甘肃省河西走廊 5 个地市坚持“南保青龙、北锁黄龙、中建绿洲”的方针，累计完成造林保存面积 87.64 万公顷，41% 的沙化土地得到初步治理，在走廊北部长达 1600 千米的风沙线上，建起了长达 1200 千米、面积约 30.7 万公顷的大型基干防风固沙林带，控制流沙面积 20 多万公顷，堵住大小风沙口 470 处，使 1400 多个村庄免遭流沙侵害。

二是局部地区的水土流失得到有效控制，水土流失面积和侵蚀强度呈“双减”趋势。在以黄土高原为主的水土流失区，坚持山水田林路统一规划，生物措施与工程措施相结合，按山系、分流域综合治理，营造水保林和水源涵养林 741.06 万公顷，治理水土流失面积由工程建设前的 5.4 万平方千米增加到现在的 44 万平方千米，局部地区的水土流失得到有效治理，水土流失面积和侵蚀强度呈“双减”趋势。山西省造林 153.4 万公顷，新增治理水土流失面积 260 万公顷，使 46.7% 的水土流失面积得到初步治理，水土流失面积由工程前的 5.56 万平方千米减少到 4.01 万平方千米，减少了 28%，强度以上土壤侵蚀面积由 2.83 万平方千米减少到 1.21 万平方千米，减少了 57%。昕水河流域新增造林 18 万多公顷，使这一地区的有林面积达到 24.91 万公顷，森林覆盖率达 31.6%，控制水土流失面积由 1978 年前的 18.96 万公顷增加到现在的 36 万公顷，土壤侵蚀模数由每平方千米 8200 吨下降到 3200 吨，减少了 57%。

三是抵御自然灾害的能力显著提高，促进了生物多样性的有效保护。三北工程区森林面积由工程建设前的 1985 万公顷增加到现在的 4676.78 万公顷，蓄积由 7.2 亿立方米增加到 20.98 亿立方米。例如：甘肃省民勤县的森林覆盖率从 1978 年的 4.3% 提高到目前的 17.7%。随着三北地区森林资源面积持续增长，防护林结构逐步完善，灾害对农业生产的影响，尤其是破坏性影响程度降低。同时，通过人工造林、封山(沙)育林，乔灌草、多林种、多树种相结合的近自然森林生态系统正在修复和形成，野生动物、植物的种群和数量稳中有升，有效保护了生物多样性，维护了生态系统的多样性，物种的多样性和基因的多样性，促进了生态系统平衡。据全国野生动植物调查结果表明，三北地区

① 如果没有特别说明，本调研报告这一部分所用数据为三北工程 30 年发展报告和五期工程中期评估报告的数据。

稳中有升的陆生野生动物占55.7%，其中野马、藏羚羊等种群快速增加，189种国家重点保护的野生植物，有71%达到野外种群稳定标准。山西省通过防护林建设和保护区建设，生态系统得到修复，地方野生动植物数量明显增多，呈现恢复性增长。调查结果表明，山西稳中有升的陆生野生动物占到65%以上，资源消耗严重、濒危度较高的9种野生动物中，达到野外种群稳定标准的占到89%。在山西不曾发现的遗鸥、小天鹅、蓝尾石龙子、王锦蛇、隆肛蛙以及其他野生鸟类、两栖爬行类和昆虫近期也相继被发现。黑鹳、金钱豹、勺鸡、苍鹭等珍惜濒危物种，在山西的生存繁殖和越冬地正在不断扩大，栖息环境明显改善。

四是森林生态系统不断修复，生态功能不断健全，有效涵养水源和维护三北地区水安全。森林被誉为"绿色水库"。据第八次全国森林资源清查，我国森林生态系统每年涵养水源量达5807.09亿立方米，相当于近15个三峡水库设计库容。三北工程有选择地在重点地区大规模营造水源涵养林，产生良好的生态效益。从1978年三北防护林工程实施以来，甘肃省民勤县以维护绿洲生态和永续发展为目标，在绿洲西线的三角城、老虎口、西大河和北线的青土湖等重点风沙口，以及绿洲内部严重沙化地为重点，累计完成三北工程造林7.36万公顷，封沙育林6.95万公顷，有效地抵御了风沙危害。其中，在青土湖区域完成治沙造林0.47万公顷、封沙育林0.8万公顷之后，从2010年起，干涸51年之久的青土湖重现碧波。目前，青土湖地表水域面积达3.35万亩，地下水位埋深3.12米，较2007年上升了0.90米。青土湖区域地下水埋深小于3米的旱区湿地达到15.9万亩，植被生长良好，有效阻隔了巴丹吉林和腾格里两大沙漠的合拢。

（二）生态建设与产业发展相互促进，加快山区林区脱贫致富，实现经济社会可持续发展

一是平原农区防护林体系基本建成，粮食产量和农田面积呈"双增"趋势。在东北、华北、黄河河套等平原农区，坚持以保障粮食生产为目标，营造带片网相结合、集中连片、规模宏大的区域性农田防护林266.6万公顷，有效庇护农田2350.17万公顷，平原农区实现了农田林网化，一些低产低质农田变成了稳产高产田。在沙区新辟农田牧场1534万公顷。三北地区的粮食单产由1977年的118千克/亩，提高到2007年的311千克/亩，总产由0.59亿吨提高到1.53亿吨。特别是三北工程营造的农防林和用材林，活立木蓄积高达4亿立方米，已具备年产2000万立方米的生产能力，经济价值在100亿元以上。东北平原共营造农田防护林70.022万公顷，庇护农田776.16万公顷，林网化程度达到72.24%，初步建成了以农田防护林为框架，改善了农业生产条件，增加了无霜期10~15天，延长了生长周期，粮食单产由过去的84.9千克提高到现在的323.4千克，总产由0.14亿吨达到0.70亿吨，成为我国重要的商品粮基地。甘肃省河西走廊在绿洲内营造农田防护林8.67万公顷，庇护农田60多万公顷，增强了农牧业抵御自然灾害的能力，使河西走廊以不足全省20%的人口和耕地，提供了全省70%以上的商品粮、43%

的商品油、99.6%的棉花、97%的甜菜糖，成为甘肃乃至全国重要的商品粮基地。

二是特色产业基地初具规模，促进了区域经济发展和农民增收致富。三北工程建设中把生态治理同地方经济发展和人民群众脱贫致富结合起来，建设了一批用材林、经济林、薪炭林、饲料林等特色林产品基地，培育了优势资源，增加了农民收入，促进了地方经济发展，实现生态建设和经济发展的良性互动。营造各种经济林667万公顷，建成了以黄土高原为主的优质苹果基地、黄河沿岸红枣基地和新疆的香梨、宁夏的枸杞、河北的板栗等一大批特色突出、布局合理、具有较强竞争优势的产业带。年产干鲜果品4800万吨，占全国产量的三分之一，产值达到1200亿元。目前，三北地区的苹果产量1600万吨，约占全国产量的60%。渭河、汾河、泾河流域是我国苹果最适生长区，苹果面积达到150万公顷，年产果品1200万吨，接近全国产量的二分之一，年产值180亿元，果区农民人均苹果收入达1500元左右。在陕西和山西黄河沿岸建成了40多万公顷红枣基地，年产干鲜果品33万吨，产值近10亿元，枣区农民人均红枣收入达600多元。宁夏枸杞种植面积达3.33万公顷，约占全国的30%，2005年总产量达到5万吨，约占全国总产量的50%，出口量约占全国出口量的60%。同时，三北地区营造薪炭林92.7万公顷，年产薪材800多万吨。营造灌木饲料500多万公顷，为畜牧业发展提供了丰富饲料来源。山西省昕水河流域目前林果总产值达到386168.15万元，比1978年前的20039.33万元增长了18.3倍，人均果品收入726元，占到农民人均收入2241.79元的32%。吉县、隰县、永和等县的林果业收入占到农民总收入的50%以上，绝大部分农民依靠林果业走上了致富道路。永和县打石腰乡河浍里村79户320口人，依托三北工程发展枣树2千亩，产值500余万，仅红枣一项人均收入达1.5万元，成为远近闻名的红枣村。

三是新兴产业迅速发展，成为繁荣区域经济的新增长点。三北各地从区域资源优势出发，积极发展森林观光、生态疗养、游憩休闲、沙产业等新兴产业，走出了一条不砍树也能致富的新路子。青海依托森林、湿地等生态资源优势，大力发展森林旅游业。2014年全省森林公园共接待国内外游客275.07万人次，实现旅游收入13896.17万元，较2012年增长11.2%，取得了较好的生态、社会和经济效益。新疆引导和带动全区森林旅游事业持续健康发展，2013年全区森林旅游收入412亿元，占全区旅游收入的62%以上。其中，仅森林公园接待游客607万人次，旅游直接收入2.4亿元。甘肃省武威市探索建立了集压沙修路、造林绿化、工业治沙、生态农业、扶贫开发“五位一体”的沙产业发展模式，加快发展以沙生药用植物种植为主的沙产业，推广示范梭梭接种肉苁蓉5.88万亩，以甘草、板蓝根、麻黄、枸杞、锁阳等为主的沙生药用植物种植面积达到10多万亩。

（三）开创了我国林业重点生态工程的先河，突破了传统林业建设模式，实现生态建设理论和实践的创新

三北工程是我国政府兴建的第一个大型林业生态工程，在近40年的建设历程中，广大建设者和管理者在建设思路、组织形式、工程管理、治理模式等方面进行了有益探索，为我国开展规模生态治理提供了宝贵经验。建设三北工程在我国林业建设史上是一个重要标志，是我国林业发展的历史性转折点，突破了过去以生产木材为主的指导思想，第一次把森林三大功能结合起来，实现了以木材生产为主到以生态建设为主的重要转变。三北工程根据建设区自然条件严酷，生态灾害频繁，农林牧比例失调的实际情况，突破以往认为防护林就是建设单一结构、单一林种的思想，第一次提出了建设建立一个高生产力的自然与人工相结合的以木本植物为主体的生物群体，形成一个农林牧、土水林、多林种、多树种、带片网、乔灌草、造封管、多效益相结合的防护林体系的思想。三北工程从工程建设区经济基础薄弱，群众生活贫困的实际出发，第一次提出了把森林的生态功能和经济功能有机地相结合起来，建设生态型防护林体系的思想。三北工程根据建设区生态治理难度大，治理速度满足不了经济社会发展和提高生态承载力的需要，突破了生态建设小规模、小范围格局，第一次把生态建设以国家重点工程的形式组织起来把生态治理上升为国家有组织、有计划的行动，实现了以工程带动生态建设，促进了林业建设全面发展。

三北工程在理论创新的同时，在技术上进行了大胆的实践。一是在防沙治沙方面，突破了过去被动的以防和治为主的技术方案，提出了防、治、用结合的全面治理的思路，实现了在防沙治沙上生态效益和经济效益的良性循环。二是在水土流失治理方面，突破了单一治理的模式，提出生物措施和工程措施相结合，以山系和流域为单元，坡、峁、垣、梁、埂综合治理。三是在造林方式上突破过去以造为主的技术政策，从注重人工造林向人工造林、封山(沙)育林、飞机播种造林相结合转变，把封山(沙)育林摆在突出的位置；加大了封育和飞播造林力度，加快了工程建设步伐。四是在发展方式上从单纯造林向造林、保护、经营、利用相结合转变，把管护放在第一位；在林分结构上从营造纯林向营造混交林、覆层林、异龄林相结合转变，把营造混交林作为首要任务；在林种结构上从营造防护林为主向防护林和经济林、用材林等多林种相结合转变，把适地适树作为基本遵循；在树种结构上从造乔木为主向乔灌草、针阔叶树种相结合转变，把灌木林放到了优先发展的位置；在种苗培育上从引进外来树种为主向因地制宜大力发展乡土树种为主转变，把乡土树种作为各地工程造林的首选品种。五是在干旱、半干旱地区，突破了造林成活率的技术难关，探索出了以泾流林业、深栽造林为主的系列抗旱造林技术，使造林成活率提高了23个百分点。六是在飞播造林方面，突破了年降水量200毫米的禁区，飞播成效提高20个百分点。

从三北工程近40年生态建设历程，得到了几条基本经验：从社会主义初级阶段的基本国情出发，坚持发挥社会主义制度优势，聚集社会力量办林业。从三北地区的区情出发，坚持建设生态经济型防护林体系，实现兴民与富民的统一。从建设对象自然条件出发，坚持按自然、经济和社会发展规律办事，推进工程科学发展。从工程建设区均衡发展的需要出发，坚持统筹协调推进工程建设，确保突出阶段性重点。从维护国家生态安全的战略需要出发，坚持生态体系建设不动摇，与国家的发展大局融为一体。从社会经济快速变革的时代要求出发，坚持管理机制和政策创新，保持工程建设不竭动力。

三、三北工程区林业生态安全体系初步形成后面临的困难和挑战

（一）维护生态安全思想认识不够

三北工程是我国启动最早、规模最大、参与人数最多、影响最大的林业生态工程，工程区生态区位十分重要，事关我国半壁河山的生态安全。三北地区的生态环境不改善，势必影响全国生态改善的进程。一些地方的领导没有从生态建设是促进人与自然和谐相处，推动区域经济社会可持续发展基础的高度来认识，没有把防护林建设作为一项基础工作来抓，认为防护林建设是一项长期而又艰巨的事业，需要几代人的努力才能实现，防护林建设是百年大计，何必着急。特别是工程建设进入“啃硬骨头”阶段，造林立地条件越来越差，造林难度越来越大，在市场经济条件下比较效益低，群众的切身利益与防护林建设公益性之间的矛盾日益突出，参与工程建设的积极性不高。一些地方领导对防护林建设的重要性、长期性、艰巨性和紧迫性认识不足，认为防护林在短期内很难见效，很难出政绩，重视当前利益，忽视长远利益，注重经济建设，忽视生态建设，造成工程建设地位下降，认识滑坡，领导力度弱化。在一些通过治理，生态环境得到改善的地区的领导出现了松劲情绪，工作停滞不前，工作没有思路，动力机制不活，开拓创新精神不强，防护林建设进展缓慢。在一些植被稀少、造林难度较大的地区的领导出现了畏难情绪和依赖思想，不善于在防护林建设和农民利益上寻找结合点，不积极主动在动力机制下功夫，片面依赖国家投资，转移了生态建设的主体责任。

（二）工程资金投入问题

工程建设投入水平与实际需求不相适应。三北工程近40年来，长期实行以国家补助、地方配套、群众投工投劳的建设机制。截至2015年，累计完成投资8313177万元，其中中央专项投资1463869万元，只占三北工程建设总投资的17.6%；群众造林投工投劳折合人民币4918744万元，占59.17%。中央投资从第一期的3.61元/亩，现在人工造林补助500元/亩、封山育林100元/亩、飞播造林160元/亩，确实有了很大提高。但是，随着“两工”[①]取消、地方配套政策的淡出以及造林成本猛增等因素的影响，投入不足、进展缓慢的问题日益突出。特别是一些造林条件好的地方都已造上了林，剩下的宜林地大多是深山远沙，自然条件差，造林难度大。工程建设区有近三分之二的地区处于

① “两工”是指义务工和积累工。“两工”随着国家税费改革，从2003年开始率先在浙江等地开始，在全国范围内逐步取消。

干旱和半干旱地区，超过一半的地区降水量不足200毫米，建设任务十分艰巨。同时，近些年来，造林苗木费和人工费都有较大幅度的增长，造林成本增加很快。根据调查，三北工程造一亩林一般需要300～500元。人工工资由过去的几元钱增加到上百元钱。如果考虑物价上涨因素，三北工程现在的补助标准与实际成本相比还有很大缺口。

（三）单一的防护林结构与多样化的功能需求不相适应

当前，随着社会经济的发展和人民生活水平提高，人们对林业的要求不仅仅是满足物质需求，更重要的满足人们的生态消费，防护林建设单一的结构与多样化的功能需求很不适应。一是林种树种结构单一。三北地区的自然特点是干旱和寒冷，可选择的树种少，营造了大面积纯林，结构单一，针叶林多、阔叶林少；纯林多、混交林少；中幼林多、成熟林少；单层林多、复层林少，稳定性差。二是建设内容单一。目前的工程建设，只有造林这一个环节。按照营林规律，造林、经营、保护、利用是一个有机的、密不可分的整体。工程链条链接不完整，没有科学地尊重林木生长发育规律和森林生态群落演替的内在规律，没有体现出工程的系统性和体系性，从而最终将影响到工程建设整体目标的实现。三是造林方式单一。封山育林是一种投资少、见效快的造林方式。三北地区适宜封育的面积很大，据统计，三北地区适宜封育的宜林地资源有1.5亿多亩。目前，三北工程主要是人工造林，几乎没有封山育林任务。从尊重生态建设规律和实现工程建设目标的要求看，必须加大封山育林力度。四是防护林功能不合理。三北地区农田防护林一般都是工程建设初期营造的，大多已进入成过熟林阶段，林带残次破损，影响了防护功能。五是低产、低效林比重较大。山西省三北工程建设以来，造林保存面积175万公顷，低效防护林60多万公顷，占1/3以上。右玉县营造的近2.7万公顷杨树中有1.8万公顷是小老树，防护效益低下，病虫害严重。

（四）生态建设用地用水矛盾比较突出

三北工程区生态环境系统普遍都十分脆弱，在三北工程区开展生态建设，需要具备一定的条件，尤其是生态用地和生态用水，但是现在用水难用地难的问题日益尖锐。一方面，随着造林绿化深入开展，造林立地条件越来越差，可利用的地块基本上都是严重沙化地、戈壁荒滩或者石砾地，基本上都无灌溉水源，“水跟林走”成为保障造林的必备条件。“十三五”期间，全国需要完成10万平方千米的沙化土地治理，而西北地区是重中之重，且宜林沙地位置偏远、远离水源，自然条件、立地条件差，都是“啃骨头”的硬任务。另一方面，在各地加快推进城镇化和工业化的形势下，三北工程区开展生态建设日益受到生态用地和生态用水的制约，与当地发展农业、工业和建筑业用地用水冲突日益严重。在调研中了解到，不少地方为了保证农业、工业和建筑业发展，不得不对生态建设用地用水进行限制。

（五）工程建设配套标准和评价体系比较滞后

一是工程建设标准滞后。三北工程启动以来，制定了一整套技术标准和规范，但随着工程建设的发展，许多标准和办法与现行的国家体制和机制不相适应，急待修订完善。二是工程监测体系建设滞后。由于没有专项经费，没有建立完整的监测体系，基础数据不全，资源本底不清，不能从整体上对工程资源消长变化、沙漠化土地扩大、建设成果检查验收等方面进行深层次的监测、研究，工程的建设效益得不到量化和体现，不能为工程建设提供科学的决策依据。三是工程建设科学评价体系滞后。三北工程30年来取得了明显的生态经济社会效益。由于缺乏专项经费，科学的工程评价体系没有建立起来，工程效益缺乏定性定量分析，对工程效益很难作出科学评价。

四、有关建议

针对调研中了解到的问题，为贯彻落实中央推进生态建设、维护生态安全的要求，提出以下建议。

1. 进一步加强对推进三北工程建设、维护国家生态安全工作的指导

各地要进一步统一思想，牢固树立绿色发展新理念，切实加强对实施三北工程建设、推进生态建设、维护国家生态安全的组织领导。林业部门要加强工作指导，切实抓好宣传培训、示范引导和督促检查，抓好方案设计、造林施工、监督检查、保护管理等环节的工作。国家林业局要针对三北防护林体系建设相关环节，总结各地实际检验，参考相关行业标准，对招投标、工程监理、工程支付等尽快出台和完善相关标准。

2. 拓展工程投资方向，提高造林质量，改造原有林分，加快对现有残次林、低效林改造

现有残次林不仅失去应有防护效益，长此以往木材也将失去应有经济价值。建议国家在林业投资类型中增加低效生态林和残次生态林改造项目覆盖面，优先考虑生态脆弱地区。对属于资源性缺水地区，增加造林和封育任务量，并予以重点扶持。

3. 根据工程建设特点，进一步细化政策措施，加大扶持力度

对属于自然条件恶劣的国家扶贫重点县，及早安排实施退化防护林改造，继续安排并适当增加天然植被封育面积。对三北防护林一期、二期工程加强抚育间伐更新，积极争取国家退化林修复项目，使林木恢复生长。对第三、四和五期工程加强抚育经营，争取国家加强对未成林造林地的抚育管护任务，连续抚育3~5年，同时加强封育管护。

4. 创新造林模式，推进生态建设市场化改革

三北工程区有很多集体林，基本完成确权到户的工作。在这些地方，可将造林施工监管等生态建设任务全面推向市场、推向社会，通过招投标方式引入工程造林，实行市场化运作，变营造林过程管理为结果管理。

5. 加强协调有关部门尽快出台配套政策措施

与发改委、财政部、农业部、水利部、电力部等部门加强协调沟通，协调解决三北地区生态建设用地用水规划，对生态建设用水和用电给予政府补贴，协调解决放牧毁林的林牧矛盾。抓紧出台林业产业发展规划，加强科技创新和技术推广力度，推动沙产业、特色经济林产业、生态旅游康养等产业有序发展，坚持保护优先、合理利用的原则，保护来之不易的生态建设成果，实现生态建设与产业发展“双赢”。

调 研 单 位：国家林业局西北华北东北防护林建设局
国家林业局经济发展研究中心
调研组组长：张　炜　李金华
调研组成员：吴柏海　刘　冰　秦晓光　陈经纬　韩　枫　樊迪柯　余琦殷

国有林场职工生计与社会保障问题调研报告

【摘　要】根据2016年国家林业局重大问题调研部署，国有林场改革被列入重大问题之一。为了解国有林场改革前后职工的生计和社保问题，选取了浙江、江西、甘肃、河北等四省份开展了入场入户调查，了解林场及职工层面参加社保有关情况，存在问题，职工对未来改革的政策需求，提出了政策建议。

一、调查四省份国有林场改革背景

新中国成立初期，国家为了加快森林资源培育，保护和改善生态，在重点生态脆弱地区和大面积集中连片的国有荒山荒地上，采取国家投资的方式建立起来的专门从事营林造林和森林管护的事业单位，其所拥有的林地、林木等全部生产资料和产品都是国家财产。由于国有林场在长期发展过程中累积了很多的困难与问题，为了更好的发挥国有林场的作用，国家从2003年的《中共中央 国务院关于加快林业发展的决定》中提出"深化国有林场改革，逐步将其分别界定为生态公益型林场和商品经营型林场，对其内部结构和运营机制作出相应调整"开始，一直到2015年中共中央、国务院印发《国有林场改革方案》为止，改革得到了一定程度的落实(具体历程参见表1)。《国有林场改革方案》中改革的主要内容是：明确界定国有林场生态责任和保护方式；推进国有林场政事分开；推进国有林场事企分开；完善以购买服务为主的公益林管护机制；健全责任明确、分级管理的森林资源监管体制；健全职工转移就业机制和社会保障体制。

表1　国有林场改革历程时间表

时　间	内　容
2003年6月	党中央、国务院颁发了《中共中央 国务院关于加快林业发展的决定》
2010年	中央1号文件明确提出要进行国有林场改革
2010年5月12日	国务院第111次常务会议确定组成国有林场和国有林区改革工作小组
2010年	《中共中央 国务院关于加大统筹城乡发展力度进一步夯实农业农村发展基础的若干意见》(中发〔2010〕1号)和政府工作报告都明确提出要启动国有林场改革

（续）

时　间	内　容
2011年1月19日	国有林场和国有林区改革工作小组发布了《关于开展国有林场改革试点的指导意见》
2011年8月	《林业发展“十二五”规划》指出，推进国有林场改革
2011年10月17日	国家林业局、国家发展和改革委员会联合发出通知，在河北、浙江、安徽、江西、山东、湖南、甘肃7省份开展全国国有林场改革试点，试点工作原则上在2年内完成
2011年11月11日	国家林业局关于印发《国有林场管理办法》的通知
2013年	中央1号文件明确提出推进七省市国有林场改革试点
2015年2月8日	中共中央、国务院关于印发《国有林场改革方案》和《国有林区改革指导意见》的通知（中发〔2015〕6号）

本调查报告主要根据试点的浙江、江西、甘肃和河北四个省份的林场层面与职工层面的调查数据进行分析。下面概述一下四个省的改革历程。

（一）浙江省国有林场改革历程

到2013年，浙江省共有108个国有林场，分布在全省11个地市，浙北平原少，浙南山区多。其中，省属林场1个（省林科院试验林场），市属林场5个，县属林场102个。全省国有林场经营面积24万公顷，其中林业用地面积22.98万公顷，占全省林业用地总面积的3.47%；有林地面积21.84万公顷；森林覆盖率91%；活立蓄积量1860万立方米，占全省活立木蓄积量的6.6%。由于浙江省大多数国有林场地处偏僻，基础设施建设较差的地方，截至2013年，全省国有林场802个林区中仍有221个林区不通路、245个林区不通电、20万平方米的危旧管护用房需要改建、林区职工基本饮用自流水，建设需要资金4.5亿元左右。在职工队伍方面，2013年年底，浙江省全省国有林场职工总人数11836人，其中在职、离退休和长期聘用的职工各占35.28%、59.78%和4.94%。职工队伍整体文化程度偏低，继续教育机会少，年龄老化，青黄不接，跟不上现代林场建设对人员素质的要求。

针对国有林场存在的问题，浙江省先人一步，开始了积极的改革行动。2008年，浙江省在全国率先启动了国有林场改革，这使得浙江省国有林场出现了转折点。2011年浙江省被列为国有林场改革试点省份，2013年12月2日浙江省人民政府办公厅出台了《关于加快国有林场改革试点工作的意见》，关于理顺国有林场体制、推进资源整合重组、定性定编定经费、完善社会保障体系、解决历史债务、加强基础设施建设、创新管理经营体制、加强森林资源等方面提出了建议，2013年年底，浙江省林业厅上报试点的林场改革实施方案，2014年1～12月全面推进改革工作，2015年6月底之前，完成省级验收。到2015年12月，国有林场改革全部完成了改革并通过了验收。通过改革，有效理顺了国有林场管理体制，全面完成了国有林场“定性、定编、定经费”工作，明确国有林场公益性质定位，科学核定了国有林场人员编制，国有林场事业经费均纳入当地财政预算管理。有力保障了职工待遇，采用定编不定人的灵活方法，通过自然减员逐步过渡到核定编制数，改革过程中未出现新的下岗分流人员，国有林场职工全部按规定参加养老、医疗等社会保险并享受相应待遇。国有林场改革大大提升了职工的创业积极性和满意度，切实强化了资源保护，森林覆盖率由改革前的91%提高到2015年的92.2%，森林蓄积量由改革前1860万立方米提高到2015年的2054万立方米。

（二）江西省国有林场改革历程

截至2013年，江西省共有国有林场421个（其中：省属林场1个，市属林场9个，县属林场411个），约占全国林场数量的十分之一。全省国有林场分布在11个设区市94个县（市、区、风景名胜区）。全省国有林场经营总面积2474.43万亩，约占全省林业用地面积的16%。活立木蓄积量9263.58万立方米，约占全省活立木蓄积总量的27%。从国有林场经营规模看，江西省国有林场平均经营规模为5.88万亩。江西省国有林场已置换身份职工26080人，但现有仍有职工总人数97226人，约占全国林场职工人数的六分之一，其中在职职工、离退休职工各占58.2%和41.8%。在职职工中在岗职工、下待岗职工和离岗退养职工分别占在职职工的50.1%、42%、7.9%。在社会保障方面，江西省国有林场职工参加城镇企业职工基本养老保险人数为64046人，占职工总人数的65.9%（其中在职28913人，退休35133人）。全省国有林场职工参加城镇职工基本医疗保险人数为45404人，占职工总人数的46.7%，其中在职占24006人，退休21398人）。

从1997年国有贫困林场扶贫资金实施以来，财政部、国家林业局累计下达江西省国有贫困林场扶贫资金总计12000万元，共有249个国有贫困林场得到了扶贫补助资金。2005年9月，省财政厅、省林业厅根据财政部、国家林业局还印发了《国有贫困林场扶贫资金管理办法的通知》（财农〔2005〕104号）。在民生政策方面，从2007年起，省财政安排专项资金对全省国有农场、林场、水利困难企事业单位中基本生活保障水平低的退休职工给予生活补助。全省国有林场有18528人享受到此政策，资金总额为24355万元，从2010年起，困难国有林场已经纳入财政资助困难企业参加城镇职工基本医疗保险政策范围。在基础设施方面，2010年4月，省水利厅对江西省国有林场饮水安全情况进行了调查复核，有40%的人口饮水不安全。江西省绝大部分国有林场已理顺了供电管理体制。根据省电力部门“十二五”改造升级规划，江西省有38个县（区）国有林场列入供电设施改造升级规划。2009年，开始国有林场危旧房改造工程试点，到2012年8月，江西省完成并上报2013年国有林场危旧房改造工程建设任务13951户，其中省级以上自然保护区为1448户。自2011年8月确定为全国国有林场改革试点省以来，到2015年8月，全省425个国有林场整合重组为216个，减少49%；核定生态公益型林场182个，占总数的84%；落实财政拨款事业编制7374名，人员和机构经费纳入财政预算管理；化解林场债务15.14亿元；分流安置职工4.56万名，占在职职工的81%；63所医院和83所学校全部剥离；林场职工养老保险、医疗保险实现全覆盖，参保率为100%。

（三）甘肃省国有林场改革历程

到2015年，全省国有林场有304个，分布在13个市（州）、82个县（区），已成为全省生态体系的骨架，在黄河上游、长江上游、河西内陆河和黄土高原四大生态安全屏障建设中具有举足轻重的作用。其中，省属49个、市(州)属64个、县(区)属191个；按供给关系分：财政全额拨款148个，差额拨款99个，自收自支57个。全省国有林场经营总面积12032.26万亩，其中林地面积7583.79万亩，占全省林地面积的48.5%；有林地面积3547.26万亩，占全省有林地面积的87%；活立木蓄积19957.94万立方米，占全省活立木蓄积的83%；森林覆盖率51%。国有林区有野生植物4000多种；野生动物650多种；另有药用动植物资源1080种，居全国第二位。国有林场天然林管护面积4376.41万亩，公益林管护面积2414.59万亩，现有林场职工35386人，其中在职职工23254人，离退休职工12132人。

从1998年开始，甘肃省开始推进国有林区和国有林场的改革，主要是把国有林场的性质转变为公益性事业单位，同时完全剥离国有林区承担的政府职能，森林公检法和自办的学校、医院等社会公益性单位，全部移交当地政府管理，人员公用经费相应纳入地方财政预算。2011年10月，国家发展和改革委员会办公厅、国家林业局办公室复函同意庆阳市开展国有林场改革试点(为西部12省、区、市唯一试点单位)。2013年，庆阳市国有林区改革试点工作已经全面完成。随着白龙江和小陇山等国有林区也划归国有林场改革序列，下阶段的改革也即将展开。内容主要包括七点，一是将国有林场定性为公益一类事业单位，人员和机构经费纳入省级财政全额预算。二是国有林场管理层级由三级管理优化为二级管理。三是人员编制按照人均管护林地3300亩核算，管理岗位、专业技术岗位和骨干技能岗位按照2:4:4的比例进行设置。四是将职工医院、卫生所机构及人员全部移交属地管理。五是对森林旅游、种苗培育、林下经济等特色产业，实行收支两条线。六是通过建立国有林场社区服务机构，完善社会保障，促进林场与当地基本公共服务均等化。七是明确了改革任务期限。2013年年底之前，在充分征求相关部门和林场职工意见的基础上，完善改革的具体方案，并报省国有林场改革领导小组审批。2015年年底，林场改革工作都没有落实。2017年按照批复的方案全面推开国有林场改革，年底完成改革任务。

(四)河北省国有林场改革历程

河北省2015年有国有林场141个，总经营面积1166万亩，其中有林地面积921万亩，森林蓄积量3370万立方米。国有林场分布在10个市、区，58个县(市、区)，其中省属林场18个，市属林场22个，县属林场101个；实行财政性资金零补助事业单位56个，财政性资金定额或定项补助的事业单位85个。

早在20世纪90年代，河北省就开始了国有林场改革的探索。1997年4月，河北省政府批转了河北省林业厅《关于进一步加快国有林场改革与发展意见的报告》，但由于缺乏国家政策的有力支持，改革没有全面进行下去。2007年，河北省通过摸底调查，提出了国有林场改革的基本思路。2008年，通过积极协调，宽城县冰沟林场、青龙县都山林场被所在县政府确定为社会公益型事业单位，职工工资、职工“三险”和公用经费等所需费用，全额纳入县级财政预算。2010年4月，张家口市成立国有林场管理局（正处级），为市林业局下属单位，拟对全市县管国有林场上收市级统一管理。2011年11月，国家林业局批复河北省承德市丰宁县国营林场总场机关及所属11个林场、隆化县林管局机关及所属的10个林场开展全国国有林场改革试点工作。2013年8月5日，国家发展和改革委员会、国家林业局批复了《河北省国有林场改革试点实施方案》（以下简称实施方案）。2014年3月5日承德市政府分别与隆化县、丰宁县政府签订了承德市国有林场改革试点责任书。丰宁满族自治县国营林场总场和隆化县国营林场管理局实行市县共管，提升管理级别；强化林场公益性质，全部界定为生态公益型林场；合理核定人员编制，列入财政预算等问题。2014年初步协调落实省级试点资金补助800万元，并与省人力资源和社会保障厅协调，落实职工养老、医疗保险等社会保障问题。2015年年底，丰宁县与隆化县的林场改革试点完成并通过验收。此次河北省国有林场改革试点林场总数21个。两县只落实了2015年一年的财政拨付资金2417万元，其中丰宁县1548万元，隆化县869万元。2016年的资金到年底了还没有拨付。在2014年试点县政府为林场改革列入预算资金400万元，其中隆化县300万元、丰宁县100万元。其余资金两县政府正在研究，争取2016年年底到位。

二、调查方法

（一）样本选择

本调查报告中的样本林场来源于四个试点省份的林场，各省在选取样本林场时充分考虑了林场分布的位置、林场性质、林场规模等方面，每个省选取了10个林场作为样本，在每个林场中随机选取10个职工作为调查样本，对于职工样本的选择也充分考虑了各种职工类型，因此，本调查研究的结论具有一定的代表性。

（二）调查方式

调查时，先是以座谈方式了解各地的改革进展情况，对林场层面的调查是以问卷式访谈为主，对职工层面的调查是以调查员与职工一对一问卷式调查为主。对林场的调查主要包括改革时间、改革内容、改革前后职工“五险一金”的变化情况、改革仍然存在的问题及建议等内容。对职工的调查主要包括职工的基本特征、改革参与情况、收入、支出、社保以及劳动力配置等内容。根据调查发现甘肃省的原属国有林区的白龙江林业管理局与小陇山林业实验局都纳入了本次国有林场改革，但他们到目前为止还没有解决林场定性与编制问题困难较大。

三、样本林场基本情况

（一）改革情况

1. 定性情况

通过对40个样本国有林场进行分析，改革前全额事业单位、差额事业单位以及自收自支事业单位以及企业性质单位分别为2个、9个、20个和9个，改革后，公益事业性质的林场数量大幅增加，公益一类事业单位和公益二类事业单位数分别为13个和25个，只有2个企业性质的林场（表2）。

林场的隶属关系变化为由改革前厅属、市属和县属林场分别为9个、5个和26个，变化为改革后的8个、5个和17个，另外10个林场主要是河北省的两个试点县的林场，由改革前的县属林场变为市、县共管的林场。

表2　40个样本林场基本情况表

指　标		单位或指标说明	浙　江	江　西	甘　肃	河　北	总　计
林场性质	改革前	全额事业单位（个）	1	0	1	0	2
		差额事业单位（个）	3	0	3	3	9
		自收自支事业单位（个）	4	8	1	7	20
		企业性质单位（个）	2	2	5	0	9
	改革后（2015年）	公益一类事业单位（个）	1	1	10[*]	1	13
		公益二类事业单位（个）	8	8	0	9	25
		企业（个）	1	1	0	0	2
林场隶属关系	改革前	省属林场（个）	1	0	8	0	9
		市属林场（个）	2	1	2	0	5
		县属林场（个）	7	9	0	10	26
	改革后（2015年）	省属林场（个）	0	0	8[1]	0	8
		市属林场（个）	2	1	2	0	5
		县属林场（个）	8	9	0	0	17
		市县共管（个）	0	0	0	10	10

数据来源：根据作者调查数据整理所得。

注：白龙江林业管理局的4个林场与小陇山林业实验局的4个林场到2015年年底仍未进行改革，但本报告中按其计划的性质及隶属关系统计。

通过40个样本林场填报的职工方面的数据来看，改革完成的林场职工数量都有所减少。但由于改革时间不长，减少的比例不大。在岗职工占在册职工的54%左右，有编制的职工占在岗职工的90%左右，其中改革后性质为企业的林场有编制比例最高。

离退休职工占年末在册职工的比例已经由改革前56.3%增加到了2015年的66%，其中改革完性质为公益一类的国有林场比例最高，高达87%（表3）。可见如果国家不承担离退休人员的退休金及社会保障的话，国有林场将无法负重前行。

表 3　40 个林场职工总体基本情况表

改革后林场性质	时　间	年末在册（人）	其　中									
			在册在岗（人）	在册在岗占年末在册的比例（%）	其　中		在册下岗（人）	停薪留职（人）	退职（人）	工伤病休（人）	离退休（人）	离退休占年末在册的比例（%）
					有编制（人）	有编制的占在册在岗的比例（%）						
公益一类	改革前	1357	713	52. 54	625	87. 66	11	76	204	13	1128	83. 12
	2015	1283	678	52. 84	553	81. 56	11	33	195	13	1121	87. 37
公益二类	改革前	5994	2622	43. 74	2309	88. 06	708	301	192	257	3661	61. 08
	2015	5376	2385	44. 36	2035	85. 32	622	383	194	215	4060	75. 52
企业	改革前	111	72	64. 86	71	98. 61	0	5	3	0	40	36. 04
	2015	107	58	54. 21	58	100. 00	0	11	3	0	43	40. 19
未改革	改革前	1235	1235	100. 00	1235	100. 00	0	0	0	0	67	5. 43
	2015	1251	1251	100. 00	1251	100. 00	0	0	0	0	67	5. 36
合　计	改革前	8697	4642	53. 37	4240	91. 34	719	382	399	270	4896	56. 30
	2015	8017	4372	54. 53	3897	89. 14	633	427	392	228	5291	66. 00

2. 定岗情况

国有林场职工按岗位性质分布情况来看，工勤岗位占 50% 以上，其次是专业技术岗位，占 23. 55%，管理岗位占 13. 60%，技能岗位仅占 10. 16%。

从性别来看，男职工占 71. 55%。从年龄来看，30 ~ 50 岁的职工最多，占到 60% 以上，30 岁以下的职工仅占男职工人数的 10. 04%，30 岁以下的女职工占女职工总数的 15. 54%。

从学历来看，改革前后职工学历水平有所提高，但初中及以下学历的职工仍占到 36. 14%，改革后，本科及以上的学历占到 8. 69%。

从专业技术职称看，技工比例最高，由改革前的 71. 81% 减少到 68. 93%，高级工程师的比例由 0. 78% 提高到 1. 18%（表 4）。

表 4　40 个国有林场改革前后职工岗位分布情况

类　别		公益一类		公益二类		企　业		未改革	
		改革前	2015	改革前	2015	改革前	2015	改革前	2015
按岗位性质分	管理岗位	122	103	402	357	26	16	159	161
	专业技术岗位	138	140	749	769	22	22	170	172
	工勤岗位	411	359	1380	1148	16	17	931	943
	技能岗位	113	106	478	370	0	0	0	0
	按岗位性质总人数	784	708	3009	2644	64	55	1260	1276
按性别分	男职工数	608	548	2020	1881	45	42	837	847
	其中：30 岁以下	66	63	71	70	3	3	181	197
	30 ~ 50 岁	374	332	1411	1288	26	20	536	530

（续）

类别		公益一类		公益二类		企业		未改革	
		改革前	2015	改革前	2015	改革前	2015	改革前	2015
按性别分	50岁以上	168	153	538	523	16	19	120	120
	女职工数	255	239	755	652	25	24	399	404
	其中：30岁以下	36	37	50	39	0	0	124	129
	30～50岁	177	160	507	459	17	18	191	191
	50岁以上	42	42	198	154	8	6	84	84
按学历分	本科及以上	57	70	177	220	17	18	92	92
	大专	143	150	547	565	19	19	289	302
	中专、高中	249	232	1033	913	14	14	331	343
	初中及以下	415	335	975	806	11	8	523	514
	按学历分总人数	864	787	2732	2504	61	59	1235	1251
按专业技术职称分	高级工程师	2	2	20	33	0	0	8	8
	工程师	34	51	193	219	25	15	46	46
	助理工程师	86	93	267	247	17	16	58	58
	技术员	38	32	119	109	0	0	33	33
	高级技师	0	0	0	1	0	0	0	0
	技师	7	27	117	120	3	3	14	21
	技工	182	170	1691	1444	0	0	896	902
	按专业技术总人数	349	375	2407	2173	45	34	1055	1068

（二）资源情况

样本林场平均总面积为27.90万亩，其中甘肃省的国有林场的平均面积最大，可以达到69.95万亩，其次是江西省，也可以平均面积最小的是浙江省的国有林场，仅有6.44万亩，面积越大，林场职工的人均管护工作的压力就越大。

国有林场中有林地面积的比例平均达到72%以上，其中有1.41%的林地在经营过程中被流转出去了。林地中公益林面积占林场总面积的51%，目前在国有林场又普遍开始实行禁止天然林商品性采伐的政策，使得国有林场的经营空间变得非常小。此外，林场经营的林地中存在纠纷的面积占到林场总面积的5.48%，其中甘肃的比例最高，有8.24%的林地有纠纷，这也影响了林场的林业经营（表5）。林场经营的障碍的存在，改革后会影响职工福利的改善以及福利改善的可持续性。

表5 40个样本林场基本情况表

指标	浙江	江西	甘肃	河北	总计
样本林场总面积（万亩）	64.43	250.06	699.47	102.12	1116.08
样本林场总蓄积（万立方米）	599.06	1191.62	1785.50	338.86	3915.04
其中：有林地面积总计（万亩）	60.94	221.29	471.14	100.23	853.60
占林场总面积比例（%）	94.59	88.50	61.64	98.15	72.90
其中：公益林面积（万亩）	51.22	116.34	343.13	68.85	579.54

（续）

指　标	浙　江	江　西	甘　肃	河　北	总　计
占林场总面积比例(%)	79.51	46.53	49.06	67.42	51.93
其中：林场纠纷面积(万亩)	0.38	2.11	57.65	1.01	61.16
占林场总面积比例(%)	0.59	0.84	8.24	0.99	5.48
其中：流转的面积(万亩)	0.67	9.99	0.54	4.54	15.74
占林场总面积比例(%)	1.05	3.99	0.08	4.45	1.41
其中：职工承包林地(万亩)	0.13	5.52	0.00	0.00	5.65

数据来源：根据作者调查数据整理所得。

注：白龙江林业管理局的4个林场与小陇山林业实验局的4个林场到2015年年底仍未进行改革，但本报告中按其计划的性质及隶属关系统计。

（三）经济状况

由图1可以看出，改革后各省的林场收益是有所增加的。从林场的平均收入来看，由于甘肃省林场的样本中包括国有林区的8个林场，这些林场的规模比较大，因此平均总收入也显得高于其他省份，但收入主要依靠的是财政拨款，如果把林场的总收入按职工数均分来看，则收益较低。其次是江西省的林场的收入，其总收入也较高，但可以看出营业收入可以占到50%以上。再次是浙江省，浙江省林场的面积都比较小，林场的平均职工数也是这几个省中最少的，因此其人均收入是最高的。最后是河北省，几乎没有多少收益，处于勉强糊口的情况。

经过改革，各省的财政拨款的比例都明显增加，说明国家在林场改革方面的投入是较大的。

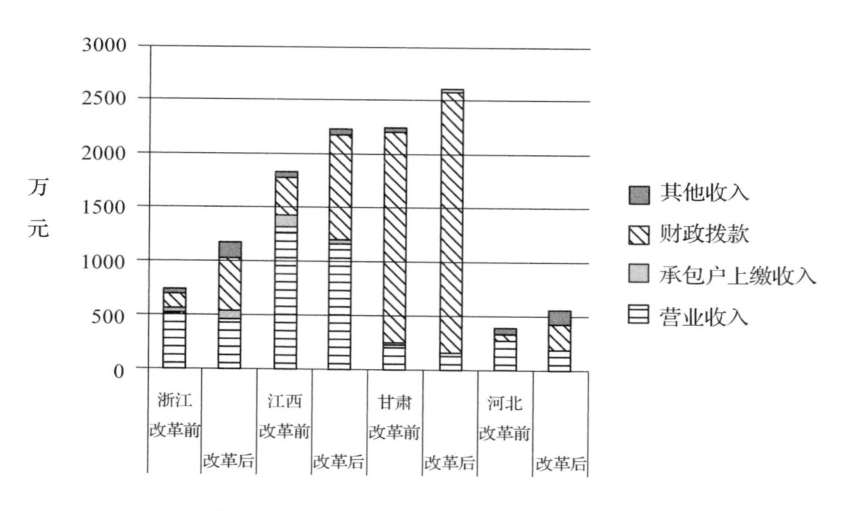

图1　40个样本林场平均收入及来源情况

四、40 个样本林场职工“五险一金”情况

（一）林场参与情况

通过改革，国有林场职工“五险一金”参保情况明显改善。改革前只有养老保险是所有林场都为职工缴纳了，但改革之后，40 个样本林场全部为职工上了养老、医疗以及工伤保险，但是，失业险还有三分之一的林场没有上，生育险以及住房公积金也还有 3～4 个林场没有为职工缴纳（表 6）。

表 6 40 个林场“五险一金”参与情况表

单位：个

指标		浙江	江西	甘肃	河北	合计
改革前	养老保险	10	10	10	10	40
	医疗保险	9	10	10	5	34
	失业保险	9	4	6	7	26
	工伤保险	10	10	10	9	39
	生育保险	9	7	10	6	32
	住房公积金	9	10	6	7	32
改革后 2015 年	养老保险	10	10	10	10	40
	医疗保险	10	10	10	10	40
	失业保险	10	3	6	8	27
	工伤保险	10	10	10	10	40
	生育保险	9	8	10	9	36
	住房公积金	10	10	7	10	37

从养老保险参与情况看，国有林场给职工投的养老保险以城镇职工基本养老保险为主，也有林场给职工参加了城镇居民基本养老保险（表 7）。

表 7 40 个林场参与养老保险情况表

单位：个

指标		浙江	江西	甘肃	河北	合计
改革前	城镇职工基本养老保险	8	10	10	8	36
	城镇居民基本养老保险	1	0	0	1	2
	农村养老保险	0	0	0	0	0
	其他	1	0	0	1	2
改革后 2015 年	城镇职工基本养老保险	8	10	10	9	37
	城镇居民基本养老保险	1	0	0	0	1
	其他	1	0	0	1	2

从医疗保险参与情况看，国有林场给职工投的医疗保险是以城镇职工基本医疗保险为主，也有几个国有林场缴纳的是城镇居民基本医疗保险（表 8）。

表 8 40 个林场参与医疗保险情况表 单位：个

指 标		浙 江	江 西	甘 肃	河 北	合 计
改革前	城镇职工基本医疗保险	8	9	10	4	31
	城镇居民基本医疗保险	1	1	0	6	8
	新农合医疗保险	1	0	0	0	1
改革后 2015 年	城镇职工基本医疗保险	9	9	10	8	36
	城镇居民基本医疗保险	1	1	0	1	3
	新农合医疗保险	0	0	0	0	0

(二)职工参与情况

1. 参保人数

国有林场为职工投保人数在改革后普遍有所增加。其中浙江省有所减少，是因为改革过程中，减员的政策以及逐年退休人数增加但新晋人员很少导致的。养老与医疗这两项基本保险缴纳的职工是最多的，其他类型保险情况不一(表 9)。

表 9 40 个林场在编在岗职工“五险一金”参保人数情况表

指 标		浙 江	江 西	甘 肃	河 北	合计
改革前	养老保险	704	1913	1477	343	4437
	医疗保险	683	3198	1667	187	5735
	失业保险	609	891	1225	227	2952
	工伤保险	641	1524	1603	336	4104
	生育保险	582	1280	1510	244	3616
	住房公积金	586	1792	640	230	3248
改革后 2015 年	养老保险	573	1921	1769	371	4634
	医疗保险	573	3207	1965	312	6057
	失业保险	584	348	1246	227	2405
	工伤保险	584	1554	1882	371	4397
	生育保险	550	1398	1938	326	4212
	住房公积金	557	1849	1735	367	4508

2. 缴费基数

国有林场给职工缴“五险一金”的缴费基数在改革后都有所提高(表 10)。

表 10 40 个林场职工“五险一金”缴费基数情况表

指 标	类 型	浙 江	江 西	甘 肃	河 北	合 计
改革前	在编在岗	2793. 29	2427. 24	2748. 29	2746. 88	2675. 28
	不在编在岗	2634. 50	2528. 67	0. 00	1600. 00	2254. 39
	在编不在岗	3630. 00	2467. 60	0. 00	0. 00	2799. 71
改革后 2015 年	在编在岗	3862. 57	2793. 90	3708. 33	4165. 67	3632. 62

（三）林场“五险一金”支出情况

国有林场的支出中职工社保支出占比平均达到30%左右。其中，社保支出比例最高的是企业性质的林场，以达到林场支出的34.8%；其次是公益二类的林场，比例为32.01%；最后是公益一类的林场，比例为19.44%（表11）。

社保中，缴费比例最高的为养老保险、医疗与住房公积金。其中公益二类的林场缴纳的费用占总支出的比例是最高的，可以分别达到13.87%、7.76%以及7.78%。

表11　40个林场“五险一金”支出情况表

改革后性质	时　间	总支出	其中：林场工资用于社保支出						
			社保总支出	养老保险	医疗保险	失业保险	工伤保险	生育保险	住房公积金
公益一类	改革前	5227.55	1101.19	501.12	296.21	21.44	18.18	6.7	257.54
	占总支出比例	100.00	21.07	9.59	5.67	0.41	0.35	0.13	4.93
	2015	7191.18	1397.85	630.8	354.3	25.21	17.28	10.48	359.78
	占总支出比例	100.00	19.44	8.77	4.93	0.35	0.24	0.15	5.00
公益二类	改革前	17243.92	4797.18	2092.22	1148.82	59.00	83.98	298.75	1114.42
	占总支出比例	100.00	27.82	12.13	6.66	0.34	0.49	1.73	6.46
	2015	24280.93	7772.78	3368.02	1883.20	54.32	101.52	477.86	1887.86
	占总支出比例	100.00	32.01	13.87	7.76	0.22	0.42	1.97	7.78
企业	改革前	105.21	37.38	9.42	8.75	1.32	0.82	0.36	16.71
	占总支出比例	100.00	35.53	8.95	8.32	1.25	0.78	0.34	15.88
	2015	113.06	39.35	9.92	9.21	1.39	0.86	0.38	17.59
	占总支出比例	100.00	34.80	8.77	8.15	1.23	0.76	0.34	15.56
未改革	改革前	4762.46	1059.15	658.46	182.59	36.03	25.95	23.36	132.76
	占总支出比例	100.00	22.24	13.83	3.83	0.76	0.54	0.49	2.79
	2015	6092.14	1317.33	700.21	185.12	27.37	29.1	26.51	349.02
	占总支出比例	100.00	21.62	11.49	3.04	0.45	0.48	0.44	5.73

五、40个样本林场富余职工与社会购买服务情况

（一）富余职工安置方式与收入情况

国有林场能提供的就业机会毕竟有限，因此，需要更丰富的安置方式来解决国有林场富余人员的安置。由表12看出江西省尽管之前安置的人数最多，但目前每个林场的职工数仍然是全国最多的，压力是最大的；其次是浙江省有少量安置人员，河北的国有林场与甘肃省的国有林区在此次改革中安置的人并不多。但工资水平可以看出非常低。

表 12　40 个林场富余职工安置方式与收入情况表

安置方式	指　标	浙　江	江　西	甘　肃	河　北	总　计	备注：安置富余职工说明
离岗退养	总人数(人)	12	511	0	0	523	浙江 2 个，江西 9 个
	平均工资(元/月)	2209	1662	0	0	1717	
购买服务方式	总人数(人)	0	170	0	0	170	江西 4 个林场安置 170 人
	平均工资(元/月)	0	2983	0	0	2983	
提供特色岗位	总人数(人)	4	44	0	0	48	浙江 1 个林场，江西 2 个林场
	平均工资(元/月)	3324	3324	0	0	3324	
解除劳动关系	总人数(人)	1	362	0	0	363	浙江 1 个林场，江西 4 个林场
	安置待遇(元/人)	0	21260	0	0	21260	
自然减员逐步消化	总人数(人)	0	161	0	0	161	江西 3 个林场
	平均工资(元/月)	0	500	0	0	500	
转岗就业	总人数(人)	0	104	0	6	110	江西 2 个林场，河北 1 个，其中转岗就业方式为自谋职业，江西有一个安置到森林消防队，但是没有写工资
	平均工资(元/月)	0	0	0	3500	3500	
其他途径	总人数(人)	32	259	4	1	296	其他途径主要包括林场发放工资，缴纳五险一金，每月给予补贴等途径，这类途径浙江有 3 个，江西 3 个，甘肃和河北各 1 个
	平均工资(元/月)	4833	1683	4000	300	3538	

(二)富余职工“五险一金”情况

对于富余职工的情况来看，由于甘肃省还没进行改革，因此还没有富余人员，但是其他三个省都有富余职工。浙江省由于改革最早，需要林场负担的富余人数较少，河北省由于原林场人数就不多，此次改革中编制问题解决得相对较好，因此富余人员数也较少。但是，江西问题比较大，由于江西省的林场不论是从面积上还是从原有职工数来看，都比浙江和河北的规模大，因此，可以看出江西省的富余人员有数非常多，而且“五险一金”并没有完全解决，其中，养老保险相对保障的较好，其次是医疗保险，而其他保险相对解决得就没有那么尽如人意了(表 13)。

表 13　富余职工参加社保情况表

富余职工类型	参加社保类型	浙　江	江　西	甘　肃	河　北	合　计
离岗退养	总人数	3	687	0	6	696
	参与养老保险人数	3	687	0	6	696
	参与医疗保险人数	3	428	0	6	437
	参与失业保险人数	3	82	0	6	91
	参与工伤保险人数	3	108	0	0	111
	参与生育保险人数	3	198	0	6	207
	参与住房公积金人数	3	585	0	6	594

（续）

富余职工类型	参加社保类型	浙　江	江　西	甘　肃	河　北	合　计
购买服务方式	总人数	0	47	0	0	47
	参与养老保险人数	0	47	0	0	47
	参与医疗保险人数	0	44	0	0	44
	参与失业保险人数	0	0	0	0	0
	参与工伤保险人数	0	44	0	0	44
	参与生育保险人数	0	44	0	0	44
	参与住房公积金人数	0	44	0	0	44
提供特色岗位	总人数	4	44	0	0	48
	参与养老保险人数	4	44	0	0	48
	参与医疗保险人数	4	0	0	0	4
	参与失业保险人数	4	0	0	0	4
	参与工伤保险人数	4	0	0	0	4
	参与生育保险人数	4	0	0	0	4
	参与住房公积金人数	4	0	0	0	4
解除劳动关系	总人数	0	6	0	0	6
	参与养老保险人数	0	3	0	0	3
	参与医疗保险人数	0	3	0	0	3
	参与失业保险人数	0	0	0	0	0
	参与工伤保险人数	0	0	0	0	0
	参与生育保险人数	0	0	0	0	0
	参与住房公积金人数	0	3	0	0	3
自然减员逐步消化	总人数	0	144	0	0	144
	参与养老保险人数	0	83	0	0	83
	参与医疗保险人数	0	83	0	0	83
	参与失业保险人数	0	73	0	0	73
	参与工伤保险人数	0	0	0	0	0
	参与生育保险人数	0	0	0	0	0
	参与住房公积金人数	0	83	0	0	83
转岗就业	总人数	0	226	0	0	226
	参与养老保险人数	0	226	0	0	226
	参与医疗保险人数	0	197	0	0	197
	参与失业保险人数	0	0	0	0	0
	参与工伤保险人数	0	14	0	0	14
	参与生育保险人数	0	14	0	0	14
	参与住房公积金人数	0	136	0	0	136

（三）林业特色岗位情况

国有林场改革后，对原林场职工会通过提供特色岗位的方式来保证其收入，由表 14 可以看出，浙江与江西形式相对多样，而且工资也相对要高一些。但从特色岗位安置的总人数来看，这种方式还有待进一步探索，才能丰富国有林场的提供就业以及提高福利的作用。

表 14　40 个林场的林业特色岗位基本情况表

提供特色岗位名称	指　标	浙　江	江　西	甘　肃	河　北	合　计
种　苗	安置总人数	29	25	0	31	85
	人均工资	4500	3200	0	2200	3190
林下种植	安置总人数	0	30	19	0	49
	人均工资	5000	1250	1900	0	2350
林下养殖	安置总人数	0	50	0	0	50
	人均工资	0	0	0	0	0
林下产品采伐加工	安置总人数	0	0	0	0	0
	人均工资	0	0	0	0	0
森林景观利用	安置总人数	78	32	0	5	115
	人均工资	5666	4500	0	3500	4916
其　他	安置总人数	13	53	16	11	93
	人均工资	1000	3000	2200	1100	1660

(四)社会购买服务情况

国有林场改革后，原有的职工以各种方式分流后，职工数明显减少，这使得在岗职工无法完成森林经营管理工作，因此，林场通过社会购买服务的方式来进行正常的森林经营与管理。

对于林场来说，这种方式主要支付给劳动力工资就可以，这是由于大部分是季节性雇工，不需要支付“五险一金”，使林场可以以较低的成本完成林场的森林经营管理工作。

社会购买服务中，森林管护与森林防火工作主要是雇佣林场周边村的农民来当护林员，一般森林管护月工资相对较低，但给的月份相对较长，可达到 6 ~ 12 个月，而森林防火主要是在防火期集中用工，给的月份相对较短，有 3 ~ 6 个月。抚育与造林工作的雇佣方式主要是以招标方式，通过向专业工程队购买服务的方式来完成。

社会购买服务成本相对较高的是江西与甘肃，浙江是用于森林防火方面的单位用工成本较高。江西则是造林方面单位用工成本较高(表 15)。

表 15　40 个林场社会购买服务情况表　　单位：元/年・人

省　份	森林管护	抚　育	造　林	森林防火	其　他
浙　江	31649. 56	26933. 07	13560	50744	22500
江　西	37816. 67	34342	51112	29866. 67	0
甘　肃	37691	36000	36000	0	0
河　北	13085. 71	38700	24146. 67	5250	80500
总　计	29035. 51	34311. 26	27464. 67	31084. 73	57300

六、40个林场400名职工生计情况

(一)400名样本职工基本情况

通过400名样本职工的调查数据分析，发现(表16)：

(1)职工中男性占四分之三。四个省中，家庭规模最小的是浙江省，是以三口之家为主，人口最多的是河北，基本是与父母同住的比较多。家庭中男性比女性人多，这与国有林场的工作特点有关系。

(2)林场职工中有编制比例较高，可达到90.79%。

(3)林场职工的平均受教育水平可达到初中以上。其中，浙江省的职工受教育年限最长，可达到11.34年，最低的是江西省的林场职工，也有10.30年。

(4)林场职工相对不爱冒险。其中，浙江省相对更偏好风险中立，其次是河北和甘肃，江西省职工最不喜欢冒险。

(5)林场职工的身体状况总体还不错。其中，甘肃和浙江省的职工家庭成员的身体状况最好。

表16　400名职工样本基本情况表

指　标	单位或指标说明	浙　江	江　西	甘　肃	河　北	合　计
职工数	户	100	100	100	100	400
其中1：女性职工数	人	30	16	28	31	105
其中2：在职的职工数	人	89	82	96	95	362
其中2－1：有编制职工数	人	85	77	93	79	334
其中3：曾在现在不在职职工数	人	11	18	4	5	38
其中3－1：有编制人数	人	7	11	4	3	25
其中3－2：退休职工数	人	2	3	1	0	6
其中3－3：下岗职工数	人	9	15	3	5	32
职工年龄	平均年龄(岁)	46.94	46.39	40.35	43.85	44.38
职工身体健康指数	1＝非常差；2＝较差；3＝一般；4＝好；5＝非常好	4.21	3.87	4.26	3.87	4.05
职工接受正规全日制教育的年限	平均年限(年)	11.34	10.30	11.64	10.81	11.02
职工的冒险指数	1＝特别爱冒险；2＝有时爱冒险；3＝比较中立；4＝不爱冒险；5＝特别怕风险	3.47	3.63	3.43	3.45	3.49
职工的身体健康指数	1＝非常差；2＝较差；3＝一般；4＝好；5＝非常好	4.21	3.87	4.26	3.87	4.05

(二)400名样本职工“五险一金”的基本情况

国有林场职工的“五险一金”基本都已经补齐，大多数的林场从只有“一金”——养老金，到改革后把“五险一金”都已补齐。但是，各地的做法有些不同，比如有的地方由于财政资金紧张，只是把近两年的“五险一金”帮着林场承担了，对于要退休的职工才把之

前年份的养老金补齐。不论是怎样的做法，职工的社会保障是有所加强的，因此，职工对改革大多数还是持拥护的态度。具体来说：

（1）养老保险参保比例最高。其中，改革后浙江省和河北省较高，达到了96%，其次是江西省，也达到了92%，最少的是甘肃省，只有82%，但可以看出甘肃省比改革前比例还是提升了21%。

（2）医疗保险参保比例次之。其中，改革后也是河北省最高，达到了96%，其次是江西省，也达到了90%，最少的是甘肃省，只有86%，但可以看出甘肃省比改革前比例还是提升了21%。

（3）住房公积金改革后比例有所提升。

（4）失业险与生育险投保比例最低。

其中，各类保险投保比例的高的浙江省（表17）。

表17　400名林场职工“五险一金”参保率情况表

省　份			浙　江	江　西	甘　肃	河　北
职工总数			100	100	100	100
养老保险	改革前	参保人数	94	92	61	89
		所占比例（%）	94	92	61	89
	2015	参保人数	96	92	82	96
		所占比例（%）	96	92	82	96
医疗保险	改革前	参保人数	84	90	65	52
		所占比例（%）	84	90	65	52
	2015	参保人数	96	90	86	96
		所占比例（%）	96	90	86	96
失业保险	改革前	参保人数	84	25	53	52
		所占比例（%）	84	25	53	52
	2015	参保人数	96	26	64	63
		所占比例（%）	96	26	64	63
工伤保险	改革前	参保人数	94	87	59	75
		所占比例（%）	94	87	59	75
	2015	参保人数	96	86	98	95
		所占比例（%）	96	86	98	95
生育保险	改革前	参保人数	84	68	57	30
		所占比例（%）	84	68	57	30
	2015	参保人数	86	78	86	47
		所占比例（%）	86	78	86	47
住房公积金	改革前	参保人数	84	84	10	44
		所占比例（%）	84	84	10	44
	2015	参保人数	96	88	86	94
		所占比例（%）	96	88	86	94

(三)400 名样本职工家庭总收入情况

(1)家庭总收入是增长的，但是收入差距加大。总体来看，各地收入水平都有不同幅度的增长，但是职工之间收入差距不断加大。四省平均的家庭总收入达到36万元，增幅达到61.93%，人均总收入也达到了10万元左右，增幅达到了57.39%。其中，家庭人均收入水平最高的还是浙江，达到了16万元以上，最少的是河北，仅有7.65万元(表18)。收入增幅最多的是甘肃，家庭总收入增幅达到了204.10%，其次是浙江，江西增长最少，也达到了30.52%。

(2)国有林场职工收入来源仍以林场与事业单位的工资性收入为主。从职工的收入结构来看，工资收入达到了家庭总收入的50%以上。其中，甘肃省的工资性收入占比最高。浙江省的经营性收入占总收入的比例要比其他省份高。

(3)国有林场职工转移性收入增幅明显，占总收入的比例有所提高。从收入来源来看，转移性收入增幅最为明显，提高了103.95%，其中由政府转移性支付形成职工转移性收入的增幅达到了129.43%，其次是养老金增幅达到了87.7%。转移性收入占总收入比例最高的是江西省，其中退休金可以达到家庭总收入的6.07%。

表18 400名职工家庭收入来源情况表 单位：元

收入来源	改革前					改革后(2015年)				
	浙江	江西	甘肃	河北	全部	浙江	江西	甘肃	河北	全部
工资性收入	76960.35	50089.56	23726.42	36631.20	46624.36	115232.00	60270.00	68853.21	65341.30	76848.38
林场工作收入	45705.51	30399.56	16729.42	25544.70	29473.05	75416.30	37468.00	46921.21	45120.30	50863.15
其他打工收入	31007.42	18890.00	6997.00	11086.50	16889.35	39656.17	22602.00	21797.00	20221.00	25862.13
其中：林业打工收入	247.42	800.00	0.00	0.00	261.96	159.57	200.00	135.00	0.00	123.10
经营性收入	22206.19	6013.90	3891.00	2814.25	8629.51	17851.06	7056.80	5204.84	2594.10	8029.38
自营性收入	19391.75	5166.00	3200.00	2318.00	7429.22	14712.77	5250.00	4820.00	1796.00	6521.83
农业收入	0.00	188.40	117.00	485.75	199.28	2659.57	284.40	324.84	529.60	923.56
自家林地收入	2577.32	24.50	0.00	2.50	636.52	297.87	1292.40	0.00	252.50	463.17
非自家林地收入	175.26	500.00	0.00	0.00	168.77	180.85	100.00	0.00	0.00	68.53
畜牧业收入	61.86	135.00	574.00	8.00	195.72	0.00	130.00	60.00	16.00	52.28
转移性收入	13470.62	15606.20	4087.00	3927.67	9241.15	28378.30	24938.80	15613.20	7031.42	18847.47
退休金	5562.89	6997.60	2248.00	2664.00	4359.09	10207.02	11734.50	5731.20	5177.60	8182.21
政府转移性收入	3698.45	8022.60	1789.00	905.67	3603.22	11511.70	11038.30	9442.00	1270.33	8266.91
自助转移性收入	4209.28	586.00	50.00	358.00	1278.84	6659.57	2166.00	440.00	583.50	2398.35
资产性收入	15711.48	5466.75	1243.76	305.59	5606.11	17453.99	9323.19	4346.56	750.31	7824.06
户均总收入	341284.30	245432.60	100732.10	207071.60	222741.10	506219.60	320327.90	323951.60	300992.40	360689.90
户人均收入	108668.70	67317.71	30529.39	55491.34	65175.60	160094.90	85070.84	92838.77	76534.18	102774.90

(四)400 名样本职工的住房条件明显改善

调查的职工样本中，有2.5%的样本职工家庭还没有住房，大部分职工家庭都至少有一套住房，其中1.5%的家庭有3套住房，有28.75%的家庭有2套住房。其中，河北省有67%的林场职工家庭住在棚户区改造的住房中，这与河北省样本林场加大棚户区改造的覆盖面有直接关系。当然，也有一些职工认为棚户区的住房条件一般，自己又已经有住房，于是把棚户区改造的住房直接卖的情况。但是，也应该看到目前还有9.25%的职工的住房是在山上的，这实际会给这部分职工的孩子教育、医疗、老人养老都形成不便。

从住房的基本条件来看，房屋的平均面积可以达到100平方米。房屋的基本设施还是比较齐全的。可以看到有83.85%的住房有沐浴设施，有80.51%的住房可以上网，有89.75%有自来水，有82.03%有室内厕所，有94.53%的住房的垃圾由专人处理，有83.40%的住房的污水是可以排入下水道的，有73.10%的住房周边基本没有污染（表19）。其中，可以看出浙江省职工住房的综合条件最好，其次是江西，最差是甘肃。

表19　国有林场职工住房情况表

指标			浙江	江西	甘肃	河北	合计
有住房的职工户数	没有	户	4	1	4	1	10
	有1套	户	58	79	72	60	269
	有2套	户	36	17	23	39	115
	有3套	户	2	3	1	0	6
合计		户	100	100	100	100	400
有棚户区改造住房的职工户数		户	9	10	55	67	141
住房在山上的职工户数		户	5	5	15	12	37
对住房的满意度			3.60	3.39	3.41	3.62	3.51
有淋浴设施的比例		%	97.04	85.95	65.29	85.40	83.85
能上网的比例		%	94.07	76.86	67.77	81.62	80.51
有自来水的比例		%	95.50	90.08	88.43	85.93	89.75
有室内冲水厕所的比例		%	76.30	95.04	76.03	81.48	82.03
垃圾由垃圾桶、垃圾道或专人处理的比例		%	100.00	91.74	95.04	91.11	94.53
污水排入下水道的比例		%	77.78	88.43	87.60	80.74	83.40
周围环境基本没有污染的比例		%	73.53	76.03	80.17	63.70	73.10
平均面积		平方米	105.00	116.00	90.00	100.00	100.00

注：对住房满意度为1=非常不满意；2=不满意；3=一般；4=满意；5=非常满意。

住房条件的改善是有代价的。尽管职工手头的积蓄不多，但是由于棚户区改造的项目使得住房价格要明显低于周边的住房，因此，职工大多都会想办法借贷也要购房。河北省的棚户区改造项目把小区定位在了县城，因此，职工不仅住房条件得到显著改善，还使孩子上学困难的问题也得到了一定程度的解决。但由于补贴的力度较小，职工还是要拿房价的80%~90%，因此，对于收入水平本来就很低的职工来说，每个月还房贷又形成了职工新的负担。

七、国有林场职工对改革的评价与未来政策需求

(一)国有林场职工对社会保障的改革满意度一般

由于各省在此次改革中，把补齐国有林场职工的社保及住房公积金作为改革的主要内容。但是各地的落实情况不同，通过表20，可以看出各地的林场职工对于社保及公积金的落实情况的满意度是不同的。基本都还是比较满意的，其中对医疗保险满意度相对高一些，对失业险满意度相对较差。但是，江西省国有林场职工对社保的落实情况的满意度是最差的，其次是甘肃，河北省国有林场职工的满意度是最高的。

表20　国有林场职工社保参加与住房公积金满意度情况表

省　份	社保参加情况					住房公积金
	养老保险	医疗保险	失业保险	工伤保险	生育保险	
浙　江	3.68	3.70	3.67	3.74	3.63	3.73
江　西	3.43	3.52	2.37	3.40	3.24	3.14
甘　肃	3.32	3.33	3.25	3.41	3.36	3.39
河　北	3.91	3.94	3.82	3.90	3.91	3.96
总　体	3.58	3.62	3.27	3.61	3.53	3.55

注：1 = 非常不满意；2 = 比较不满意；3 = 一般；4 = 比较满意；5 = 非常满意。

(二)国有林场职工对改革后影响的看法

国有林场职工认为改革后木材产业萎缩，生态、经济、民生等其他方面有所改善。通过让职工对改革前后的森林资源、经济发展以及民生方面的相关指标进行的主观评价来看，盗伐林木、森林火灾以及木材加工有所减少外，总体来看，其他方面都有所改善。其中民生方面的收入、家庭生活条件、社会保障改善的最为明显。

从各省的实际情况来看，仍存在着差异。浙江省的职工认为森林旅游、收入、家庭生活条件改善的最多，江西省职工则认为收入、社会保障、家庭生活条件以及森林蓄积增加的最明显，甘肃的职工认为收入、森林蓄积量、社会保障改善的最明显，河北省的职工认为收入、家庭生活条件和社会保障改善的最明显(表21)。

表21　国有林场职工对改革效果的评价

指　标		浙　江	江　西	甘　肃	河　北	总体评价
森林资源	森林面积	2.74	3.14	3.53	3.21	3.15
	森林蓄积量	3.63	3.58	3.85	3.35	3.61
	野生动植物	3.61	3.38	3.58	3.46	3.51
	盗伐林木	2.18	2.40	2.27	2.66	2.38
	森林火灾	2.28	2.40	2.16	2.74	2.39

（续）

指标		浙江	江西	甘肃	河北	总体评价
经济发展	林下种植	3.12	3.22	3.19	3.05	3.15
	林下养殖	3.02	3.11	3.04	2.96	3.04
	林下采集	3.10	3.05	3.21	3.01	3.09
	木材加工	2.82	2.90	2.96	2.88	2.89
	林下产品加工	3.00	2.96	3.20	3.00	3.04
	森林旅游	3.92	3.32	3.48	3.15	3.47
民生改善	收入	3.82	3.66	3.99	3.80	3.81
	就业	3.17	3.13	3.33	3.10	3.18
	医疗条件	3.58	3.41	3.59	3.70	3.57
	社会保障	3.62	3.66	3.71	3.62	3.65
	家庭生活条件	3.68	3.58	3.65	3.77	3.67
	教育	3.55	3.49	3.26	3.66	3.49

注：1＝减少（变差）很多；2＝减少（变差）较多；3＝变化不大；4＝增加（变好）较多；5＝增加（变好）很多。

（三）国有林场职工的政策需求

国有林场职工最关心的政策总体来看是要求“提高森林管护费标准”，其次是“提高社会保险补助费标准”，再次希望“加大基础设施建设投入力度”，这三项都是与职工收入紧密相关的政策内容。如果目前的改革内容都可以如实的落实，职工的政策需求一定会进一步发生改变。但是，我们可以看到在浙江省排名第一的是希望可以“组织外出打工”，可见在经济比较发达的省份，林场职工在把自己的工作与其他领域的工作相比，收入差距还是比较大的，因此，才会希望组织外出打工。其中，河北省的“加大基础设施建设”排到了第6位，这是因为河北省护林站点的基础设施基本都已经解决，因此，对此要求不如其他几个省份那么迫切（表22）。

由职工的政策需求也能看出林业行业的收入标准过低，职工只能希望林场可以多接一些护林与营林的任务，才能使自己的工资收入有所改善。

表22　林场职工政策需求表（改变形式）

排序	浙江	江西	甘肃	河北	全部
1	组织外出打工	提高森林管护费标准	提高森林管护费标准	提高森林管护费标准	提高森林管护费标准
2	提高森林管护费标准	提高社会保险补助费标准	提高社会保险补助费标准	提高社会保险补助费标准	提高社会保险补助费标准
3	加大基础设施建设投入力度	加大基础设施建设投入力度	加大基础设施建设投入力度	多安排营林生产任务	加大基础设施建设投入力度
4	拓宽林业融资渠道	多安排营林生产任务	加大林下经济财政补贴	加大林业信贷投放	多安排营林生产任务
5	简化小额贷款发放手续	加大林下经济财政补贴	多安排营林生产任务	加大林下经济财政补贴	加大林下经济财政补贴

（续）

排序	浙　江	江　西	甘　肃	河　北	全　部
6	多安排营林生产任务	拓宽林业融资渠道	加大林业信贷投放	加大基础设施建设投入力度	加大林业信贷投放
7	参与林业合作社	完善林业贷款中央财政贴息	完善林业信贷担保方式	组织外出打工	组织外出打工
8	完善林业贷款中央财政贴息	组织外出打工	拓宽林业融资渠道	拓宽林业融资渠道	拓宽林业融资渠道
9	完善林业信贷担保方式	加大林业信贷投放	简化小额贷款发放手续	完善林业信贷担保方式	完善林业信贷担保方式
10	加大林业信贷投放	参与林业合作社	组织外出打工	参与林业合作社	简化小额贷款发放手续

八、国有林场职工“五险一金”与收入方面存在的问题

（一）国有林场职工“五险一金”参保率有待进一步提高

目前仅养老保险与医疗保险是所有林场都交了，但根据职工的调查，其参保率是无法保证全是100%，其他险种的普及率需要进一步提升。

这有部分原因是由于有些林场的改革还未完成，但大多数林场在改革方案已经编制完毕，但落实情况不佳，比如编制没有解决（表23），资金没有到位的情况下，各地尽力把之前林场拖欠的“五险一金”给补齐，但这是需要每年都要为职工交的，因此，除上对于公益性的林场上面资金到位及时外，还需要林场自己的造血能力，才能从根本上解决参保率的问题。

表23　国有林场职工编制情况　　单位：%

省　份	在册在岗职工占年末在册职工数比例	有编制职工占在册在岗职工数的比例	有编制职工占年末在册职工数的比例
浙　江	66.62	98.95	63.35
江　西	47.64	79.34	41.12
甘　肃	97.41	93.50	90.00
河　北	83.56	85.64	75.71
全　部	73.99	89.11	67.65

（二）国有林场职工“五险一金”缴纳基数较低，职工收入与其他行业差距大

根据以上分析，我们可以看出国有林场改革使得职工的收入水平有所提升，使职工的“五险一金”投保情况得到改善，但是，行业收入明显低于同一地方其他行业的从业人员的收入，这也使得“五险一金”缴纳基数低于其他行业。通过与林场的领导与职工的访谈，发现从外部与内部存在着各种影响职工生计与福利的因素，这些都会造成林场未来经营的障碍，也会造成职工福利无法持续改善的隐忧。

（三）国有林场原富余职工的“五险一金”的情况也有待进一步完善

不论是之前下岗的职工，还是进一步深化改革过程中面临新的分流的人员，“五险一金”是对其过去工作应有的回报，不仅要交齐，还要保证缴纳的水平，这样才能使改革过程中，可以兼顾公平。

（四）国有林场普遍存在林地纠纷，影响林场的林业经营

1. 林场建立之初形成留下隐患

国有林场建立的时间可以分为四种：新中国成立前、新中国成立后、林业“三定”后和20世纪90年代建立起来的。新中国成立前建立的国有林场一般是为了保证地方政府利用森林资源来建立的。新中国成立后建立起来的林场的目的有几类：一是为了进行森林资源开发利用，二是为了进行实验经营，三是为了保护森林资源。林业“三定”时建立起来的林场是在分山时，有些林地资源状况差、地处偏远、立地条件差，当地农村集体不想要，于是地方政府就把村集体不要的林地形成了国有林场来进行管理。20世纪90年代建立的林场，是地方政府为了完成消灭“四荒”而建立起来的，这是由于当时组织农民去造林是不太可能的事情，于是通过国有林场与当地村集体合作造林的方式来完成了大量的造林任务。

不论是什么时间形成的，哪种原因形成的，如果当初林地的所有权是明确的，那么产权都会是稳定的，但如果建立当初是以与村集体签定合同的方式来确定的产权，也就是说林地的所有权时归村集体的，林地的使用权是归村集体、村小组或是村民的，国有林场只有林木的所有权与使有权时，这就会造成很大的隐患。根据调查的样本林场，目前林权纠纷发生的情况见表24。需要说明的是就算是数据上显示没有林权纠纷的林场，也并不意味着真的没有林权纠纷。

表24　林场林权纠纷情况

省　份	有林权纠纷的样本林场数	有林权纠纷的林地面积占施业区面积的百分比(%)
浙　江	3	2.28
江　西	5	1.83
甘　肃	5	26.53
河　北	3	2.95
全　部	16	9.84

2. 建立后林场经营过程中形成新纠纷

合同到期，农户看到林地的收益越来越显著，都纷纷要求收回林地，一般情况下林场都会是利益受损方。目前江西省赣州市的很多国、户联营的林场就面临这样的问题，有很多林地都面临合同到期，但是森林资源无法采伐的情况。无法采伐是由于采伐限额的限制，或是在合同期内森林资源被林业局划成了生态公益林，造成了无法采伐的问题。

这样造成了国有林场的利益严重受损。如果到期归还，让农户以林地的价值购回未采的森林资源，农户是根本拿不出这笔款项的，而且由于林木是与林地相联系的，是无法分隔的，就造成了林场造了也是白造，只能无偿的还给村集体。

合同未到期，农户要求各种林地的收益与补贴要分享。随着国家对林业的重视，林地的相关补贴种类越来越多，比如生态公益林补偿金、造林补贴、抚育补贴等，农户对于以各种形式转给林场的林地所产生的这些收益也想要分得一杯羹。如果重新谈判达不成一致，农户就会通过各种手段侵蚀林地或是威胁林场，这已经严重影响林场的正常经营。

而且当林场与接壤的集体林区发生林权纠纷时，当地政府的调解方式一般都会要求林场做出让步，而林场对于这样的调解结果，往往无讨价还价能力。

（五）林业政策缺乏长期性

如果林场的改革定性、定编都可以顺利完成，林场的收入除了每年固定的财政转移的收入外，林场的收入来源主要是林业经营收入、各类林业工程款以及各类补贴收入。

目前，由于国有林场的改革进程不同，每年的固定的财政转移收入取决于头一年林场与地方政府的谈判能力。而林场的林业经营收入，由于国家保护为主的政策变化已经使得木材收入大幅减少。林场的补贴收入主要是生态公益林补贴、造林补贴、中幼林抚育补贴等。其中，生态公益林补贴取决于林场生态公益林面积，而造林补贴与中幼林抚育补贴则需要林场每年去林业局申请相关项目才能有此收入。其他工程如大径材培育项目、林下经济项目等都得是单独申请才能够取得。因此，随着林业政策不断出新，林场需要不断地去申请各类项目，林场的经营收益的稳定性较差。

（六）林场硬件设施普遍较差，职工的工作条件相对较差

林场的基础设施条件普遍较差，无法满足职工生产与生活的需要。由于护林员的工作性质决定，他们大部分时间是要在护林站度过的，离林场场部近的可以一周回来一次，离林场场部远的可能要一个月才能下山一次，这使得林场的基本设施成为职工重要的工作条件与生活条件。但可以看到，目前样本省份中相对经济条件比较好的浙江省也有70%的林场林道、50%的通电、30%通水以及70%的网络都不满足生产的要求；对于生态脆弱区的甘肃，十个样本林场中仅有一个林场的基础设施满足生产的要求（表25）。

表 25 林场生产条件可以满足生产需要的林场比例 单位：%

省 份	林 道	通 电	通 水	通 网
浙 江	30.00	50.00	70.00	30.00
江 西	20.00	50.00	30.00	10.00
甘 肃	10.00	10.00	10.00	10.00
河 北	0.00	30.00	50.00	20.00
全 部	15.00	35.00	40.00	17.50

林场的基础设施不仅是林场生产的基本条件，对职工来说工作环境也是一种福利的体现，护林员生活很单调，与外界交往很难，工作条件更为重要。但是林场的林道年年坏年年修、林业站不通水、不通电、不通网，对选择不多的林场职工来说是很不公平的。

九、政策建议

(1)进一步加强与地方及相关部门沟通，推动国有林场改革进程。各级林业管理部门应该进一步加强与财政、社保等改革相关部门的沟通，努力理顺林业部门与其他部门之间的沟通机制，使得林业部门的各类建议可以被采纳。

(2)进一步落实地方政府责任，解决在岗职工以及安置职工的“五险一金”问题。目前不论是在岗职工还是安置职工，帮助富余职工创业和再就业，促进林区基本公共服务均等化；加大对政策性社会性资金的投入，确保林区正常运转和社会稳定。

(3)通过提高收入，提高职工“五险一金”的缴费基数。各种方式提高职工收入，解决与其他行业的收入差距，这才能真的提高职工的“五险一金”的缴费基数。

(4)切实解决林区行路难、就医难、上学难、养老难等突出问题。林区职工的问题不仅是收入及社保的问题，还有很多与工作特点紧密相关的困难，如林区多处于深山老林，行路难、就医难。因此，要尽量改善职工的生存环境，并寻找因地制宜的解决方案，使职工可以更加安心的工作。

(5)在法律层面确定国有林场的产权。产权不稳，会影响任何经营主体的经营积极性，影响经营的效率。因此在法律层面加强国有林场的产权，尤其是对国有林场中联营的部分。

(6)拓宽国有林场的项目渠道，改善国有林场可持续经营性。争取生态保护的项目或示范性林场的项目，而且要保证长期稳定的投入。根据本省与本市国有林场的实际情况，制定有效的地方政策，为国有林场的可持续经营提供有利保证，切实加大投入，落实配套政策，努力提高职工群众生活水平。

调 研 单 位：国家林业局经济发展研究中心
北京林业大学经济管理学院
调研组成员：姜雪梅　余　涛　唐肖彬

国有林场森林资源保护和监管调研报告

【摘　要】为总结、探索、健全责任明确、分级管理的国有林场森林资源监管体制，为有关部门和领导提供决策参考，推动国有林场改革顺利实施，按照2016年国家林业局重大问题调研安排部署，国家林业局经研中心和场圃总站组成联合调研组，于2016年8月下旬至10月中旬赴黑龙江、湖南、广东、宁夏4省(自治区)开展专题调研。地点包括黑龙江省五常市、尚志市、牡丹江市，湖南省资兴市、安仁县、攸县，广东省河源市、深圳市，宁夏回族自治区灵武市、青铜峡市、固原市。调研组采取召开座谈会、实地调研等方式，听取有关省、市、县政府、林业主管部门、国有林场管理部门、人事部门以及国有林场负责同志的意见和建议，了解了调研省份森林资源保护和监管的经验做法和存在问题，提出了新形势下国有林场森林资源保护和监管的对策建议。

一、调研省份国有林场情况

1. 国有林场基本情况

广东省现有国有林场217个，经营林地面积1199.7万亩，占全省林地面积的7%，分布在21个地级市、94个县(市、区)；现有在职职工3.12万人，其中，在职职工1.25万人，离退休1.87万人。宁夏现有国有林场98个，职工总人数9921人，经营总面积1544万亩，占全区国土面积的19.8%，占全区林地面积57%。湖南省现有国有林场208个，经营面积1641.21万亩，占全省林地面积的8.4%，活立木7420万立方米，占全省15.33%。黑龙江省地方林业有425处国有林场，分布在13个市(地)、77个县(市、区)内，国有森林面积和蓄积分别占地方林业森林面积和蓄积的80%和64.3%，地方林业公益林面积占林业用地面积的76.02%。4省(自治区)国有林场隶属关系见表1，森林资源情况见表2。

表1 4省(自治区)国有林场个数及隶属关系

省份	国有林场个数						
	合计	省属林场		市属林场		县属林场	
		个数(个)	占本省(自治区)林场总数百分比(%)	个数(个)	占本省(自治区)林场总数百分比(%)	个数(个)	占本省(自治区)林场总数百分比(%)
广东	217	10	4.61	99	45.62	108	49.77
湖南	208	2	0.96	16	7.69	190	91.35
宁夏	98	6	6.12	23	23.47	69	70.41
黑龙江(地方林业)	425	33	7.76	48	11.29	329	77.41

注:黑龙江其他行业15处(龙煤集团13处,辰能林业公司2处)。

表2 4省(自治区)国有林场森林资源情况 单位:万亩

省份	林场经营面积		公益林面积			商品林面积	中幼林面积
	合计	其中:林地面积	合计	国家级公益林	地方公益林		
广东	1199.7	1155.9	719.3	222.2	497.1	436.6	400.5
湖南	1641.21	1546.32	1035.86	714.89	320.97	510.46	726.42
宁夏	1543.9	1421.3	999	742	257	133	256
黑龙江(地方林业)	11444.57	11239.24	8881.18	4775.43	4105.75	2358.06	5148

注:黑龙江其他行业15处(龙煤集团13处,辰能林业公司2处)。

2. 国有林场改革进展情况

自《国有林场改革方案》(中发〔2015〕6号)下发以来，各地积极贯彻，认真落实，积极组织推进国有林场改革。从调研情况来看，4省(自治区)省级国有林场改革实施方案均已印发出台，目前，省级林业主管部门初审和审批市县国有林场改革实施方案，这项工作正在紧张进行。一部分市县正在积极编制实施方案，一部分市、县国有林场改革实施方案已编制完成提请报批，待批准后实施。截至2016年8月底，广东省217个国有林场已全部编制完成改革实施方案，190个林场改革方案已征求相关部门意见；80个林场改革方案已经报送政府审议，其中，深圳、佛山、汕头、潮州、韶关5个地级市合计49个国有林场改革方案已经报送省政府。黑龙江省有19个县国有林场改革方案已报省林业主管部门，有22个县市方案正在制定中。截至2016年9月，宁夏回族自治区林业厅直属5个国有林场、自治区农垦部门所属的1个国有林场和19个市、县(区)已将《国有林场改革实施方案》(报审稿)报送至自治区国有林场改革工作领导小组办公室，领导小组已审查批复了自治区直属3个国有林场及13个市、县(区)国有林场改革方案。

二、国有林场森林资源保护情况

1. 公益林管护机制情况

从调研情况看，各级林业主管部门及国有林场都非常重视公益林的管护，形成了一系列管理制度。如黑龙江省制定《黑龙江省国家重点防护林、特种用途林管护经营实施细则》，湖南省制定了《湖南省公益林管理办法》《湖南省森林生态效益补偿基金管理办法》《湖南省公益林护林员管理规范》等。从管护资金来源看，包括天保资金、森林生态效益补偿资金、停采禁伐补助资金、林场自筹资金、政府赎买服务等。从管护方式看，都建立了管护责任制，签订管护合同，设置管护责任区，明确责任人，突出防火、防盗、防病虫害，定期进行检查验收和绩效考核，将管护质量与效果和工资挂钩，对公益林实施严格保护和管理。

根据形势的变化，各地采取相应措施，强化公益林管理。一是建立了生态补偿稳定增长机制。近年来，随着林地租金、劳务费用等不断上涨，为充分尊重市场规律，广东省逐步建立了生态补偿稳定增长机制，2008年以来，一直按照每亩每年2元的幅度递增，2016年已达到每亩26元。二是实施公益林激励性补助政策。为解决“有管没管一样补，管好管坏一样补，有林无林一样补”的问题，2013年，广东省全面实施公益林激励性补助政策，明确在补偿资金预算总额内，每年拿出一定资金，专门用于对生态区位重要、补偿资金落实到位，管理成效显著，整体质量高的公益林，给予额外的奖励性补助。2016年补偿标准为平均每亩26元，其中，基础性补偿标准为每亩19.5元，激励性补助标准为每亩6.5元。随着激励性补助标准的不断提高，各地建设、保护和管理生态公益林的积极性不断增强。三是省级财政列专项经费，弥补管护经费不足。广东省从2015年起，为弥补管护人员经费的不足，省财政拨出专项经费，对专职护林人员每人每月补助300元。四是提高生态公益林补偿标准。湖南省财政2015年一次性提高国有林场生态公益林补偿标准3元/亩，达10元/亩。五是省级财政每年安排专项资金弥补管护经费不足或禁伐适度补偿。广东省从2015年起，为弥补管护人员经费的不足，省财政拨出专项经费，对专职护林员每人每月补助300元；湖南省财政每年安排500万元资金用于对禁伐林场的适度补偿。六是全面减伐。湖南省在减少正常采伐限额和严禁采伐天然林的基础上，对全省国有林场生态公益林实行了限伐、禁伐。

2. 森林经营方案编制和执行情况

(1)森林经营方案编制情况。湖南省按照国家林业局森林经营方案编制纲要和相关要求，对造林、低产林改造、中幼林抚育间伐、森林采伐、森林病虫害防治等作了明确规划，每10年为一个森林经理期，每5年修编1次，分别于1989年、1999年和2009年完成了三期全省国有林场森林经营方案编制和修订，并组织专家进行评审，省厅给予批复实施，并分别于1991年、2001年和2011年开始实行。黑龙江省国有林场、林业局均按10年一个经理期编制了《森林经营方案》并付诸实施。广东省1988年开始全面布置国有林场编制森林经营方案，每5年1期，到现在已经连续实施5期。宁夏回族自治区林业厅于2012年12月下发《宁夏回族自治区林业厅关于开展全区国有林场森林经营方案编制工作的通知》，要求自治区直属及各市、县(区)国有林场编制森林经营方案。多次对各市、县上报的森林经营方案进行审核。

国有林场改革后，国有林场重新定位，以及一些新政策陆续出台，如全面停止天然林商业性采伐等，各地森林经营方案正在全面调整修订当中。截至目前，宁夏各市县（区）均编制完成了森林经营方案初稿，六盘山、西吉县、彭阳县林业局编制的森林经营方案已通过专家初审，其余森林经营方案需要修订后再次审核。黑龙江省预计2016年年末调整完成。

（2）森林经营方案执行情况及效果。湖南省国有林场森林经营方案为全省国有林场编制采伐限额、制定年度木材生产计划、造林计划、中幼林抚育计划提供了依据。同时，为各级林业主管部门对国有林场森林资源监督管理提供了考核依据。广东省制订《广东省国有林场森林经营方案编制工作方法》，指导全省国有林场编制经营方案工作，并作为下达林木采伐指标的重要依据。黑龙江省结合二类调查进行中期调整，提高了森林经营方案的执行率，各单位按经营方案审批采伐作业设计，总体执行情况良好。

（3）森林经营方案编制和执行中存在的问题。广东省反映，由于各地管理水平不同，森林经营方案编制和执行情况也不一样，总体来说，省属林场比市属林场规范，市属林场比县属林场规范。存在的主要问题：一是缺乏强有力措施保障经营方案的实施。森林经营方案虽然是法律规定的工作内容，但由于相应的管理措施跟不上，有些地方存在应付心态，没有发挥其应有的作用。二是与行业发展规划衔接不紧密。部分国有林场编制的森林经营方案主要是考虑本场实际情况，与相关行业发展规划衔接度不高。三是编制程序不统一。经营方案要求具备资质的设计单位编制，但各地做法不一，如韶关市属林场委托省林业调查规划院编制，市国有林场管理处审核审批，肇庆市由林场自己编制，市林业局审批。四是缺乏编制经费。由于林场普遍存在经济困难问题，许多林场不愿意也没有多余的资金聘请技术单位编制经营方案。

三、调研省份国有林场森林资源监管主要做法

1. 实行分级负责监管制度

从调研省份了解情况看，各地按照国有林场管理隶属关系，将国有林场森林资源监督管理任务落实到事权所属的林业主管部门。实行的是省属国有林场的森林资源由省林业主管部门负责监管，市属国有林场森林资源由市林业主管部门负责监管，县属国有林场的森林资源由县林业主管部门负责监管，国有林场负责保护和经营的森林资源管理体制。

（1）监管层级划分。有的省份分三级监管，如宁夏国有林场实行自治区、市、县三级林业主管部门分级监管制度。湖南建立国家所有、省级管理、林场保护与经营的国有林场森林资源管理体制。有的省实行自主管理，如黑龙江省多年来形成由林场自我完善、

自我约束、自主管理的资源管理体制，林场设专(兼)职资源管理场长及林政场长，下有管护队，林场各项生产活动按国家、省有关政策、法规、规程、文件等要求执行。

(2)监管事项或内容。湖南省级监管事项包括林地性质变更、采伐限额等。广东省级林业主管部门承担指导全省国有林场森林资源保护和培育工作。宁夏回族自治区林业主管部门对全区国有林场的森林资源管理履行指导、监督之责，负责全区国有林场经营范围变更调整、林地性质变更、林地征占用、林地使用权转让、森林采伐限额执行、大面积林木资源流转等事项的监管，以及森林经营方案论证审批事项和部分林场森林经营方案执行情况的监督检查；各市、县林业主管部门对所属国有林场的森林资源实行监督管理，负责本辖区国有林场森林资源自治区林业厅监管事项的初步审核工作，负责公益型林场森林经营方案执行情况的监督检查；国有林场是森林资源监管的责任主体，负责森林资源保护和经营的具体事项。

2. 建立省级国有林场森林资源综合监管平台

为建立健全国有林场森林资源动态监测体系，加快国有林场信息化建设，提高国有林场森林资源管理水平，湖南省自2015年开始启动建立湖南省国有林场森林资源综合监管平台，建设湖南省国有林场“一张图”大数据中心，包括每一个国有林场森林资源数据，以及森林抚育、采伐、造林、林地征占用等相关信息，监管平台已初步建成，进入了试运行阶段。为贯彻落实中发〔2015〕6号中“加强国家和地方国有林场森林资源监测体系建设，建立健全国有林场森林资源档案，定期向社会公布国有林场森林资源状况，接受社会监督”的要求，广东省林业厅正委托专业技术部门编制《广东省国有林场和森林公园森林资源资产负债表》，通过构建数据管理平台，提高宏观监测能力。

3. 从严控制森林资源消耗

湖南省从严控制森林资源的消耗。在木材计划下达、伐区作业设计、凭证采伐等方面严格执行森林采伐限额管理和林木采伐管理有关规定，杜绝了超限额采伐、无证采伐行为。“十二五”期间，下达木材生产计划比采伐限额指标减少113.41万立方米，实际采伐量比采伐限额少216.9万立方米。

4. 强化国有林场林地保护管理

(1)广东省明确占用国有林场林地由省政府批准。在科学划定国有林场林地生态红线基础上，为严格控制建设项目占用国有林场林地行为，严格保护和合理利用国有林场林地，2016年6月，经广东省政府同意，省林业厅下发《关于严格控制建设项目占用国有林场林地行为的通知》(粤林函〔2016〕323号)，明确“建设项目占用国有林场林地、改变林地用途的，必须经省林业主管部门审核同意，并报省政府批准”。审批条件是：建设项目占用国有林场林地应当符合选址唯一性。各类建设项目不得使用Ⅰ级保护林地。市级以上能源交通等涉及民生的工程建设项目，可以申请使用国有林场Ⅱ级及以下保护林地。省政府认为确有必要占用国有林场林地的项目，可以占用国有林场林地。该文件明确申请、审批程序，由国有林场行文申请，按照隶属关系逐级审核上报。同时，该文件明确、强化审查审核责任追究，启动问责机制。

(2)严格林地审批手续。湖南省切实加强国有林地管理，严格林地审批手续，各类建设项目确需征占用国有林场林地的，国有林场管理机构必须参与项目立项的可靠性评估工作，取得省级国有林场管理机构同意后，按相关程序依法办理相关征占用林地审批手续。严禁以行政区划调整、建立自然保护区、风景名胜区、地质公园为由，改变国有林场林地使用权和森林资源经营管理权。在国家未出台国有森林、林木和林地使用权流转的具体办法之前，国有林场森林资源严禁流转。

(3)开展国有林场林地、林木确权发证工作。2015 年，广东省人民政府办公厅印发《关于加快推进国有林场林地确权发证工作的通知》，要求各地积极调处国有林场及周边地区山林权属纠纷，开展国有林场林地、林木确权发证工作。2016 年 6 月底，广东省国有林地发证面积 851.2 万亩，占国有林地面积的 90.2%，与 2015 年 81% 相比增加 9.2%。宁夏反映，本次国有林场改革涉及整合、新建国有林场等问题，国有林场林地资源发生了变动，自治区明确在 2016 年年底前完成林地的确权颁证。如固原市原州区对辖区各类土地全面清查，各乡镇(居委会)进行了确权登记，向原州区人民政府上报了林权证办理申请，并经原州区第 54 次常务会议研究通过。

四、存在的主要问题

从调研省份了解到，各地对国有林场森林资源的监管采取了一系列措施或办法，对森林资源的保护起到了一定的作用，但效果仍不尽人意。根本原因，一方面由于国家法律层面针对国有林场林地、林木流转和抵押、资产评估规定、林权证发放条件等相关法律规定存在空白，现行法律规定如林权权属登记、林权证发放权限等相关规定已经不适应实际形势需要。另一方面，国有林场森林资源监管体系没有真正建立起来，地方各级林业主管部门监管责任不清，监管内容不明确，对市、县政府和有关部门主要领导缺乏约束机制，国有林场森林资源产权变动相关制度、监测手段、监测体系缺乏，加之森林经营和保护投入不足等诸多问题存在，影响国有林场改革目标的顺利实现和事业的健康发展。

1. 省级林业主管部门对市属、县属国有林场资产监管不到位

现行《国有林场管理办法》明确规定，县级以上地方人民政府林业主管部门按照行政隶属关系，负责所属国有林场管理工作。国有林场管理机构应对国有林场森林资源资产进行监管。

从 4 省(自治区)调研情况看，目前，省(自治区)、市、县级林业主管部门按隶属关系各自管理所属的国有林场，省管省属林场、市管市属林场，县管县属林场，省对市、市对县的国有林场的资产并未全面进行监管。从资产监管事项或内容来说，省级林业主管部门仅对有审批审核权限的事项，如林地征占用的事项进行监管，而且林地征占用都是以项目为单位进行统计，省级林业主管部门并不掌握国有林场林地征用占用具体情况，调研省区自上而下对国有林场资产抵押、转让、承包、出租等方面情况都很少了解，存在监管空白。

2. 基层地方政府任意处置所属国有林场森林资源

现有法律规定，除"国务院确定的国家所有的重点林区森林、林木和林地，跨行政区域的森林、林木和林地"以外，国家所有的森林、林木和林地确权登记主体是县级以上人民政府。县属国有林场林地、林木，由县级林业主管部门审核审定，县级人民政府发林权证。有些省规定，省属、市属的国有林场的林地、林木，林权证的发放，按属地管理，由林场所在地市县人民政府发证。林权初始登记、变更登记都在县级以上人民政府。从隶属关系来看，县属国有林场占全国国有林场绝大多数。从法律规定和现实中，国有林场的林权初始登记、变更登记以及林权证发放都在县级人民政府。国有林场改革后，大多国有林场都定为公益一类或公益二类的事业单位，县属林场人财物都归县级人民政府管理。

一些县级人民政府往往因为经济发展的需要，把国有林场当成地方政府的财产，任意处置，随意转让、出租、抵押，在省级、市级林业主管部门并不知情的情况下，有的县违规将国有林场森林资产抵押给银行，贷款融资。一些县属林场负责人对此表示很担心、担忧，如果林权证一旦抵押给银行，林场就不能进行林木采伐或将抵押物流转等，林场不同意也没有办法。一旦真正出现风险，就有可能导致国有林场资产流失。

3. 国有林场土地出租期限过长、租金过低、面积过大等现象比较普遍

森林资源属于国家所有，林场代表国家在管理经营这部分森林资源。从各地实际情况看，国有林场土地出租现象较为普遍，而且存在出租期限过长、租金过低、面积过大等现象。如广东桂山林场出租土地 1.3 万亩，年租金 30 万元，平均每亩年租金仅为 23 元。罗田林场土地出租 3000 亩，每亩年租金 20～30 元。黑龙江省五常市 12 个国有林场林业辅助用地 10 万亩出租，租金 1500 万元/年，每亩年租金 150 元，租金上缴市财政，用于五常市林业局事业单位人员经费。宁夏树新林场土地出租 1 万亩，每亩年租金 20～30 元，租期 30 年，用于葡萄基地建设。

4. 征占用林地现象较多，未批先占等违规使用林地时有发生

调研省份普遍反映，森林资源保护与地方经济建设的矛盾冲突时有发生，表现在因项目建设、城市发展建设、供电线路建设、公路建设等，均向森林资源中心区域延伸，征占用林地现象较多，未批先占等违规使用林地问题时有发生。如宁夏回族自治区青铜峡市反映，由于近几年经济发展迅速，各项基础设施建设力度较大，对林地的征占用明显增多。市属树新林场先后有西夏渠、西线高速公路、鸽子山葡萄基地滴管工程、中央大道、750 特高压输变电线路以及大树公路、庙山湖公路等修建，征占用林地约 1 万亩，对全场林地规划和监管造成一定影响。

一些地方为了达到占用林地的目的，故意降低审核审批门槛，出现了占用防护林或者特种用途林林地 149 亩的现象，如果占用 150 亩，就需要国务院林业主管部门审核，如果是 149 亩，就由省级林业主管部门来审核。

5. 国有林场、森林公园、自然保护区范围重叠，多头管理，管理体制不顺

森林公园、自然保护区往往都是在林场的基础上建立起来的，但国有林场、森林公园、自然保护区管理政策不同，如何协调管理是大问题，比如宁夏国有林场 1500 多万亩的林地现有自然保护区 700 多万亩，约占一半。范围重叠问题在全国也比较普遍。一方面，存在多头管理。林场在省级林业主管部门内部就有多个部门在管理，有林场管理机构、资源管理机构、保护区管理机构，多头管理，这个问题需要研究。另一方面，管理体制不顺。部分林场存在这种问题，如宁夏西吉扫竹岭林场，2003 年在林场基础上成立了西吉县火石寨国家森林公园，并设立了由县政府直接管理的森林公园管理处，西吉县火石寨旅游区是在扫竹岭林场和火石寨森林公园的基础上建设起来的，但归县旅游局管理。2013 年，西吉县人民政府将旅游区经营承包权给宁夏水洞沟旅游开发有限公司，签订了承包合同。出现了对国有林场林地未批先占，在林地上修建索道，破坏生态植被的问题，也给森林防火埋下了隐患。

6. 森林经营投入不足，森林抚育等经营管理措施不到位

一是森林抚育投入严重不足。从调研情况看，4 省份普遍反映，目前，林业建设投入重点安排的是造林种苗费和幼林管护费，在森林经营方面没有固定投资项目和渠道，森林经营投入严重不足。森林抚育地方政府没有投入，只有中央财政森林抚育补贴资金，因缺少资金，致使应及时抚育的林分得不到适时抚育。二是中央财政抚育补贴资金标准偏低。目前，现行森林抚育补贴标准为每亩 100 元，天然林资源保护工程二期实施范围内的国有林森林抚育补贴标准为每亩 120 元。调研中了解到，实际抚育成本每亩需要 180～400 元，黑龙江反映，森林抚育实际作业成本 150～180 元/亩。对一些地区，特别是西部地区，补贴资金远远不够，宁夏反映森林抚育需要 300～400 元/亩，其中，人工费每天 120～300 元，林场反映，抚育公益林，林场都要自筹资金贴钱，使得林场开展森林抚育的积极性不高。从实际来看，每亩补贴 100 元，只能采取修枝、除草除杂等抚育措施，有的密度太大，需要间伐，有的需要补栽、补造、施肥、灌水等，需要较大数量的资金投入，补贴标准与实际抚育作业支出缺口较大。三是采伐限额的原因。由于森林抚育需采伐相当一部分胸径 6 厘米以上的林木，因受采伐限额限制，审批较难，导致相当一部分森林不能及时采取合适的方式进行抚育，造成森林质量难以提高。四是实际抚育面积占应抚育面积比例较低，仅为 1/5 左右。地方反映，纳入中央财政抚育补贴范围的抚育任务或计划较少，而实际需要森林抚育的量较大，现在地方是给多少补贴抚育任务就抚育多少。宁夏反映，中幼林1900万亩，但目前实际森林抚育面积仅占应抚育面积20%～30%。黑龙江国有林场有3700万亩森林亟待抚育。湖南国有林场中幼林比重较大，面积为726万亩，占国有林总面积的52.17%。平均单位面积蓄积4.52立方米。

中幼龄林林分过密、过纯，一是容易导致发生病虫害，火灾隐患较大。二是导致树木生长不良，生长较慢，林分质量下降，林地生产力低，有林地单位面积蓄积量低。三是结构不合理，系统稳定性差。许多林分在水平分布上没有针阔混交林，在垂直分布上没有形成乔灌草结合，在林龄组成上还没有形成异龄林合理搭配。

7. 管护人员工资偏低，管护手段较为落后

调研省份普遍反映，管护经费不足，巡护人员工资较低。如黑龙江省反映，国家级公益林管护由中央财政进行补助，2016年提高到每亩8元标准，按人均3000亩的管护任务，年管护费在2.3万元左右(管护费7.75元/亩，其他为公共管护支出)，月工资不足2000元，“三险一金”根本没有着落，难以调动管护人员的积极性。西部齐齐哈尔、大庆、绥化地区由于地块分散，人均管护面积1500亩，年工资6000～7000元。省级公益林补偿由于黑龙江省财政非常困难，规模仅2000万元，补偿面积494.11万亩，补偿标准3.5元/亩，杯水车薪。另外林政检查和森林防火人员的工资，主要依靠林场的自有资金解决，面临很大的资金缺口，实施国有林场改革停止商业性采伐后，这部分资金将无法解决。

从管护手段上看，大部分国有林场仍延续以往依靠人工巡山方式进行森林资源管护，缺少现代技术装备，林场大多地处偏远，线多面广，存在管护不到位，覆盖面不全，信息反馈不及时等现象，监测能力和水平有限。

五、对策建议

做好国有林场森林资源监管工作是贯彻落实“实行最严格的国有林场林地和林木资源管理制度”，推动国有林场改革的重要环节，用3～5年时间从建立及完善制度和手段上着手，建立从上至下权责明晰分级监管、从下至上逐级报告森林资源监管新体制，进一步完善森林经营及保护制度、林地保护制度等，保护好国有林场宝贵的森林资源，充分发挥国有林场在生态建设中的重要作用。

1. 完善相关法律法规，提供法律保障

国有林场改革完成后，森林资源监管面临许多新情况、新问题，现行一些法律法规急待修改完善。如涉及国有林场林地、林木流转和抵押、林权登记权限、林权证发放条件、森林资源监管机制等相关规定，急待上升到法律层面，尽快出台《国有林场条例》，确保国有林场森林资源监管有法可依。一是要明确国家作为所有者对国有林场的林地、林木流转和使用等承担的责任和管理审批办法，建议由省级林业主管部门管理和审批；

二是要明确跨区域的国有林场林权初始登记，变更登记，应由省级人民政府负责；三是明确国有林场森林资源流转范围、流转方式、流转对象、流转期限、流转面积、流转价格等；四是明确事权，国有林场森林资源应当是中央和地方共有事权，坚持国家所有，省级管理；五是建立国有森林资源资产评估制度，明确国有森林资源评估机构资质、条件及评估标准、评估结果有效期等。评估的审核权限必须放在省级以上(含省级)林场主管部门。从严控制国有林场森林资源流转和抵押，防止国有林场资产流失。

2. 实行分级监管，提高管理效能

实行国家、省、市林业主管部门分级监管制度。一是明确监管范围。省级林业主管部门不仅要监管省属国有林场森林资源，还要监管市属、县属国有林场森林资源；市级林业主管部门不仅要监管市属国有林场，还要监管县属国有林场。二是明确监管内容。监管事权按照林地性质、生态区位、面积大小、对社会全局利益影响的程度等因素进行划分。特别是对国有林场的林地应实行最严格保护制度，建议参照广东省的做法，明确涉及征占用国有林场林地，必须经省级林业主管部门审核并报国务院或省政府批准后方可办理改变林地用途手续。对国有林场经营范围变更调整、林地林木流转、抵押、林地使用权转让，必须由省级林业主管部门审批。三是明确监管责任。要把国有林场森林资源保护管理纳入目标责任制考核体系，明确地方各级林业主管部门在国有林场森林资源监管的责任。省级林业主管部门代表国家负责本辖区国有林场森林资源监管责任，承担林地征占用、林权流转、林权抵押等产权变动事项的审批，以及森林经营方案的审批等事项；市林业主管部门对辖区内国有林场的森林资源实行监督管理，还要负责本辖区国有林场森林资源省(自治区、直辖市)林业主管部门监管事项的复审工作。县林业主管部门对所属国有林场的森林资源实行保护管理，还要负责本辖区国有林场森林资源省市林业主管部门监管事项的初审工作。上级林业主管部门总体要承担本辖区内国有林场发展的责任。国家应研究制定《国有林场森林资源管理绩效考核办法》，对省(自治区、直辖市)人民政府国有林场森林资源管理绩效进行年度考核。

3. 建立健全国有林场资源监管机制

要严管国有林场森林资源，建立健全国有林场森林资源监管机制，确保国有林场资产保值和增值。建议：一是建立国有林场森林资源变动报告制度。研究制定和出台《国有林场森林资源变动事项报告办法》，从下至上报告，即国有林场产权变动发生前，如抵押、转让、出租、入股等，国有林场必须逐级向上级林业主管部门报告，接受上级的监督。二是明确国家、省、市三级林业主管部门职责和权限。要严格国有林场森林资源管理，对国有林场森林资源的采伐、转让、划拨、抵押等事项明确各级林业主管部门的管理权限。三是建立国有林场森林资源监测体系，从上至下监管，一方面，各级林业主管部门要定期和不定期对国有林场森林资源保护情况进行检查；另一方面，利用现代管理手段，在国有林场内通过设置固定样地，监测国有林场森林资源状况及其动态变化数据。

开展成效监测与评估工作，定期监测森林生长、林分结构、森林健康、林下植被等相关因子变化情况，研究出台好操作的监测办法，动态监测国有林场森林资源变化情况。同时，利用卫星遥感，无人机观测等先进林业科技手段，监测林场森林资源变动情况。加快建立国有林场数据库和大数据信息化监管平台，对国有林场资源实行静态和动态的监管。

4. 强化县级人民政府森林资源保护的责任

国有林场改革后，承担保护培育森林资源的国有林场的人、财、物，大多是由县级人民政府安排，而且，从国家项目及各项投资看，都是以县级为单位实施的，县级人民政府对国有林场具有管理权。建议强化县级人民政府在国有林场森林资源保护中的责任，尽快出台《地方各级政府国有林场森林资源保护管理考核办法》，明确在保障国有林场基本生存基础上，承担国有林场森林资源保护管理的责任。

5. 建立国有林场林地名录制度和公告制度

一方面借鉴湿地名录制度的做法，建立国有林场林地名录制度，将国有林场林地保护等级高的纳入名录中，名录内容包括林地保护重要程度、面积、四至范围、隶属等，以政府名义向社会公布。另一方面，建立国有林场公告制度，结合国有林场备案，在国有林场、林业主管部门及政府网站予以公开，每年将包括国有林场森林面积、林地保护等级、林地面积、分布等重要信息向社会公告，也可在明显路段树立公示牌，方便公众知晓。

6. 采用先进科技手段，提高监管效率

一是利用森林资源视频监控、卫星遥感图判读、无人机观测等先进林业科技手段。如参照黑龙江尚志国有林场管理局的做法，给每个林场配备无人机，无人机每架仅4万元，有40分钟续航能力，对人不容易巡护到的地方可用无人机进行观测，非常清晰，不仅用于报警，还可用于森林防火、造林验收、采伐验收等，对老百姓也能起到震慑作用，防止盗伐，无人机不贵但非常实用，效果很好。二是国家进一步加大生态管护投入，提高管护人员工资，实行管护工资与经济社会发展同步增长机制。目前，调研省份普遍反映，管护人员低工资低福利已经影响到公益林管护工作的有效开展，应进一步提高国家级公益林补偿标准。

7. 开展林地全面普查，建立完备的国有林场档案管理制度

随着林地价值不断提高，国有林场周边村民在利益的驱动下以各种理由侵占国有林场林地，纠纷时有发生。同时，本次国有林场改革，各地涉及到整合或新建国有林场等问题，国有林场林地资源发生了变动。建议：一是对国有林场的版图、界限、山权、林权开展一次全面的普查清理，摸清家底，明确和落实国有林场森林资源所有权和使用权，确权发证，为下一步森林资源监管打下基础；二是尽快建立完备的国有林场档案管理制度，研究制定《国有林场档案管理办法》，确保林场档案真实、准确、完整、规范，以此作为维护国有林场合法权益、解决林权纠纷，以及森林资源监管的可靠依据。

8. 理顺管理体制，加强森林资源管理

森林公园、自然保护区大多是在林场基础上建立起来的，各自管理政策不同，目前，国有林场、森林公园、自然保护区设置存在重叠问题，涉及林场、资源、保护区等多个管理部门，建议明确牵头单位，统一管理。另外，在国有林场基础上建立起来的旅游景区森林资源，建议应由林业部门负责管理，景区森林资源的开发管理要符合国有林场管理的有关政策规定。明确与林场的利益分配，林场实行收支两条线，景区收入上交财政再根据林场年度预算返给国有林场使用。加快国有森林资源审计，加大处罚力度，确保国有森林资源的安全。

9. 建立森林抚育经营长效机制，适时提高森林抚育补贴标准

国有林场主体改革完成后，提高森林质量，增加森林蓄积量，增强森林生态服务功能，已成为国有林场工作重中之重。从调研省反映情况看，迫切需要加强森林抚育经营。建议：一是明确将国有林场森林抚育经营所需经费纳入地方政府财政预算，确保森林经营有稳定的资金来源渠道。二是应根据需要合理安排森林抚育任务和资金。三是扩大中央财政森林抚育面积。四是进一步提高中央财政森林抚育补贴标准。目前国家级重点公益森林抚育补贴执行标准 100 元/亩，天保 120 元/亩，与实际森林抚育作业成本有较大差距。应随着社会经济发展，合理提高补贴标准，提高各地开展森林抚育经营的积极性。

10. 建立以森林经营方案为核心的森林资源监督管理和森林经营管理制度

森林经营方案的编制影响因素较多，造林任务多少、抚育任务多少、抚育方式、采伐任务有无、采伐方式等，都直接影响方案的编制以及下一步的实施，为使森林经营方案更具有针对性和可操作性，建议调整森林经营方案编制模式，简化编制内容，弱化年度经营措施，以林班、经营区或森林类型、林分类别等落实森林经营保护措施、培育方法和利用方式，结合国有林场改革，制定或修订切实可行的《国有林场森林经营方案》。将森林经营方案的实施作为森林资源监督管理的重要内容，以森林经营方案为基础，以国家和省相关规定规程为依据，建立森林经营管理制度，统筹安排国有林场的造林绿化、森林抚育、生态管护、森林防火、有害生物防治及林场基本建设。

调 研 单 位：国家林业局经济发展研究中心
国家林业局场圃总站
调研组成员：余　涛　夏郁芳　唐肖彬
管长岭　欧国平　张　志　张　静　马平川

东北、内蒙古重点国有林区民生监测报告

【摘　要】为了跟进《国有林区改革指导意见》(中发〔2015〕6号)的落实，监测改革推进过程中的民生变化状况，国家林业局重大问题调研“东北国有林区改革实施情况”项目组，于2016年7~9月，深入东北、内蒙古重点国有林区所属的34个林业局展开访谈和入户(1028个样本户)调查。调研结果显示：职工家庭经济情况和就业情况总体好转，家庭生活条件、教育、健康与医疗水平不断提高，生产经营和社会保障有待加强，职工生活满意度总体较高。建议适度增加天保工程等中央财政拨款，引导林场职工家庭开展家庭经营，确保职工收入持续稳定提高；积极扶持发展民营经济，有序转移剩余劳动力，探索开展家庭承包的方式完成森林抚育任务，确保职工就业不断增加；继续加大对林区的公共设施投入，完善公共服务体系，落实社会保障措施，确保职工民生福利持续改善。

2015年，中共中央、国务院印发了《国有林区改革指导意见》(中发〔2015〕6号)，并将“生产生活条件得到明显改善，职工基本生活得到有效保障”列为总体目标之一。全面“停伐”以及经济增速下降，是否会影响重点国有林区的民生投入及民生改善，是否会对重点国有林区职工家庭的收入和就业等民生问题产生影响，都是需要关注的问题。为及时跟踪重点国有林区的民生状况，特别是在经济增长下行压力增大以及全面“停伐”的背景下，及时判断重点国有林区民生建设的成效和存在的问题，“东北国有林区改革实施情况调研”课题组2016年继续开展针对重点国有林区民生状况进行跟踪监测。

一、调研设计与样本情况

(一)调研样本

根据监测方案，调查样本的选择采用分层随机抽样的方法，即先通过典型抽样，在重点国有林区选择34个林业局，分别隶属于黑龙江大兴安岭林业集团、龙江森工集团、

吉林森工集团、内蒙古森工集团、长白山森工集团。然后在每个林业局，根据各林业局社会经济发展水平和森林资源分布情况，经林业局与课题组商定选择 2 个山上林场及 1 个山下社区。在每个样本林场及社区，根据户籍名单，随机抽取 10 户左右职工家庭作为样本户，进行入户问卷调查。2016 年的调查共获得 1028 个样本户，涉及人口 3048 人。

（二）调研内容

重点国有林区民生监测的主要内容包括家庭经济状况、就业与工作条件、教育、家庭生产经营状况、家庭生活条件、健康与医疗、社会保障、生活满意度、民生改善的主观评价等。

（三）样本户的基本特征

样本户基本情况见表 1。

表 1　样本户基本特征

项　目	重点国有林区	龙江森工	黑龙江大兴安岭	内蒙古森工	吉林森工	长白山森工
户均人口数(人)	2.96	2.92	2.86	3.00	3.13	2.96
户均劳动力数(人)	1.96	1.94	1.92	1.94	2.05	2.03
户均在校学生人数(人)	0.48	0.45	0.53	0.53	0.47	0.45
60 岁及以上人口比重(%)	5.58	6.81	3.54	3.71	6.40	6.46

二、调研结果与分析

（一）家庭经济情况

本部分描述分析重点国有林区职工家庭经济情况，主要关注家庭收入和消费水平及结构，以及家庭储蓄、贷款和债务情况。

1. 家庭收入不断提高，但增幅偏低

2015 年重点国有林区职工家庭总收入的均值为 58542.1 元，比 2014 年名义增长 9.3%，扣除价格因素影响，实际增长 7.8%。控制家庭人口规模的影响后，2015 年重点国有林区职工家庭人均收入的均值为 20403.9 元，比 2014 年名义增长 2.8%，扣除价格因素影响，实际增长 1.4%，如图 1。与全国城镇居民人均可支配收入相比，重点国有林区职工家庭人均收入的增幅明显偏低。①②

① 2012 年以来重点国有林区职工家庭总收入和人均收入均呈增长态势。根据国家统计局公布数据，2015 年全国居民人均可支配收入 21966 元，增幅为 8.9%；城镇居民人均可支配收入 31195 元，增幅为 8.2%；农村居民人均可支配收入 11422 元，增幅为 8.9%；重点国有林区职工家庭的收入水平高于农村但低于城镇，相当于全国城镇居民平均水平的 65%。

② 据国家统计局公布数据，2015 年全国居民人均可支配收入 21966 元，增幅 8.9%；城镇居民人均可支配收入 31195 元，增幅 8.2%；农村居民人均可支配收入 11422 元，增幅 8.9%。

主要是因为职工工资仍能保证，而职工工资的资金来源主要是天然林资源保护工程，虽然全面“停伐”了，但天保工程资金并未减少。

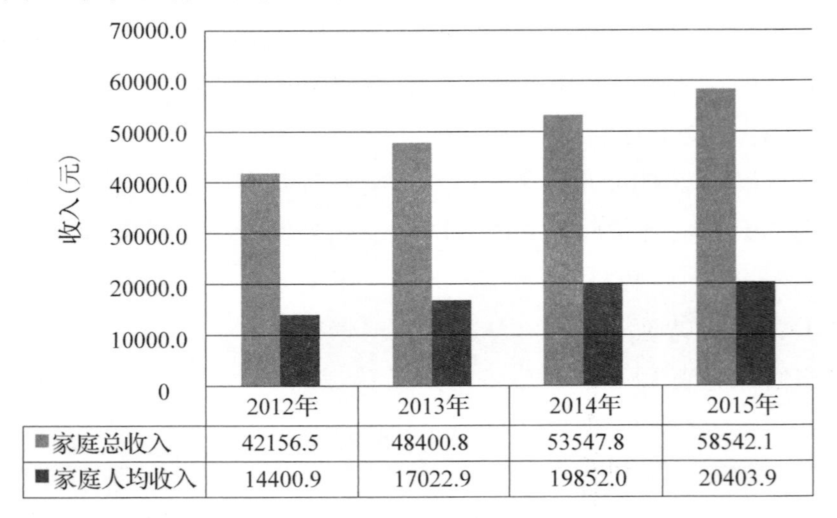

图1 重点国有林区样本家庭收入变化趋势(2012~2015)

2. 收入结构仍以工资性收入为主

职工家庭的人均收入仍以工资性收入为主。2015年重点国有林区职工家庭的人均工资性收入为15497.3元，占76.0%，比2014年名义增加12.4%；人均经营性收入为1898.2元，占9.3%，比2014年名义增加47.7%；财产性收入为445.1元，占2.2%，比2014年名义增加87.1%；转移性收入为2401.6元，比2014年名义减少22.3%。分林区看，长白山森工林区职工家庭人均收入最高，为25055.3元，内蒙古森工林区职工家庭人均收入最低，为17685.9元，见表2。

表2 2015年重点国有林区及各林区样本家庭人均收入的水平和结构

项　目	重点国有林区	龙江森工	黑龙江大兴安岭	内蒙古森工	吉林森工	长白山森工
家庭收入(元)	20403.9	21509.5	19500.7	17685.9	19520.3	25055.3
占比(%)	100.0	100.0	100.0	100.0	100.0	100.0
工资性收入(元)	15497.3	14224.5	17093.0	15653.3	15483.6	18438.3
占比(%)	76.0	66.1	87.7	88.5	79.3	73.6
经营性收入(元)	1898.2	3234.1	581.5	338.7	877.4	3474.0
占比(%)	9.3	15.0	3.0	1.9	4.5	13.9
财产性收入(元)	445.1	552.9	268.7	17.7	413.9	1362.0
占比(%)	2.2	2.6	1.4	0.1	2.1	5.4
转移性收入(元)	2401.6	3316.6	1513.1	1649.6	2535.9	1257.8
占比(%)	11.8	15.4	7.8	9.3	13.0	5.0
其他收入(元)	161.7	181.5	44.4	26.7	209.4	523.2
占比(%)	0.7	0.9	0.1	0.2	1.1	2.1

重点国有林区职工家庭人均收入的增幅明显偏低，由于工资性收入是构成家庭收入的主要来源，其在家庭收入中所占比重达到76%，这在一定程度上反映出全面“停伐”给职工工资增长带来的压力。而且，职工家庭人均收入这一较低的增幅，还是引起了一部分职工的担忧，例如在对国有林区民生改善的主观评价中，21.9%的被访者表示收入减少了。

3. 职工家庭的收入差距不大

将人均家庭可支配收入由低到高分成5个组别，分别描述2015年重点国有林区职工家庭人均收入的水平和结构。收入最低的20%家庭的人均收入为9043.1元，收入最高的20%家庭的人均收入为39078.2元，是收入最低20%家庭的4.3倍，见表3。[①] 高收入家庭和低收入家庭收入差距明显，相对来看，长白山森工林区职工家庭的收入差距最大，内蒙古森工林区职工家庭的收入差距最小。但与全国平均水平相比，重点国有林区职工家庭的收入差距并不大。

从收入结构来看，重点国有林区低收入家庭的工资性收入所占比重较高，经营性收入所占比重不高；而高收入家庭则恰好相反。这说明在重点国有林区发展农林业的家庭经营，有助于职工家庭增收。而高收入家庭的工资性收入所占比重减少，经营性收入所占比重增加。

表3　2015年重点国有林区及各林区样本家庭收入分组后人均收入水平和结构

样本范围	收入组	人均收入（元）	工资性收入（%）	经营性收入（%）	财产性收入（%）	转移性收入（%）	其他收入（%）	合计（%）
重点国有林区	0～20%	9043.1	87.0	4.6	0.7	7.6	0.1	100.0
	20%～40%	14430.0	83.7	4.4	0.6	10.7	0.7	100.0
	40%～60%	18788.7	85.0	3.6	0.9	10.3	0.3	100.0
	60%～80%	24182.6	79.1	4.2	1.1	14.9	0.7	100.0
	80%～100%	39078.2	66.6	17.2	4.2	10.8	1.2	100.0
龙江森工	0～19%	8534.6	73.8	10.2	1.3	14.5	0.2	100.0
	20%～40%	14357.3	77.3	8.8	0.8	12.1	1.0	100.0
	40%～60%	18856.3	80.2	7.5	1.6	10.5	0.2	100.0
	60%～80%	24203.7	71.9	5.2	1.9	19.9	1.1	100.0
	80%～100%	39153.6	57.2	23.3	3.7	14.9	1.0	100.0
黑龙江省大兴安岭	0～20%	9095.9	84.2	5.1	0.4	10.4	0.1	100.0
	20%～40%	14497.3	91.5	1.5	0.2	5.7	1.1	100.0
	40%～60%	18504.0	91.4	1.2	0.7	6.7	0.0	100.0
	60%～80%	24567.0	88.8	1.0	1.0	9.1	0.1	100.0
	80%～100%	37534.8	81.1	7.4	3.8	7.8	0.0	100.0

① 根据《中国统计年鉴》，2015年中国居民收入最高的20%家庭的人均收入是收入最低20%的10.4倍，龙江、黑龙江省大兴安岭、内蒙古、吉林和长白山森工林区，这个倍数分别是4.6、4.1、3.4、4.3和5.1倍。

（续）

样本范围	收入组	人均收入（元）	工资性收入（%）	经营性收入（%）	财产性收入（%）	转移性收入（%）	其他收入（%）	合计（%）
内蒙古森工	0～20%	9818.4	97.3	0.2	0.0	2.4	0.0	100.0
	20%～40%	14337.2	86.2	1.9	0.0	11.4	0.4	100.0
	40%～60%	18813.8	84.2	0.4	0.1	15.1	0.3	100.0
	60%～80%	23529.3	85.6	3.6	0.0	10.8	0.0	100.0
	80%～100%	33397.6	94.6	3.0	0.5	1.9	0.0	100.0
吉林森工	0～20%	8770.1	96.2	1.4	0.8	1.7	0.0	100.0
	20%～40%	14345.4	83.7	2.3	1.1	12.9	0.0	100.0
	40%～60%	18627.4	89.9	2.8	0.9	6.4	0.0	100.0
	60%～80%	24707.6	66.9	8.0	1.7	22.2	1.2	100.0
	80%～100%	37925.6	79.6	4.3	3.0	11.3	1.8	100.0
长白山森工	0～20%	8958.9	99.1	0.0	0.8	0.2	0.0	100.0
	20%～40%	15313.0	89.5	1.9	1.2	7.4	0.0	100.0
	40%～60%	19357.6	90.6	0.2	0.8	6.7	1.6	100.0
	60%～80%	24332.3	86.6	3.2	0.6	8.4	1.2	100.0
	80%～100%	46070.9	60.6	24.6	9.7	2.1	3.0	100.0

4. 家庭消费水平不断提高，并有较大的增幅

2015年重点国有林区职工家庭生活总消费的均值为55953.7元，比2014年名义增长27.4%，扣除价格因素影响，实际增长25.6%。控制家庭人口规模的影响后，2015年重点国有林区职工家庭人均生活性消费的均值为18886.6元，比2014年名义增长21.3%，扣除价格因素影响，实际增长19.6%，如图2。[①②]

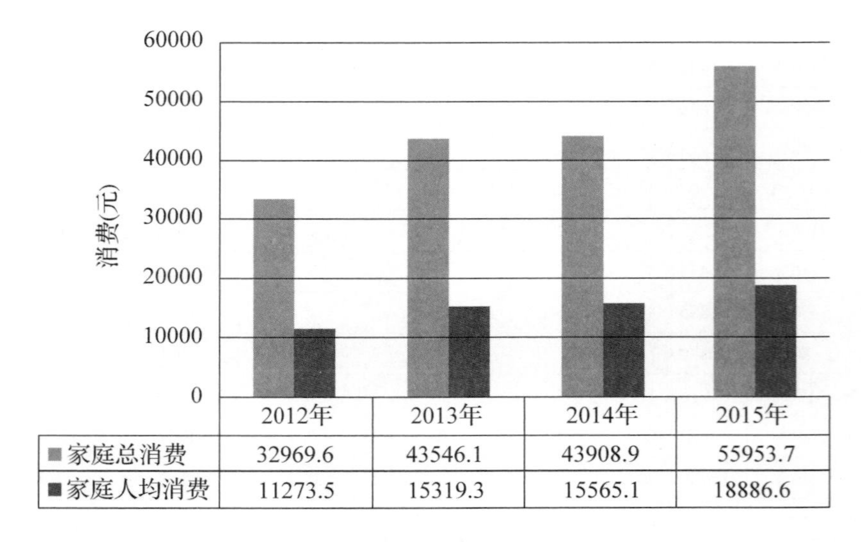

图2 重点国有林区样本家庭生活性消费变化趋势（2012～2015）

① 2012年以来重点国有林区职工家庭总消费和人均消费均呈增长态势。

② 家庭生活消费调查需要被访谈的家庭成员回忆过去一年里所有家庭成员各种生活方面的消费信息，因而存在个别被访谈的家庭成员漏答或拒答的情况。食品支出是家庭生活消费中最重要的一项内容，如果该项数据缺失，则舍弃该样本，为此，一共剔除3个食品消费数据缺失的样本。最后，有效样本数为1025个。

5. 食品支出仍是最大的生活性消费支出

2015 年重点国有林区家庭生活性消费支出中，人均食品支出为 5151.2 元，占 27.8%，即恩格尔系数为 27.8%，与全国平均水平相比，恩格尔系数相对还要小一些。[①] 重点国有林区职工家庭 2015 年的人均食品支出比 2014 年名义增加了 12.5%。此外，其他各项消费比 2014 年名义增加情况为：人均衣着支出为 1500.3 元，增加 28.9%；人均居住支出为 1377.5 元，增加 27.1%；人均子女教育支出为 2444.9 元，增加 0.5%；人均交通和通讯支出为 1208.7 元，增加 35.6%；人均文化娱乐支出为 447.5 元，增加 68.5%；人均家庭设备与服务支出为 1459.0 元，增加 6.5%；人均医疗保健支出为 2221.2 元，增加 37.3%。分林区看，长白山森工林区家庭人均生活性消费支出最高，为 22234.2 元；龙江森工林区家庭人均生活性消费支出最低，为 17585.4 元，见表 4。

表 4　2015 年重点国有林区及各林区样本家庭人均生活性消费的水平和结构

项　目	国有林区	龙江森工	黑龙江大兴安岭	内蒙古森工	吉林森工	长白山森工
生活性消费(元)	18553.2	17585.4	19954.8	18454.0	17822.6	22234.2
占比(%)	100.0	100.0	100.0	100.0	100.0	100.0
食品支出(元)	5151.2	4747.6	5744.6	4989.9	5109.8	6525.8
占比(%)	27.8	27.0	28.8	27.0	28.7	29.4
衣着支出(元)	1500.3	1589.7	1644.2	1285.3	1470.5	1425.9
占比(%)	8.1	9.0	8.2	7.0	8.3	6.4
子女教育支出(元)	2444.9	2048.0	3171.9	2873.6	2256.2	2349.9
占比(%)	13.2	11.6	15.9	15.6	12.7	10.6
居住支出(元)	1377.5	1368.7	1652.7	974.7	1486.9	1776.4
占比(%)	7.4	7.8	8.3	5.3	8.3	8.0
交通和通讯支出(元)	1208.7	1149.7	1409.1	1004.4	1177.1	1712.5
占比(%)	6.5	6.5	7.1	5.4	6.6	7.7
文化娱乐支出(元)	447.5	413.3	531.9	210.5	731.4	577.7
占比(%)	2.4	2.4	2.7	1.1	4.1	2.6
家庭设备与服务支出(元)	1459.0	1620.1	458.7	1733.5	992.5	2472.0
占比(%)	7.9	9.2	2.3	9.4	5.6	11.1
医疗保健支出(元)	2221.2	2037.7	2662.6	2786.2	1574.4	2033.7
占比(%)	12.0	11.6	13.3	15.1	8.8	9.1
人均转移性支出(元)	2742.9	2610.6	2679.1	2596.0	3024.0	3360.3
占比(%)	14.7	14.9	13.4	14.1	17.1	15.1

（二）就业与工作条件

本部分主要关注重点国有林区 16 岁以上成年人口的就业状态，并将就业状态分为工

① 据《中国统计年鉴》，2015 年全国居民的恩格尔系数为 31.2%。

作、家庭经营、退休、上学和无工作、其他等 6 种类型。[①]

1. 整体就业状况好转

2015 年重点国有林区样本地 16 岁以上的成年人口共 2791 人，其中，有工作的占 62. 1%，比 2014 年上升了 6. 7 个百分点；无工作的人占 12. 0%，比 2014 年下降了 4. 8 个百分点；从事家庭经营的人占 2. 7%，比 2014 年下降了 1. 4 个百分点，见图 3。

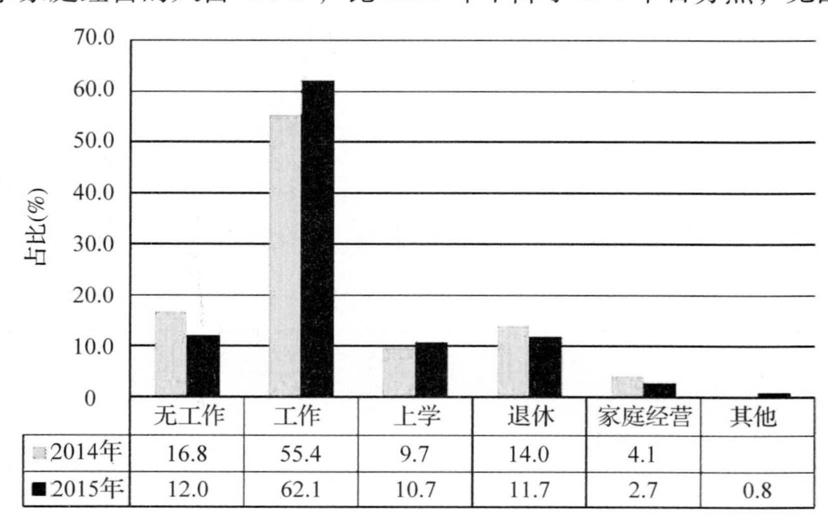

图 3 重点国有林区样本家庭成年人的就业状况变化（2014～2015）

分林区看，长白山森工林区就业状况最好，有工作的比例为 67. 1%；内蒙古森工林区的就业状况最差，有工作的比例为 57. 3%，见表 5。

表 5 2015 年各林区样本家庭成年人的就业状况 单位：%

就业状态	龙江森工	黑龙江大兴安岭	内蒙古森工	吉林森工	长白山森工
无工作	11. 0	12. 3	16. 7	8. 5	10. 3
工　作	60. 8	66. 0	57. 3	66. 8	67. 1
上　学	9. 5	12. 3	12. 7	10. 0	10. 3
退　休	12. 9	6. 3	11. 9	13. 5	10. 7
家庭经营	4. 8	2. 1	1. 1	0. 5	1. 2
其　他	1. 0	1. 0	0. 3	0. 7	0. 4
合　计	100. 0	100. 0	100. 0	100. 0	100. 0

据被访样本户调查，2015 年重点国有林区 30 岁以下的成年人口中无工作的比例为 11. 6%，比 2014 年减少了 3. 4 个百分点；有工作的比例为 42. 4%，比 2014 年增加了 0. 5

① 将在过去的一年中曾在国有单位以及私营单位工作并有工资收入的人认定为处于工作状态；将过去的一年中不曾在任何单位工作但从事个体工商业或家庭农林业生产活动的人认定为处于家庭经营状态；将非上学和非退休并在过去的一年中没有工作且没有从事家庭经营的人认定为无工作；就业状态为“其他”包括现役军人、实习工作等无法分类的就业状态。对于工作条件，主要是针对那些有工作的人，并考察他们从事某一项工作的全年工作月数或全年工作天数。

个百分点，表明重点国有林区青年人的就业问题有所改善。

另外，对于30岁以下的青年人，除去做管理干部或专业技术人员以外，在林业局做工人的少于去其他单位做工人。在30岁以下的青年人中，21.2%是林业局工人，39.9%是林区内其他单位工人，如木材加工厂工人、林下产品加工厂工人、建筑公司工人等。造成这一现象的原因可能有两个：其一是林业局近年来转岗分流的压力一直没有得到有效缓解，导致招工减少；其二是林区内的其他单位的工资待遇甚至高于林业局，进一步的调查分析表明，林业局工人的年平均收入是22736.1元，而其他单位工人的年平均收入是33015.4元，是林业局工人的1.5倍。不过随着年龄的增大，林业局工人的比例逐渐增加，例如在50~59岁这个年龄段群体中，林业局工人所占比例达到50.3%。

2. 从事家庭经营的人数逐年减少，且呈老年化趋势

调查发现，从事家庭经营的人口从2013年的4.3%下降到2014年的4.1%，再下降到2015年的2.7%，呈逐年下降的趋势。另外，在从事家庭经营的人员中，40岁以上的占61.3%，正呈现出老龄化的趋势，如图4。

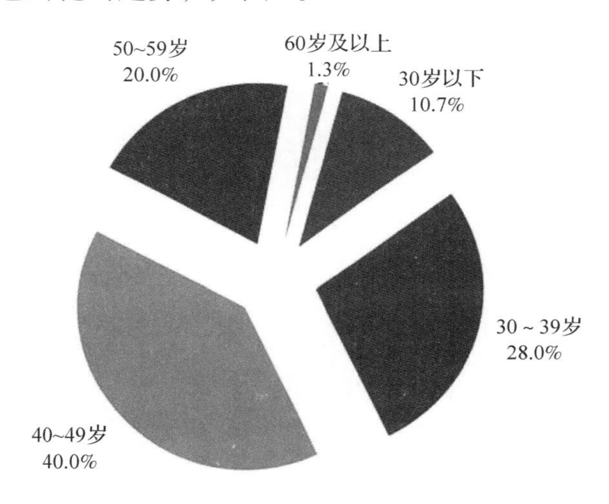

图4　2015年重点国有林区样本家庭从事家庭经营人员的年龄分布

在不同的年龄组中，从事家庭经营的人口比例均在下降。例如在30~39岁的群体中，从事家庭经营的比例下降3.5个百分点；在40~49岁的群体中，从事家庭经营的比例下降了1.4个百分点，在50~59岁的群体中，从事家庭经营的比例下降了2.0个百分点。说明在重点国有林区从事家庭经营的人员正逐渐减少。但是，从事农林生产经营的户数却是增加的，一个可能的解释就是每户从事农林生产经营的劳动力减少了，职工家庭所从事的农林生产规模可能也下降了。

3. 造林和抚育生产任务的覆盖面小、工期短

样本户中除去上学、退休和无工作的成年人共1810人，其中，322人参加了造林生产，占17.8%；276人参加了抚育，占15.2%。造林生产的工期平均28.7天，人均补贴收入2163.5元；抚育生产的工期平均37.0天，人均补贴收入2921.2元。

森林管护任务一般是全年性的，由专门的管护工人负责，森林管护收入是管护工人工资性收入的主要来源。调查表明，330人参加了森林管护，占18.2%；森林管护的工期平均259.1天，人均管护收入23163.1元，见表6。

表6 2015年造林、抚育、管护生产任务的工期、收入及参与人数

生产任务	参与天数(天)	收入(元)	参与人数(人)	占比(%)
造　林	28.7	2163.5	322	17.8
抚　育	37.0	2921.2	276	15.2
管　护	259.1	23163.1	330	18.2

全面“停伐”后一些林业职工面临转岗，中央财政补贴(依托于二期天保工程)的造林和森林抚育生产任务被认为能够分流一部分职工，不过调查表明，由于造林和森林抚育生产任务并没有增加，且补贴标准也没有提高，目前的造林和森林抚育生产任务的覆盖面小，工期短，缓解职工转岗分流的作用还较弱。

重点国有林区全面“停伐”后，林业职工将从伐木工彻底转变为森林管护工人，他们的生产内容主要就是造林、抚育和管护。中央财政森林抚育补贴政策不仅有利于森林资源的增加和森林生态系统功能的完善，其解决就业和增加收入的经济社会效益也尤为明显。但据监测情况来看，职工参加造林和抚育也是比较无奈的选择，一方面期盼国家能安排更多这样的生产任务，另一方面由于其工期短和日工资低，参与的职工并不多，职工从中所得到的收入也并不多。

(三)家庭生活条件

本部分主要从住房、居住条件来描述家庭生活条件，其中住房情况主要关注住房面积和住房的新旧程度，以期反映棚户区改造政策实施后的效果。居住条件部分包括家庭炊事燃料和饮用水的情况，在描述家庭炊事燃料时重点关注木材的使用情况，以期观测全面“停伐”后职工家庭对木材的使用情况。

1. 居住面积稳步增加，居住楼房的比例较大

棚户区改造政策的实施改善了重点国有林区职工家庭的居住条件。2015年重点国有林区职工家庭户均居住面积为71.8平方米，比2014年增加10.9个百分点；2015年重点国有林区职工家庭人均居住面积为25.3平方米，比2014年增加3.3个百分点，见表7。调查发现，居住在山上林场的职工家庭中，有70.3%的职工在山下拥有住房，且住房大部分为棚改后的楼房。分林区看，长白山森工居住面积最大，为76.9平方米，吉林森工林区职工家庭居住面积的增幅最大，为11.9%。内蒙古森工林区职工家庭居住面积最小，为55.6平方米，黑龙江大兴安岭林区职工家庭居住面积没有变化。

表 7　重点国有林区样本家庭居住面积变化（2014～2015 年）

林　区	户　均			人　均		
	2015 年（平方米）	2014 年（平方米）	增幅（%）	2015 年（平方米）	2014 年（平方米）	增幅（%）
重点国有林区	71.8	64.7	10.9	25.3	24.5	3.3
龙江森工	76.9	72.5	6.1	27.6	29.3	-6.2
黑龙江大兴安岭	60.7	60.7	0	22.8	23.3	-2.2
内蒙古森工	55.6	54.3	2.3	19.5	19.0	2.6
吉林森工	74.8	66.9	11.9	24.9	24.3	2.5
长白山森工	79.6	—	—	29.0	—	—

2. 炊事燃料主要以电和煤气为主，使用木材的家庭比例继续下降

重点国有林区职工家庭的炊事燃料主要是电和煤气，2015 年使用电的家庭比例为 50.8%，使用煤气的家庭比例为 38.4%。使用木材作为炊事燃料的家庭比例为 15.9%，分别比 2014 年和 2013 年下降了 3.7 和 8.9 个百分点。

居住在山上林场的职工家庭中使用木材作为炊事燃料的家庭比例为 19.7%，比 2014 年减少 9.2 个百分点；居住在山下局址的职工家庭中使用木材作为炊事燃料的家庭比例为 7.8%，比 2014 年减少 4.2 个百分点。

分林区看，内蒙古森工林区使用木材作为炊事燃料的家庭比例最高，达到 33.3%，龙江森工林区使用木材作为炊事燃料的家庭比例为 15.4%；黑龙江大兴安岭林区使用木材作为炊事燃料的家庭比例为 13.3%；长白山森工林区使用木材作为炊事燃料的家庭比例为 11.2%；吉林森工林区使用木材作为炊事燃料的家庭比例最低，为 8.6%。

3. 居民饮用自来水的比例增加

重点林区职工家庭中使用自来水的比例为 77.3%，比 2014 年增加 2.4 个百分点。分林区来看，吉林森工林区和长白山森工林区使用自来水的职工家庭比例较高，分别为 94.4% 和 94.1%；内蒙古森工林区使用自来水的职工家庭比例最低，为 56.5%，但是比 2014 年增加了 11.4 个百分点，表明内蒙古森工林区的棚户区改造政策正在改善居民饮用水条件（表 8）。

表 8　2015 年重点国有林区样本家庭饮用水类型　　单位：%

林　区	自来水	井水或山泉水	其　他	合　计
重点国有林区	77.3	20.3	2.4	100.0
龙江森工	77.8	18.1	4.1	100.0
黑龙江大兴安岭	73.8	25.6	0.6	100.0
内蒙古森工	56.5	43.1	0.4	100.0
吉林森工	94.4	2.2	3.4	100.0
长白山森工	94.1	5.1	08	100.0

4. 职工家庭对生态搬迁的态度比较积极

样本户中从山上林场搬迁到山下局址的职工家庭有 820 户，当问到他们对搬迁出来的看法时，有 216 户做出了回答，其中，74.3% 的被访户回答“好”，11.3% 的被访户回答“不好”，其余回答“不好说”。

样本户中仍然住在山上林场的职工家庭有 185 户，当问到他们是否愿意搬迁出来时，有 111 户做出了回答，其中，61.3% 的被访户回答“愿意”，27.0% 的被访户回答“不愿意”，其余回答“不好说”。

（四）生产经营状况

重点国有林区家庭经营主要包括 3 个部分，一是个体工商经营；二是农业经营，主要是指种植业生产经营；三是林下经营，主要包括林下种植、林下采集和林下养殖等林下经济生产经营。

1. 各林区中从事农林生产经营的户数比例上升，各户之间差异较大

2015 年重点国有林区 1028 个样本户中，93 个职工家庭从事林下经营，占 9.0%；74 个职工家庭从事农业经营，占 7.2%；82 个职工家庭从事个体工商经营，占 8.0%。分林区看，龙江森工林区从事家庭经营的户数比例最高，内蒙古森工林区从事家庭经营的户数比例最低，见表 9。

表 9　2015 年重点国有林区样本家庭中从事各类家庭经营的户数及占比

项　目	总样本户（户）	个体工商经营户（户）	占比（%）	农业经营户（户）	占比（%）	林下经营户（户）	占比（%）
重点国有林区	1028	82	8.0	74	7.2	93	9.0
龙江森工	417	48	11.5	65	15.6	53	12.7
黑龙江大兴安岭	148	7	4.7	3	2.0	10	6.8
内蒙古森工	224	7	3.1	2	0.9	11	4.9
吉林森工	150	12	8.0	3	2.0	11	7.3
长白山森工	89	8	9.0	1	1.1	8	9.0

2. 农林生产经营投入有所减少

重点国有林区职工家庭的农林生产投入在 2014 年出现较大降幅后，在 2015 年仍有较大降幅。2015 年重点国有林区职工家庭的农林业生产投入为 8089.3 元，比 2014 年减少了 34.3%，如图 5。①

① 2015 年的调查中新增了长白山森工林区，长白山森工林区有 9 户职工家庭从事农林生产经营，其中有 1 户是林下经营大户，该户 2015 年林下经营投入达 425000 元，使得长白山森工林区职工家庭林下经营投入的均值大幅提高，为控制该离群值的影响，本报告分析不包含长白山森工林区情况下的重点国有林区职工家庭农林生产投入。

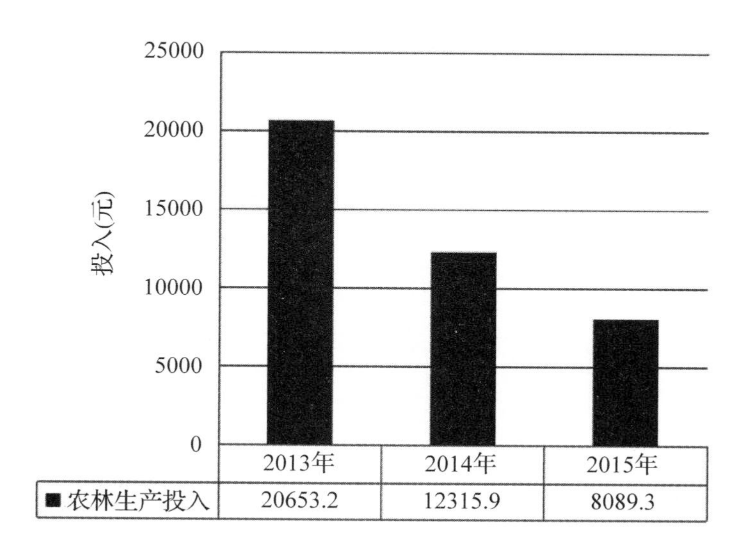

图5 2013~2015年重点国有林区样本家庭农林生产投入的变化趋势(不包含长白山森工)

分林区来看，龙江森工林区职工家庭平均农林生产投入8146.9元，比2014年减少37.3%；黑龙江大兴安岭林区职工家庭平均农林生产投入12307.7元，比2014年减少31.2%；内蒙古森工林区职工家庭平均农林生产投入5000.0元，比2014年减少12.3%；吉林森工林区职工家庭平均农林生产投入5942.9元，比2014年减少67.8%，如图6。

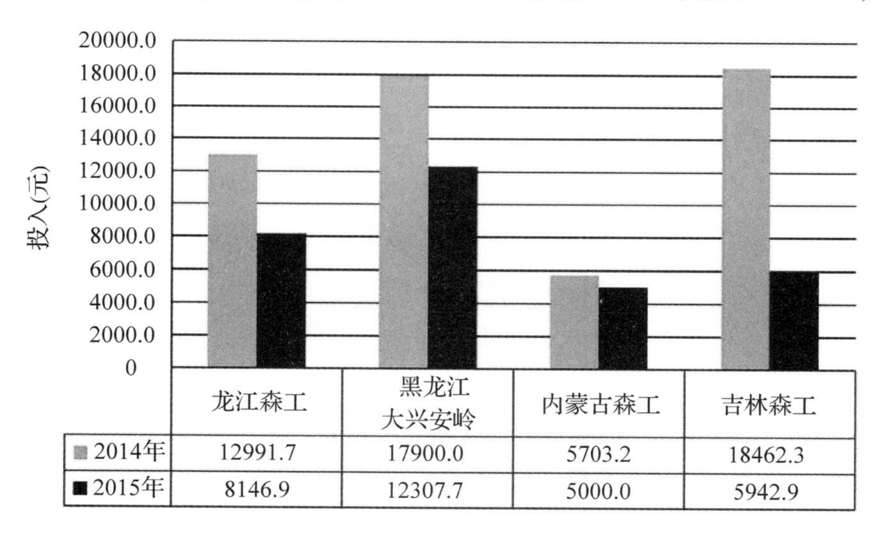

图6 2014~2015年各林区样本家庭农林生产投入变化趋势(不包含长白山森工)

3. 个体工商经营收入高于从事农业经营和林下经营的收入，且占家庭收入比重最高

2015年重点国有林区从事个体工商业家庭的经营收入为32393.9元，占其家庭收入的36.1%；从事农业经营家庭的经营收入为13546.6元，占其家庭收入的20.1%；从事林下经营家庭的经营收入为21180.6元，占其家庭收入的21.7%；可见个体工商经营收入占家庭收入比重最大(表10)。龙江森工林区各种家庭经营收入及占比均高于其他林区，且高于重点国有林区的均值。

在个体工商经营收入方面，龙江森工林区中从事个体工商经营家庭的经营收入最高，为36520.8元，占比最高，为40.9%；最低的是吉林森工林区，其个体工商经营家庭的经营收入为19291.7元，占比为25.4%。

在农业经营收入方面，龙江森工林区中从事农业经营家庭的经营收入最高，为14496.2元，占比最高，为21.2%；最低的是内蒙古森工林区，其农业经营家庭的经营收入为5000元，占比为7.9%。

在林下经营方面，龙江森工林区中从事林下经营家庭的经营收入最高，为23571.7元，占比最高，为26.6%；最低的是黑龙江大兴安岭林区，其林下经营家庭的经营收入为5350.0元，占比为7.4%。

表10　2015年重点国有林区样本家庭中从事各类家庭经营的收入

项　目	重点国有林区	龙江森工	黑龙江大兴安岭	内蒙古森工	吉林森工	长白山森工
个体工商经营(元)	32393.9	36520.8	28571.4	24571.4	19291.7	37475
占比(%)	36.1	40.9	33.0	31.5	25.4	29.9
农业经营(元)	13546.6	14496.2	6000.0	5000.0	10666.7	—
占比(%)	20.1	21.2	14.9	7.9	18.4	—
林下经营(元)	21180.6	23571.7	5350.0	8954.5	12000.0	—
占比(%)	21.7	26.6	7.4	14.9	14.7	—

(五)教　育

本部分主要考察重点国有林区成年人的整体受教育程度以及职工家庭中子女教育情况。

1. 居民整体的受教育程度较好，各林区之间存在差异

本次调查统计了重点国有林区被访户中16岁以上的成年人的教育水平，共涉及2791人。重点国有林区成年人受教育程度较好，高中及中专学历占31.6%，大专及以上学历占36.6%。分林区看，吉林森工林区和长白山森工林区居民的受教育程度较好，这两个林区成年人中，高中及中专学历分别占34.8%和32.1%，比重点国有林区的平均水平分别高出3.2和0.5个百分点；大专及以上学历分别占42.9%和41.2%，比重点国有林区的平均水平分别高出6.2和4.5个百分点。内蒙古森工林区居民的受教育程度较差，高中及中专学历占27.8%，比重点国有林区的平均水平低3.8个百分点；大专及以上学历占32.7%，比重点国有林区的平均水平低3.9个百分点，见表11。

表11　2015年重点国有林区样本家庭居民教育水平　　单位:%

项　目	重点国有林区	龙江森工	黑龙江大兴安岭	内蒙古森工	吉林森工	长白山森工
文盲半文盲	1.8	1.9	1.3	1.5	2.8	0.8
小　学	3.2	4.6	1.3	2.6	3.1	1.2
初　中	26.8	27.0	24.9	35.4	16.4	24.7
高中及中专	31.6	30.8	36.4	27.8	34.8	32.1
大专及以上	36.6	35.7	36.1	32.7	42.9	41.2
合　计	100.0	100.0	100.0	100.0	100.0	100.0

2. 重视子女教育

重点国有林区职工家庭重视子女的教育，在各阶段在读学生中，本科生的和学龄前儿童较多，其中，本科生占25.0%，比大中专生高15.9个百分点，表明职工家庭中子女的高等教育培养上倾向于培养子女读本科，而选择读大中专等职业学院的家庭在减少。此外，学龄前儿童占18.8%，如图7。本科阶段与学龄前教育均属于非义务教育阶段，职工家庭在教育投入上压力较大。

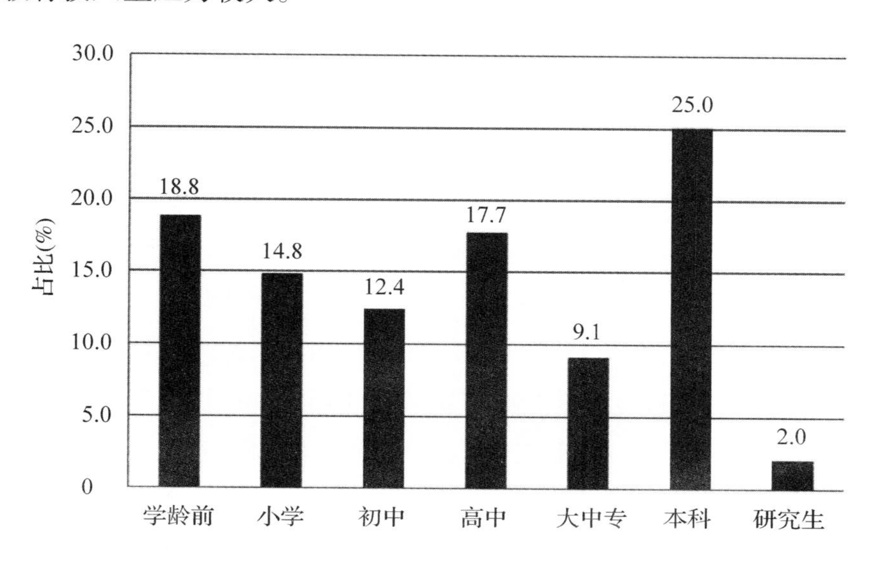

图7 2015年重点国有林区样本家庭子女受教育情况

（六）健康与医疗

本部分主要描述重点国有林区居民的健康状况和居民对当地医疗条件的评价。调查中对被访者及其家庭成员的身体健康状况进行了问询，并让被访者对健康状况进行自评。居民对当地医疗条件的评价主要包括林区职工看病首选的医疗机构、医疗服务的可及性，这里主要关注的是林业局医院，最后是职工对林业局医疗卫生条件的满意度评价。

1. 居民身体健康状况较好，地区间有一定差异

调查中询问了居民的自评健康状况。在调查的重点国有林区全体居民中，16.5%的人身体健康状况非常好，46.2%的人身体健康状况好，有25.8%的人身体健康状况一般，身体健康状况较差的人占8.7%，还有2.7%的人身体健康状况非常差。分林区看，在黑龙江大兴安岭林区，身体状况好和非常好的所占比例较高，为77.8%；其他各林区居民身体状况相差不大，见表12。

表12 2015年重点国有林区及各林区样本家庭居民健康情况 单位:%

健康情况	重点国有林区	龙江森工	黑龙江大兴安岭	内蒙古森工	吉林森工	长白山森工
非常差	2.7	3.0	0.7	3.6	2.8	2.3
较　差	8.7	8.6	9.4	10.4	7.0	6.8
一　般	25.8	26.3	12.0	26.9	32.2	31.2

（续）

健康情况	重点国有林区	龙江森工	黑龙江大兴安岭	内蒙古森工	吉林森工	长白山森工
好	46.2	41.2	70.5	46.1	38.8	43.7
非常好	16.5	20.8	7.3	12.9	19.2	16.0

2. 医疗服务的可及性较好

家庭到最近医疗机构的距离这一指标反映的是医疗卫生服务的可及性。为了便于分析，按家庭到最近医疗机构的距离将林区职工家庭分为5组：第1组是距离小于1千米（含1千米）的家庭，第2组是距离在1~3千米的家庭，第3组是距离在3~5千米的家庭，第4组是距离在5~10千米的家庭，第5组是距离在10千米以上的家庭。

在重点国有林区，有66.6%的家庭到最近医疗机构的距离在1千米以内，20.5%的家庭到最近医疗机构的距离在1~3千米之间，3.1%的家庭到最近医疗机构的距离在3~5千米之间，1.3%的家庭到最近医疗机构的距离在5~10千米之间，还有8.5%的家庭到最近医疗机构的距离大于10千米。分林区看，龙江森工林区有74%的家庭离最近的医疗机构的距离在1千米以内，5.5%的家庭距离在10千米以上；长白山森工林区中离最近的医疗机构的距离在1千米以内的家庭占56.2%，距离在10千米以上的占10.9%，见表13。

表13　2015年重点国有林区及各林区样本家庭到最近医疗机构的基本情况　单位：%

与最近医疗机构的距离	重点国有林区	龙江森工	黑龙江大兴安岭	内蒙古森工	吉林森工	长白山森工
≤1千米	66.6	74.0	69.1	72.1	56.5	56.2
1~3千米	20.5	17.5	26.2	12.8	19.3	29.4
3~5千米	3.1	1.5	2.7	2.3	7.2	2.1
5~10千米	1.3	1.5	1.3	2.3	0.4	1.4
>10千米	8.5	5.5	0.7	10.5	16.6	10.9
合　计	100.0	100.0	100.0	100.0	100.0	100.0

3. 职工对林业局医疗卫生条件的满意度较高

在对重点国有林区医疗卫生条件的满意度调查中，78.9%的被访者对本林业局现有医疗卫生条件表示满意，比2014年提高了15.9个百分点，只有21.1%的被访者表示不满意。其中，龙江森工林区和内蒙古森工林区的满意度较高，分别为85.9%和85.2%，黑龙江大兴安岭林区的满意度为73.2%，长白山森工林区的满意度为71.1%，吉林森工林区的满意度只有65.7%。

重点国有林区职工家庭对本林业局现有医疗卫生条件不满意原因有多种，主要有交通不便、医疗条件差、医生水平差、医院服务水平低、所在医院非医保指定医院、医疗费用高等原因。根据调查，在重点国有林区，59.8%的家庭对医疗卫生条件不满意主要是由于医生水平差，56.1%的家庭因为医疗条件差，由于医院服务水平低和医疗费用高对医疗卫生条件不满意的分别占8.3%和6.8%，仅有1.9%和0.8%因为医疗机构交通不便和非医保指定医院而不满意，见表14。

表14 2015年重点国有林区及各林区样本家庭对医疗卫生条件不满意原因 单位:%

项　目	重点国有林区	龙江森工	黑龙江大兴安岭	内蒙古森工	吉林森工	长白山森工
交通不便	1.9	2.7	0	6.9	2.7	0.0
医疗条件差	56.1	50.7	44.6	65.5	62.2	64.2
医生水平差	59.8	60.0	64.3	62.1	32.4	70.1
医院服务水平低	8.3	9.3	12.5	3.4	8.1	6.0
非医保指定医院	0.8	1.3	0.0	0.0	2.7	0.0
医疗费用高	6.8	8.0	8.9	0.0	8.1	6.0

注：由于是多项选择，故各项占比之和不等于100%。

（七）社会保障

重点国有林区职工及其家庭成员各类社会保险“断保”情况、低保户的补助金情况，以及其他政府补助及民间救助情况具体如下。

1. 各类保险有“断保”情况，但多为非林业局的灵活就业人员

在成年人口就业状况中，除去上学和退休的人，主要分析无工作、有工作以及家庭经营等三类人群，试图分析出这三类人群的社会保险状况。样本总人口中这三类人群共有2147人，占总人数的70.4%。

在重点国有林区社会保险方面，15.7%的人养老保险“断保”，14.2%的人医疗保险“断保”，25.0%的人失业保险“断保”，30.6%的人工伤保险“断保”。分林区看，没有养老保险的职工在各林区所占比例相差不大，长白山森工林区养老保险“断保”比例最大，为19.8%；内蒙古森工林区养老保险“断保”比例最小，为12.2%。各林区失业保险和工伤保险“断保”的比例相比养老保险和医疗保险“断保”的比例要大一些，见表15。

表15 2015年重点国有林区及各林区样本家庭“断保”情况 单位:%

林　区	养老保险	医疗保险	失业保险	工伤保险
重点国有林区	15.7	14.2	25.0	30.6
龙江森工	15.5	12.0	31.9	44.0
黑龙江大兴安岭	12.6	8.9	25.1	24.1
内蒙古森工	12.2	13.1	20.3	21.6
吉林森工	15.3	15.0	16.9	22.2
长白山森工	19.8	20.5	20.9	20.5

进一步调研发现，重点国有林区“断保”的人群中，各类保险“断保”情况都分别以灵活就业和无工作人群为主。以养老保险为例，有工作而“断保”的占39.3%，无工作而“断保”的占54.8%，“断保”的人以灵活就业的非职工为主的占43.2%。

此次调查中60岁以上的老人共164人，其中，84.8%的人有退休金，没有退休金的

老人中，女性占80%，70岁以上的占72%，他们多是之前由于身体不好等各种原因而没有正式工作，因而没有享受到退休金。这些人中仅有4.3%得到了来自政府的补助或民间的救助。

2. 低保户补助金逐年增加，但各林区分布不均

2015年重点国有林区样本家庭中，低保户家庭有40户，占3.9%，比2014年下降了1.7个百分点。低保户每月领取低保金的均值为444.1元，比2014年提高了16.6个百分点。但存在分配不均的情况：从个体来看，有7.5%的低保户并未领到低保金(也未领到任何救助组织给的救助金)，25.0%的低保户每月领取的低保金高于800元。从地区来看，除去没有低保户的长白山森工林区外，龙江森工林区的低保户每月领取低保金的均值为387.9元；吉林森工仅有1户低保户，每月领取低保金200元；内蒙古森工的低保户每月领取低保金的均值为582.5元；黑龙江大兴安岭林区低保户每月领取低保金的均值为408.3元，见表16。分析表明：重点国有林区低保补助标准持续数年有所提高，但存在各林区分布不均的状况。

表16　2015年重点国有林区及各林区样本家庭中低保户的低保金状况

林　区	户　数	月低保金(元)
重点国有林区	40	444.1
龙江森工	22	387.9
吉林森工	1	200.0
长白山森工	0	0
内蒙古森工	12	582.5
黑龙江大兴安岭	5	408.3

2015年重点国有林区样本家庭中，得到政府补助的家庭有43户，占4.2%。他们得到政府补助的主要原因有收入低、基本生活困难；看病、住院；孩子上学有困难。在得到政府补助的家庭中，27.9%的家庭是因为收入低，基本生活有困难，这个比例比2014年降低了16.7%。

2015年重点国有林区样本家庭中，得到了民间救助的家庭有5户，占0.5%，他们得到民间救助的主要原因是看病住院。

(八)生活满意度

生活满意度是衡量重点国有林区人们生活质量的重要参数。在本次调查中，对生活满意度的衡量采取了五级分类法，即请被访者在“非常不满意”“不满意”“一般满意”“比较满意”和“非常满意”中选择。本报告将“一般满意”“比较满意”和“非常满意”归为“满意”，并计算生活满意度。报告除了关注重点国有林区以及各森工林区职工家庭的满意度外，还特别关注低收入家庭和一次性安置职工家庭等特殊群体的生活满意度情况。

1. 总体上生活满意度较高

2015年的民生监测对职工家庭询问了生活满意度，共涉及1028个样本户。调查表明，认为生活满意的占79.9%，龙江森工林区、长白山森工林区高于平均水平，分别为82.8%、81.0%，吉林森工、内蒙古森工、大兴安岭林区低于平均水平，分别为78.6%、78.5%、75.7%，见表17。

表17 2015年重点国有林区及各林区样本家庭对目前生活的满意程度 单位:%

林 区	非常不满意	不满意	一般满意	比较满意	非常满意	合 计
重点国有林区	3.9	16.2	52.9	22.1	4.9	100.0
龙江森工	5.5	11.7	51.9	24.2	6.7	100.0
吉林森工	4.1	17.3	54.0	19.3	5.3	100.0
长白山森工	5.5	13.5	50.6	27.0	3.4	100.0
内蒙古森工	0.9	20.6	55.2	21.5	1.8	100.0
黑龙江大兴安岭	2.7	21.6	53.4	17.6	4.7	100.0

2. 低收入家庭以及一次性安置职工的生活满意度低

在被访户中，对目前生活非常不满意的家庭以低收入家庭和中低收入家庭为主，分别占总数的37.5%、22.5%，从低收入家庭到高收入家庭对目前生活不满意所占比例呈递减趋势。认为目前生活一般满意的比例在20%上下浮动，相差较小。对目前的生活比较满意的家庭和对目前生活一般满意的家庭相类似。对目前生活非常满意的主要以高收入家庭为主，占42.0%，见表18。

表18 生活满意度与收入的关系 单位:%

家庭类型	非常不满意	不满意	一般满意	比较满意	非常满意
低收入家庭	37.5	26.7	19.8	14.9	10.0
中低收入家庭	22.5	24.2	19.5	19.3	10.0
中等收入家庭	15.0	17.6	21.5	18.4	24.0
中高收入家庭	22.5	18.2	21.8	17.5	14.0
高收入家庭	2.5	13.3	17.4	29.9	42.0
合 计	100.0	100.0	100.0	100.0	100.0

进一步调研发现，从工作身份来看，一次性安置职工中认为生活不满意的比例达到三分之一，其他类型职工的认为生活非常不满意的比例达到16.7%。非职工和合同工对于生活的不满意程度也较高，分别为20.8%、24.3%。

三、主要结论

2015年东北、内蒙古国有林区全面停止天然林商业性采伐以后，一方面，整体而言，重点国有林区职工家庭的就业、收入、社会保障等关键领域的民生状况并未发生大幅下降，某些指标仍有增幅。另一方面，各林业局面临职工转岗分流以及职工工资增长的压力依然存在。

(1)家庭人均收入提高，但增幅低，以工资性收入为主，收入差距不大；家庭消费水平不断提高，并有较大的增幅，食品支出仍是最大的生活性消费支出。2015年重点国有林区样本家庭的人均收入为20403.9元，比2014年增加了2.8%。全面“停伐”后，重点国有林区在失去了木材采伐收入的情况下仍能保持职工家庭收入的增加；2015年重点国有林区职工家庭的人均工资性收入为15497.3元，占76.0%，比2014年名义增加12.4%；2015年重点国有林区职工家庭人均收入的水平和结构：收入最低的20%家庭的人均收入为9043.1元，收入最高的20%家庭的人均收入为39078.2元，是收入最低20%家庭的4.3倍，但与全国平均水平相比，重点国有林区职工家庭的收入差距并不大；2015年重点国有林区职工家庭生活总消费的均值为55953.7元，比2014年名义增长27.4%，扣除价格因素影响，实际增长25.6%。2015年重点国有林区家庭生活性消费支出中，人均食品支出为5151.2元，占27.8%，即恩格尔系数为27.8%。

(2)整体就业状况好转，从事家庭经营的相对人数逐年减少且有老龄化倾向，造林和抚育生产任务的覆盖面小、工期短。2015年重点国有林区16岁以上的成年人口中，有工作的占62.1%，比2014年上升了6.7个百分点；无工作的人占12.0%，比2014年下降了4.8个百分点；从事家庭经营的人口从2013年的4.3%下降到2014年的4.2%，2015年又下降到2.7%，呈逐年下降的趋势；在从事家庭经营的人员中，40岁以上的占61.3%，正呈现出老龄化的趋势；重点国有林区成年人中(除去退休和上学、待业的人)，参加了造林和森林抚育生产任务的只占28.2%。工期短以及工资低是覆盖面小的主要原因。

(3)各林区中从事农林生产经营的户数比例上升，各户之间差异较大。农林生产经营投入有所减少。个体工商经营收入高于从事农业经营和林下经营的收入，且占家庭收入比例最高。2015年重点国有林区1028个样本户中，93个职工家庭从事林下经营，占9.0%；74个职工家庭从事农业经营，占7.2%；2015年重点国有林区职工家庭的农林业生产投入为8089.3元，比2014年减少了34.3%；2015年重点国有林区从事个体工商业家庭的经营收入为32393.9元，占其家庭收入的36.1%。

(4)居住面积稳步增加，居住楼房的比例较大。炊事燃料主要以电和煤气为主，使用木材的家庭比例继续下降。居民饮用自来水的比例增加。职工家庭对生态搬迁的态度比较积极。2015年重点国有林区职工家庭户均居住面积为71.8平方米，比2014年增加10.9个百分点；2015年使用电的家庭比例为50.8%，使用煤气的家庭比例为38.4%。使用木材作为炊事燃料的家庭比例为15.9%，分别比2014年和2013年下降了3.7和8.9个百分点；2015年职工家庭中使用自来水的比例为77.3%，比2014年增加2.4个百分点。分林区来看，吉林森工林区和长白山森工林区使用自来水的职工家庭比例较高，内蒙古森工林区使用自来水的职工家庭比例最低。

(5)居民整体的受教育程度较好，各林区之间存在差异。重视子女教育。重点国有林区成年人受教育程度较好，高中及中专学历占31.6%，大专及以上学历占36.6%；在各阶段在读学生中，本科生的和学龄前儿童较多，其中，本科生占25.0%。

(6)居民身体健康状况较好，地区间有一定差异。医疗服务的可及性较好，职工对林业局医疗卫生条件的满意度较高。在调查的重点国有林区全体居民中，16.5%的人身体健康状况非常好，46.2%的人身体健康状况好；有66.6%的家庭到最近医疗机构的距离在1千米以内；78.9%的被访者对本林业局现有医疗卫生条件表示满意。

(7)各类保险有“断保”情况，但多为非林业局的灵活就业人员。低保户补助金逐年增加，但各林区分布不均。在重点国有林区社会保险方面，15.7%的人养老保险“断保”，14.2%的人医疗保险“断保”，25.0%的人失业保险“断保”，30.6%的人工伤保险“断保”。

2015年重点国有林区样本家庭中，低保户家庭有40户，占3.9%，比2014年下降了1.7个百分点。

(8)总体上生活满意度较高。低收入家庭以及一次性安置职工的生活满意度低。重点国有林区样本家庭总体的生活满意度为79.9%。生活不满意的群体一般以低收入家庭以及一次性安置人员为主。

四、政策建议

(1)适度增加天保工程等中央财政拨款，引导林场职工家庭开展家庭经营，确保职工收入持续稳定提高。停伐后林业局失去了木材生产收入，对天保工程等中央财政拨款的依赖更大，建议适当增加天保工程补助、森林抚育补贴等中央财政拨款，保证职工收入基本稳定增长。针对职工家庭经营性收入偏低的状况，可以出台相关扶持政策，创造宽松的家庭经营环境，引导生产性投入，有利于职工家庭整体收入的提高和改善。

(2)积极扶持发展民营经济，有序转移剩余劳动力，探索开展家庭承包的方式完成森林抚育任务，确保职工就业不断增加。停伐后从事家庭经营的相对人数逐年减少，农林生产经营投入有所减少，林区居民更愿意到企业从事务工作，但是现有的民营经济薄弱。建议积极扶持发展民营经济，为林区居民提供更多的就业机会。同时创造条件，有序组织剩余劳动力向林区外转移。此外，可以尝试通过家庭承包的方式开展森林管护和抚育任务，落实和推广与生产经营相适应的社会购买服务方式。

(3)继续加大对林区的公共设施投入，完善公共服务体系，落实社会保障措施，确保职工民生福利持续改善。停伐后林区职工的居住和生活条件有所改善，但与其他较发达地区相比仍有较大差距。建议整合中央各部委及地方政府各类惠林资金，加大对林区公共设施的投入，继续支持棚户区改造项目、生态移民工程，进一步改善国有林区职工家庭住房、教育、医疗状况，落实“五险一金”国家政策、最低生活保障和无保及低保户的补助政策，解决影响民生的最基本问题，保障重点国有林区职工能够享受改革“红利”，在改革与发展大潮中“不掉队”“不落伍”，民生福祉得到持续提高。

调 研 单 位：国家林业局经济发展研究中心
东北林业大学经济管理学院
调研组成员：朱洪革　曹玉昆　张　升　刘　珉　谷振宾　李　扬　张　鑫　任　月
孙思博钰　胡琴心　李奕昊　冯孟诗　张少鹏　姚佳琦　杨博琳
赵宗胤　詹天悦

东北、内蒙古重点国有林区改革监测报告

【摘　要】从2016年开始，国家林业局启动了国有林区改革监测，并作为年度林业重大问题研究任务之一。重点国有林区改革开展两年来，各项改革任务推进缓慢，主要存在以下问题：一是森工企业和地方政府对“政企分开”持不同见解，职能移交不到位，管用分开不彻底。二是国有林区社会发展和民生保障资金不足，国有林区民生问题突出。三是林业生产经营活动缺乏自主权，林业生产灵活性较差，森林经营应适时制定中长期发展规划。因此需要进一步优化国有林区管理体制改革路径的顶层设计。完善民生改善政策，细化民生保障措施。创新林业生产组织方式，适度放活林地使用和经营权，加大对森工企业转型发展的扶持力度。积极探索“PPP”新模式，促进林业生态建设和产业转型。

前　言

东北、内蒙古国有林区地处黑龙江、吉林和内蒙古3省（自治区），土地总面积6078万公顷；主要包括大兴安岭、小兴安岭和长白山林区，是我国面积最大、资源分布最集中的国有林区，也是东北亚地区天然的生态屏障。根据第八次全国森林资源清查，东北、内蒙古国有林区森林面积和活立木蓄积量分别占全国的15.99%和23.75%；林区地形相对平坦，发展林业具有得天独厚的优势，曾是我国最大的木材生产基地，也将是我国重要的后备森林资源培育基地。新中国成立以来，东北、内蒙古国有林区累计为国家提供木材20多亿立方米，在创造经济效益的同时，也发挥着巨大的生态效益和社会效益。由于长期过度采伐、经营机制不活和管理体制落后，东北、内蒙古国有林区森林资源总量锐减、质量下降，林区经济结构单一，发展失去生机和活力；林区人民就业困难，生活水平低下，社会保障体系不完善，社会稳定存在诸多隐患。近年来，国家力争通过天然林资源保护、振兴东北老工业基地等多项政策措施来改变林区现状，取得了显著成效，但制约国有林区经济社会发展的根本问题依然没有解决。

为了进一步健全国有林区经营管理体制，持续提升国有林区生态功能，激发重点国

有林区发展潜力，2015年2月8日，中共中央、国务院出台了《国有林区改革指导意见》，对国有林区改革做出全面系统部署。国有林区改革是我国林业深化改革过程中带有关键性、全局性、战略性的重大事件，党中央、国务院，以及社会各界都密切关注改革进展及其成效。为此，从2016年开始，国家林业局启动了国有林区改革监测，并作为年度林业重大问题研究任务之一。通过开展定点监测与专题调查，从宏观和微观两个角度，系统、连续地跟踪改革进程，评估改革效果，及时发现存在的问题，提出政策建议，达到对内服务决策、优化政策措施，对外开门答疑、回应社会关注之目的。

一、监测区域及样本概况

东北、内蒙古国有林区五个森工集团共有87家重点国有森工企业，经营林地面积2926.15万公顷，森林面积2600万公顷，森林蓄积量23.03亿立方米。

（一）重点国有森工企业概况

内蒙古大兴安岭林区位于内蒙古自治区的东北部，1946年开始建立阿尔山林业局，1952年设立内蒙古大兴安岭林业管理局，由中央进行有计划整体开发；2003年，内蒙古自治区人民政府授权自治区国资委对内蒙古森工集团国有资产进行监督管理。森工集团下辖19个林业局，经营总面积1067.75万公顷，林地面积1014.98万公顷，森林蓄积8.52亿立方米。

吉林森工集团前身为1950年4月成立的吉林省采伐公司，后改称吉林森林工业管理局，隶属东北森林工业局；2005年10月，经吉林省政府和省国资委批复，吉林森工集团改制为有限责任公司，正式更名为中国吉林森林工业集团有限责任公司，由省国资委管理。森工集团下辖8个林业局，经营总面积141.49万公顷，林地面积121.58万公顷，森林蓄积1.79亿立方米。

长白山森工集团位于吉林省东部长白山区。1984年9月，吉林省委、省政府决定，将原由省林业厅直管的国有森工企业划归延边朝鲜族自治州管理，成立了延边朝鲜族自治州林业管理局，为省直二级局建制。2013年6月，经延边朝鲜族自治州人民政府批准，延边森工集团更名为长白山森工集团有限公司，隶属延边州政府管理。长白山森工集团下辖10个林业局，经营总面积224.31万公顷，林地面积198.41万公顷，森林蓄积2.96亿立方米。

龙江森工位于黑龙江省的中南部及东部，是全国最大的国有林区和重要的森林工业基地。1962年11月，国家决定在哈尔滨设立东北林业总局，负责东北、内蒙古国有林区林业全面工作。1995年11月，经黑龙江省委常委会同意，中国龙江森林工业（集团）总公司挂牌，保留省森工总局名称，实行一个机构两块牌子，统管全省森工系统工作。龙江森工集团下辖40个林业局，经营总面积1005.4万公顷，林地面积837.09万公顷，森林蓄积7.64亿立方米。

大兴安岭林业集团是国家林业局直属企业，与黑龙江省大兴安岭地区行政公署实行政企合一；投资、计划等关系在中央，干部由黑龙江省管理和任命。大兴安岭林业集团下辖10个林业局，经营总面积835.17万公顷，林地面积754.09万公顷，森林蓄积5.07亿立方米。

(二)监测企业和职工家庭的抽样

国有林区改革监测数据来自森工企业(林业局)和职工家庭(户)两个层面。林业局级监测重点反映改革政策措施执行情况及其效果；户级监测重点反映改革对职工家庭生计的影响，以及职工对改革相关政策措施的认知度、满意度和政策需求。监测基点时间为2015年，监测频率拟定为每年一次，本监测报告数据时间为2015年。

国有林区改革监测样本采用分层随机抽样方法获取。森工企业层面的样本是原有天保工程监测范围内的20个林业局；职工家庭层面，在原有20个森工企业(林业局)的基础上又增加了13个(表1)，在34个林业局范围内抽取职工家庭1028户。

表1 样本企业和职工家庭抽样结果

森工集团	企业名称	企业样本总体比	职工家庭(户)
内蒙古森工	绰源、克一河、阿里河、得耳布尔、乌尔旗汗、伊图里河、吉文	7/17	224
吉林森工	三岔子、松江河、露水河、湾沟、泉阳	5/8	150
长白山森工	汪清、黄泥河、和龙	3/10	89
龙江森工	东京城、海林、柴河	3/8	90
	鹤北、清河	2/7	61
	铁力、新青、五营、乌马河、友好	5/16	145
	苇河、方正、绥棱	3/8	91
	带岭	1/1	30
大兴安岭	松岭、新林、阿木尔、十八站、塔河	5/9	148

二、改革进展与政策实施成效

(一)改革进展

1. 停止天然林商业性采伐政策落实到位

天然林资源保护工程二期启动后，东北、内蒙古重点国有林区木材产量大幅调减。全面停止天然林商业性采伐以来，东北、内蒙古重点国有林区强化采伐源头、加工销售、检查站、管护站等关键环节管理，严格林地管理，遏制违法侵占林地行为，深入开展非法侵占林地排查专项行动，确保停得下、稳得住、不反弹。2014年黑龙江林区全面停止天然林商业性采伐，东北、内蒙古国有林区木材产量由2014年的317.98万立方米减少到2015年的182.1万立方米(原木179.45万立方米)。

职工家庭调研显示，林区干部职工支持停止天然林商业性采伐，但非常担忧未来家庭生计。82%的受访对象认为有必要“全面停伐”，只有12.94%认为没必要，5.06%持无所谓态度。不仅如此，认为有必要“全面停伐”的受访对象中，47.69%认为应该将林子严格保护起来，33.69%认为可在林中发展新产业；认为没必要“全面停伐”的受访对象中，49.62%认为林业局没有木材收入，职工的各种福利会下降，42.86%的受访对象担心下岗失业。可见，林区职工对保护生态环境的意识明显提升，但全面停止天然林商业性采伐让林区职工的收入增长预期很悲观，生存安全感明显下降。

2. 政企分开改革推进缓慢

2016年，国家林业局完成了内蒙古、吉林、黑龙江3省(自治区)重点国有林区改革总体方案的批复，改革进入全面实施阶段。各省(自治区)的《实施方案》中都明确了“政企分开”改革目标和落实举措(表2)。

表2 重点国有林区改革实施方案中“政企分开”举措

区 域	具体做法
内蒙古大兴安岭重点国有林区	(1)撤销内蒙古大兴安岭林业管理局，重新组建内蒙古大兴安岭重点国有林管理局，为自治区人民政府直属单位，是森林资源保护管理、生态保护建设的责任主体，自治区林业行政主管部门代表自治区人民政府履行监管职责； (2)撤销森工集团及所属森工公司，原所属国有企业及资产移交属地管理，并健全公司法人治理结构； (3)2016年4月17日，呼伦贝尔市与内蒙古森工集团(林管局)签订计划生育、社会保障、住房公积金等社会职能的移交协议。2016年5月16日举行供热、供水、物业、市政环卫职能移交协议签约仪式。
大兴安岭重点国有林区	(1)由行署承担政府和社会事业职能，重点国有林区林管局承担森林资源管理职能，将企业剥离； (2)具备条件的加格达奇林业局先推行政企、事企和管办分开，其他局在内部厘清政府管理、资源管理、社会服务和企业经营职能，待条件成熟再逐步分开； (3)在林业集团公司、林业局、林场和资源管护区的基础上组建重点国有林管理机构，由重点国有林区林管局、林业局、林场和森林资源管护区三级构成。
黑龙江重点国有林区	(1)到2018年年底，从职能、机构、人员、资产、费用、核算六方面将森林资源管理、社会管理两项行政职能与企业经营管理职能分开，以当前龙江森工总局及分局的行政管理体系为主体，构建重点国有林管理总局、重点国有林管理局行政管理体系，以当前重点国有林区的企业经营体系为主体，构建黑森等企业集团公司； (2)力争到2020年，将森林资源管理和社会管理职能分开，彻底实现政企、政事、事企、管办分开。 (3)在柴河、清河、绥棱、五营林业局进行试点。积极推进2+1改革试点，在沾河、方正林业局开展了城镇化管委会试点，建立了亚布力滑雪旅游度假区管委会、完善财税体制，征收征管等各项工作全面启动。
吉林重点国有林区	(1)组建吉林省重点国有林管理局，为吉林省人民政府直属单位，在国有林业局(森工企业)基础上成立重点国有林管理分局，为公益性事业单位，人员编制通过员额方式解决； (2)剥离国有林业局(森工企业)的社会管理职能和企业经营职能。属于政府管理的移交所在地政府，属于行业职能的移交相关行业部门，属于社区管理的划转属地社区，属于市场调节的实行市场化运营；把国有林业局(森工企业)所属的经营性企业资产及职能从原单位剥离出去，实行市场化经营。

目前，大多数林业局社会行政管理职能还未移交地方政府，林区社会管理、森林保护、民生改善的责任仍然由林业局承担。监测发现，森工企业拥有社会管理机构一般为3~4个，公共服务机构有6~8个。截至2015年年底，龙江森工的鹤北林业局向当地政府移交社会管理机构2个(共3个)，246人纳入地方编制；带岭林业局3个社会管理机构和8个公共服务机构全部移交，585人纳入地方编制(其中公共服务机构人员415人)；

铁力林业局将社会管理机构中的198人(共407人)纳入地方编制。除此以外,其他林业局的社会管理和公共服务机构及其人员均未移交。

户级监测结果显示:1028户职工家庭对于政企分开的看法,620个调查对象认为有必要实施政企分开,占60.31%;175人认为没必要实施政企分开,占17.02%;233人持无所谓态度,占22.67%。若实施"政企分开",将企业从林业局剥离,653人愿意留在林业局工作,占63.52%;184人愿意留在企业工作,占17.9%;191人持无所谓态度,占18.58%。选择在林业局工作的人中,有573人认为留在林业局工作较稳定,有保障,占87.75%;100人认为留在林业局工作的收入高,占比为15.31%。可见,林业职工对于原有生存模式的依赖性,是重点国有林区管理体制改革面临的关键难题。

3. 建立精简、高效的森林资源管理机构和监管机制

重点国有林区在"精简高效森林资源管理机构"和"创新森林资源监管机制"方面的具体做法见表3、表4。

表3 重点国有林区改革实施方案中"精简高效森林资源管理机构"举措

区 域	具体做法
内蒙古大兴安岭重点国有林区	新组建的重点国有林管理机构,按照职能职责和工作任务,定职能、定编制、定岗位、定人员、定工资
大兴安岭重点国有林区	按照精简高效的原则,科学合理设置机构,核定人员编制
黑龙江重点国有林区	坚持"精简、统一、效能"的原则,强化"两头",弱化"中间",逐步将三级管理变为两级管理 按照机构只减不增、人员只出不进的原则,逐渐减少管理人员
吉林重点国有林区	自2015年3月5日起,在册职工全部冻结,人员原则上只出不进

表4 重点国有林区改革实施方案中"创新森林资源监管机制"举措

区 域	具体做法
内蒙古大兴安岭重点国有林区	(1)自治区人民政府对森林资源保护管理、生态建设负总责,重点国有林区管理机构是森林资源保护管理、生态建设的责任主体;自治区政府与重点国有林管理机构共同履行保护森林资源职责; (2)建立健全林地保护制度、森林保护制度、森林经营制度、湿地保护制度、自然保护区制度、监督制度和考核制度,建立国有森林资源离任审计制度和森林资源损害责任终身追究制度; (3)建立合理的林区绩效管理和考核机制,完善森林资源有偿使用制度和生态效益补偿制度; (4)组织编制国有森林资源资产负债表和森林经营方案。
大兴安岭重点国有林区	(1)大兴安岭重点国有林林管局在现有森林资源监督机构基础上,加强各重点国有林林业局资源监督办建设,履行森林资源保护管理监督职能; (2)建立归属清晰、权责明确、监管有效的森林资源产权制度; (3)建立健全林地保护制度、森林保护制度、森林经营制度、湿地保护制度、资源保护区制度、监督制度和考核制度。
黑龙江重点国有林区	(1)在现有的森林资源监督机构基础上,成立森林资源监督分局,重点国有林管理总局对40个森林资源监督分局实行垂直管理,业务上接受国家林业局驻黑龙江省森林资源监督专员办事处指导,实现森林资源监督与管理分开运行的监管体制; (2)建立归属清晰、权责明确、监管有效的森林资源产权制度,建立健全林地保护制度、森林保护制度、森林经营制度、湿地保护制度、自然保护区制度、监督制度和考核制度。

（续）

区　域	具体做法
吉林重点国有林区	(1)吉林省人民政府对森林资源保护管理、生态建设负总责，省林业主管部门代表省政府履行森林资源保护管理、生态建设等监管职责，向国有林管理分局派驻森林资源监督专员，加强对重点国有林区森林资源监管； (2)组织编制国有森林资源资产负债表和森林经营方案； (3)完善森林资源有偿使用制度和生态效益补偿制度； (4)健全完善国有森林资源管理绩效考核，将考核结果作为综合评价相关管理者政绩的重要依据。

企业监测发现：20个林业局有木材检查站218处，平均每个林业局11处。2015年，发生非法侵占林地案件399起，侵占林地面积共20537公顷；阿里河林业局数量最多(250起)，松江河林业局侵占林地面积最大(20251公顷)。除露水河林业局有1起案件(0.6公顷)没有查处，其余398起均已查处。

4. 创新森林资源管护机制，加强科技要素的作用

重点国有林区在“创新森林资源管护机制”方面举措见表5。

表5　重点国有林区改革实施方案中“创新森林资源管护机制”举措

区　域	具体做法
内蒙古大兴安岭重点国有林区	(1)因地制宜，远山设卡，近山巡护； (2)加强高新技术设备、高新技术手段及现代交通工具等装备的应用； (3)由重点国有林管理机构组建专业服务队伍，承包林业生态建设工程； (4)森林资源管护、抚育、经营、造林、防扑火等森林保护建设任务，逐步过渡到向社会购买服务。
大兴安岭重点国有林区	(1)按照森林资源分布、林道网分布和管护难易程度，划小管护面积、缩小管护半径，合理调整管护区划布局，强化、创新管护机制和保护措施，全面加强森林管护体系建设，全区增设18个林场级管护区； (2)推进管护装备一体化、巡护机械化、监管科技化、设备标准化、职能综合化、管理信息化。
黑龙江重点国有林区	(1)对深远山区实行封山管护，实施道口管护站+管护员流行巡视； (2)对近山区、浅山区，实施专业队或家庭承包式管护； (3)林业生产凡是能通过购买实现的，向黑森等经营公司或社会购买； (4)拟撤并整合林场所188个，现已撤并了100个林场所；加强保护区建设，保护区数量增至24处。
吉林重点国有林区	(1)由新组建的重点国有林管理分局组建专业管护队伍，负责辖区森林资源管护工作，条件成熟的，面向专业管护队伍实施服务购买，并逐步过渡到向社会购买； (2)因地制宜，通过远山设卡，近山巡护，做到资源管护全覆盖。

企业监测发现：20个林业局管护森林面积633.95万公顷，全部由在册职工(16904人)和在岗非在册人员(1103人)管护，未向社会购买服务。共有森林管护站547个，2015年累计发生森林火灾19次(阿木尔林业局14次)，受灾面积392.7公顷；森林有害生物发生面积11.82万公顷，占森林面积比重为1.86%；森林有害生物防治面积12.50万公顷，占森林面积比重为1.97%。

户级监测发现：受访对象中，67.32%反映林区远处山林全部设卡，23.41%反映远处山林大部分都已设卡，77.10%反映林区远处山林都有管护措施，19.44%反映近处山林大部分有管护措施。管护方式以专业队管护为主，占比85.58%，承包管护占比18.12%，委托管护较少，占比只有3%；有的林业局采取多种管护方式相结合的管护模式，大多数受访对象认为专业管护队管护效果最好。85.02%的受访对象反映目前没有志愿者或者社会公益组织机构来林区参加森林管护，9.60%受访对象反映很少有志愿者或者社会公益组织机构来林区参加森林管护。34.79%受访对象认为志愿者或者社会公益组织机构不能把森林资源管护好。有61.51%的受访对象认为可以把森林交给企业进行管护，38.52%受访对象认为不可以把森林交给企业进行管护，原因是企业管不好，且大量职工会失去就业岗位。

5. 民生保障取得初步改善

重点国有林区在"民生保障"方面的具体做法，见表6。

表6 重点国有林区改革实施方案中民生保障举措

区　域	具体做法
内蒙古大兴安岭重点国有林区	(1)按照"老人老办法，新人新制度"的原则，妥善安置富余职工； (2)落实国家相关森林生态保护与建设政策，创造就业机会； (3)在保证企业依法为职工缴纳社会保险的前提下，鼓励职工自主创业、灵活就业； (4)做好绿色富民产业发展基础设施建设和职工技能培训。
大兴安岭重点国有林区	(1)妥善安置转岗分流富余人员，全面停伐导致13304名富余人员，2014年通过向森林管护、营林生产、森林防火岗位和劳务输出、境外采伐等方式初步安置4964人； (2)推动产业转型； (3)完善林区职工收入增长机制。
黑龙江重点国有林区	(1)天保以来，累计转岗富余职工达14.7万人，其中因全面停伐产生4.5万人，经过森工多渠道、多层次、多形式转岗分流，截至2015年年末已安置分流富余职工8.43万人，目前还有6.27万富余职工需要分流安置； (2)林管局承担富余职工转移就业和社会保障工作任务； (3)加快发展转岗就业产业； (4)加大扶持职工再就业力度。
吉林重点国有林区	(1)由新组建的重点国有林管理分局组建专业管护队伍，负责辖区森林资源管护工作，条件成熟的，面向专业管护队伍实施服务购买，并逐步过渡到向社会购买； (2)因地制宜，通过远山设卡，近山巡护，做到资源管护全覆盖。

2015年年末，20个林业局因停伐需要转岗的职工人数为20961人，其中，吉林森工松江河林业局最多，人数为3528人，其次是三岔子林业局为3073人。而当年实际转岗人数为8645人，占年初因停伐需要转岗职工人数的29.20%，即尚有70%以上的人员没有转岗。当年安置富余职工共13595人，其中森林管护3073人，人工造林958人，中幼龄林抚育4146人，森林改造培育483人，森林旅游68人，特色养殖种植542人，林产品加工67人，提前内退237人，其他去向4021人。

(二)政策支持体系建设

1. 财政支持力度不断加大，要对职工给予多样化的支持

2015年年初，20个林业局资金结余总额81936万元，2015年实际到位资金392670万元，其中，天然林停伐补助资金62799万元，占15.99%。2015年累计支出资金487749.5万元，其中，基础建设支出74700万元，占15.32%；财政专项支出362759万元，占74.37%；其他用途50290万元，占10.31%，财政专项支出占比最大。基础建设支出包括公益林营造支出6067万元、森林防火设施建设支出2949万元、森林改造培育支出7525万元、棚户区改造支出51847万元、其他支出6312万元，可见基础建设支出中棚户区改造支出最大，所占比重为69.41%；财政专项支出包括森林管护费支出66984万元、中央财政生态效益补偿费2379万元、社会保险补助费95740万元、政社性支出补助费98888万元、森林抚育补助费49974万元、其他支出48795万元。

家庭问卷显示，职工希望提高森林管护费和社会保险补助标准，以促进工资收入增长和增加社会福利；希望增加发展林下经济的财政补贴，以提高职工的经营性收入。可见，林业职工对财政支持政策的需求较为迫切，国家应继续加大财政支持力度，并细化支持方式，针对不同的生产经营活动给予不同支持方式和支持力度，增加职工社会福利水平、提高职工收入水平。

2. 金融支持力度持续加强，职工需要便捷、多样的金融政策

目前，20个林业局负债总额为976054万元，包括银行贷款282503万元(含因停伐需豁免金融债务122186万元)、企业借款22641万元、其他负债670910万元。企业授信额度188910万元，企业上缴利税总额20793.5万元，露水河林业局最多(4487万元)。只有松江河和露水河两个林业局参加林业保险，投保林地总面积140508.5公顷，两个林业局分别为84622公顷、55886.5公顷；保险总金额为155381万元，两个林业局分别为113466万元、41915万元；保费总额为499.8万元，两个林业局分别为453.9万元(财政补贴219.2万元)、45.9万元。

家庭问卷统计表明，职工家庭在发展林下经济和多种经营方面非常需要国家金融政策的支持，希望通过完善林业贷款中央财政贴息和简化小额贷款发放手续，进一步加大金融支持力度，拓宽融资渠道，使支持形式多样化。

3. 住房等生活条件明显改善，职工满意度较高

截至2015年年底，20个林业局生活在深远山区的职工家庭有15694户。当年完成搬迁4476户，其中新林2112户、汪清1166户、克一河1036户、阿里河135户、得耳布尔27户。深远山区林区职工搬迁合计需要投入资金52853万元，2015年年末申请公共租赁住房的只有苇河林业局100户，但并未搬迁至公共租赁住房。须改造危房(含棚户区)面积256.7万平方米，涉及53809户职工家庭；完成改造危房(含棚户区)面积178.21万平方米，已搬入改造住房的有34825户。当年已售改造房总成本186014.25万元，其中职工家庭承担费用76824.75万元、企业承担32541万元、中央财政补贴50230.5万元、省财政补贴26418万元。

林业职工购买的改造房33.58%发放产权证，有66.42%未发放产权证，未发放产权证的受访对象有77.7%签订了购房合同，有22.3%未签订购房合同；有65.1%的改造房配套设施(水、电、暖、气)齐全，配套设施不齐全主要是缺少暖气和煤气；有73.8%的搬迁户觉得从深远山区搬迁出来“好”，有12.6%的觉得从深远山搬迁出来“不好”，有13.6%的搬迁户觉得“不好评价”。深远山区搬迁户中，有73.8%搬迁户愿意搬迁，15.3%不愿意。对棚户区改造或偏远山区搬迁工作认为非常好的占20.1%、比较好的占30.6%、一般的占39.4%、不好的占9.9%，可见大多数职工对棚户区改造和深远山区搬迁工作非常满意。

4. 转型创新各具特色，扶持力度有待加强

从天保工程启动到全面停止天然林商业性采伐，国有林区木材产量持续减少，各森工集团和下属林业局都在探索林区产业转型，发展方向和扶持力度不尽相同。吉林森工集团确立了“生态优先、产业优化、产品优良”的经营方针，实施以“三六九八”发展战略为核心的产业转型布局，重点发展森林资源经营、林木精深加工、森林矿产水电、森林保健食品、森林生态旅游和现代服务业六大产业。龙江森工集团重点发展森林食品业、生态旅游业、种植养殖业、北药业、苗木花卉业、仓储物流业、对外资源开发和木材精深加工等八大产业。大兴安岭林业集团将生态旅游、绿色食品、生物制药等作为产业转型的方向。长白山森工计划在3~5年内率先发展“水、苗、参、果”四大重点项目，森林生态旅游已形成“三带五圈九大旅游区”的发展布局，编制完成旅游产业总体规划项目4个，启动建设项目10个，着重打造白河大长白山旅游等五大原生态旅游品牌。内蒙古森工集团积极扶持食用菌栽培，特色种养业，大力发展中药材标准化种养殖和森林、湿地、冰雪旅游等产业，重视发展林区商贸服务业。

总体上来看，林下经济在林区经济中的地位也来越突出，成为未来林区经济发展的产业支撑。2015年20个林业局企业涉林产业总产值合计821085万元，其中第一产业497493万元，占比60.59%；第二产业155870万元，占比18.98%；第三产业167722万元，占比20.43%；可见，第一产业占比较大，第三产业占比次之，第二产业占比最小；按行业内容来看，木材采运64113万元，占比7.8%；木材加工83674万元，占比10.19%；林下经济（经济林产品、林下种养殖、产品加工、森林旅游）543115万元，占比66.15%；可见，木材生产和加工业已逐渐萎缩，林下经济产值占比增大，已经逐渐成为林区经济发展重要推动力量。由于停伐，2015年20个林业局木材产量407299立方米，锯材产量47247立方米，人造板产量33139立方米。从事林下种植的职工家庭有17739户，从事林下养殖的有4266户，从事林产品采集及加工的职工家庭有21211户、森林人家（林家乐）的数量为186个，发展其他林特产品生产的职工家庭数量为1621户。

（三）改革成效

1. 森林植被和生态环境得到了有效保护

天保工程启动以来，东北、内蒙古国有林区森林植被得以快速恢复，区域生态状况明显改善，生物多样性保护成效显著，祖国北方生态安全屏障更加稳固。根据第九次全国森林资源清查(表7)，龙江森工、大兴安岭林业集团、吉林森工和长白山森工①森林面积合计1810万公顷，森林蓄积合计19.11亿立方米，与第八次全国森林资源清查相比，森林面积和蓄积均保持较快增长趋势。

表7 东北四大森工集团第九次全国森林资源清查结果

区 域	森林覆盖率(%)	森林面积(万公顷)	活立木总蓄积(万立方米)	森林蓄积(万立方米)	天然林面积(万公顷)	天然林蓄积(万立方米)
龙江森工	81.16	816	94788	85107	766	80009
大兴安岭林业集团	81.35	679	58735	54739	662	54038
吉林森工	85.46	121	20819	19874	105	18233
长白山森工	86.46	194	32495	31390	183	30383

家庭问卷结果表明，东北、内蒙古国有林区对森林植被的破坏减少了，生态环境和野生动植物得到了很好的保护。受访对象中，有38.21%认为野生动植物增加很多，45.76%认为增加较多，13.60%认为变化不大；此外，41.13%的受访对象认为盗伐林木现象减少很多，33.00%认为盗伐林木现象减少较多，15.19%认为盗伐林木现象变化不大；40.00%的受访对象认为森林火灾减少很多，31.37%认为森林火灾减少较多，22.13%认为森林火灾变化不大。可见，大多数林业职工认为森林植被在恢复、生态环境在改善、对森林的威胁隐患在减少。

2. 林区经济克服压力艰难转型

(1)林业经济增长乏力。近年来，20个林业局的林业产业总产值(涉林)保持了较高的增长速度，并在2013年达到最大值(1076945万元)，但2014年、2015年林业经济总量有所下降，2015年与2013年相比下降了23.76%。其中，林业第一产业产值较2013年下降13.86%，降幅不是很大；林业第二产业产值降幅达到了56.81%，而林业第三产业产值增长21.1%。受全面停止天然林商业性采伐影响，国有林区林业相关产业规模大幅萎缩，木质林产品加工企业大面积关停，林业经济总量呈下降趋势。

(2)林业产业结构缓慢调整。近10年来，20个林业局林业产业结构发生了明显变化(表8~表10)，林区长期倚重的木材采伐和加工产业所占比重持续下降。对比表明，第一产业中的林木培育与种植业产值所占比重由7.56%上升至25.85%，经济林产品种植与采集业产值所占比重由6.37%上升至59.64%，木材采运业产值比重由83.80%下降至12.89%。第二产业中，木质林产品加工业所占比重由89.83%下降至79.55%，下降了10.28%；20个林业局的森林旅游与休闲服务业产值从2013年才开始统计，三年来呈下降趋势，主要是由于林业专业技术服务、林业生产服务、林业生态服务等其他产业发展较快，使林业第三产业内容更加丰富，产值增加更快。林下经济、非木质林产品加工业、

① 内蒙古森工第九次森林资源清查尚未公布数据。

森林旅游业将成为林区经济增长的重要支撑，产业结构调整的方向已经明确。产业结构的调整反映了林区发展战略的转变，由以木材生产为主向生态修复、保护森林、提供生态服务为主转变。

表8 2006~2015年20个林业局林业第一产业结构

年份	产值	林木培育与种植		经济林产品种植与采集		木材采运		其他	
		产值（万元）	比重（%）	产值（万元）	比重（%）	产值（万元）	比重（%）	产值（万元）	比重（%）
2006	246525	18642	7.56	15709	6.37	206582	83.80	5592	2.27
2007	292844	18614	6.36	25851	8.83	236197	80.66	12182	4.16
2008	320186	39686	12.39	21754	6.79	241388	75.39	17358	5.42
2009	281468	24368	8.66	34072	12.11	213863	75.98	9165	3.26
2010	348992	33667	9.65	49367	14.15	252366	72.31	13592	3.89
2011	419735	79679	18.98	118744	28.29	195136	46.49	26176	6.24
2012	435575	99554	22.86	108513	24.91	165129	37.91	62379	14.32
2013	577530	116654	20.20	279377	48.37	137089	23.74	44410	7.69
2014	559639	120386	21.51	311829	55.72	103275	18.45	24149	4.32
2015	497493	128602	25.85	296716	59.64	64113	12.89	8062	1.62

表9 2006~2015年20个林业局林业第二产业内部结构

年份	产值（万元）	木质林产品加工		其他	
		产值（万元）	比重（%）	产值（万元）	比重（%）
2006	139309	125139	89.83	14170	10.17
2007	156954	140393	89.45	16561	10.55
2008	183325	170051	92.76	13274	7.24
2009	194133	167695	86.38	26438	13.62
2010	240875	179595	74.56	61280	25.44
2011	224704	199093	88.60	25611	11.40
2012	267853	226728	84.65	41125	15.35
2013	360915	276027	76.48	84888	23.52
2014	247082	191172	77.37	55910	22.63
2015	155870	123990	79.55	31880	20.45

表10 2013~2015年20个林业局林业第三产业内部结构

年份	产值（万元）	森林旅游与休闲服务业		其他	
		产值（万元）	比重（%）	产值（万元）	比重（%）
2013	138500	106073	76.59	32427	23.41
2014	155714	107628	69.12	48086	30.88
2015	167722	105690	63.01	62032	36.99

家庭问卷分析表明，60%的受访对象认为停伐有利于林下种植、养殖、采集业，30%认为影响不大；85%的受访对象认为停伐对木材加工业非常不利；32%的受访对象

认为停伐有利于林下产品加工业发展，34% 认为影响不大，还有 34% 认为有不利影响；60% 的受访对象认为停伐对森林旅游也有很大促进作用，也有 35% 认为影响不大。可见，林业职工对于停伐转产的相关政策总体上是支持和拥护的。

3. 社会保障力度持续加强，职工满意度偏低

2015 年，20 个林业局年末参加基本养老保险的在册职工人数为 113723 人(参保率为 85.86%)，其中，在岗职工 88393 人(参保率为 96.94%)、下岗待安置人员 4710 人、年末离开本单位仍保留劳动关系职工 20620 人；参加医疗保险职工人数为 148079 人，其中，在岗职工 91102 人(参保率为 99.91%)；参加失业保险职工人数为 113072 人，其中，在岗职工 88605 人(参保率为 97.18%)；参加工伤保险职工人数为 116804 人，其中，在岗职工 90618 人(参保率为 99.38%)；参加生育保险职工人数为 114416 人，其中，在岗职工 87093 人(参保率为 99.52%)。2015 年林区饮用水达标林场(所、经营单位)占比为 68.9%，通电林场(所、经营单位)占比 89.6%，急需改造公路里程 8475 千米，占比为 37%。

职工家庭问卷显示，林业职工对生活状况的满意度并不高，改善民生的意愿相当迫切(表 11)。仅有 25.39% 的受访对象认为收入有所增加，11.18% 受访对象认为就业条件有所改善，21.11% 受访对象认为医疗条件有所改善，22.95% 的受访对象认为社会保障有所改善，24.51% 的受访对象认为家庭生活条件有所改善，23.93% 的受访对象认为教育水平有所提高，38.62% 的受访对象认为社会稳定情况有所改善，14.21% 的受访对象认为上访有所减少，60.41% 的受访对象认为道路状况变好，38.23% 的受访对象认为用水有所改善，39.30% 的受访对象认为用电有所改善，41.63% 的受访对象认为通讯网络变好。可见，多角度反映民生改善状况的职工满意度大多不满半数，表明更多职工认为停伐后林区民生明显变差。

表 11 东北、内蒙古国有林区“停伐”后民生变化情况表

项目		1	2	3	4	5
收入	频数	44	217	540	164	63
	比例(%)	4.28	21.11	52.53	15.95	6.13
就业	频数	24	91	540	274	99
	比例(%)	2.33	8.85	52.53	26.65	9.63
医疗条件	频数	28	189	716	62	33
	比例(%)	2.72	18.39	69.65	6.03	3.21
社会保障	频数	35	201	726	55	11
	比例(%)	3.40	19.55	70.62	5.35	1.07
家庭生活条件	频数	36	216	600	150	26
	比例(%)	3.50	21.01	58.37	14.59	2.53
教育水平	频数	41	205	711	47	24
	比例(%)	3.99	19.94	69.16	4.57	2.33

（续）

项目		1	2	3	4	5
社会稳定情况	频数	88	309	541	76	14
	比例(%)	8.56	30.06	52.63	7.39	1.36
上访情况	频数	31	115	634	150	98
	比例(%)	3.02	11.19	61.67	14.59	9.53
道路	频数	207	414	341	52	14
	比例(%)	20.14	40.27	33.17	5.06	1.36
用水	频数	118	275	597	30	8
	比例(%)	11.48	26.75	58.07	2.92	0.78
用电	频数	117	287	601	16	7
	比例(%)	11.38	27.92	58.46	1.56	0.68
通网	频数	150	278	576	18	6
	比例(%)	14.59	27.04	56.03	1.75	0.58

注：1 = 增加(变好)很多，2 = 增加(变好)较多，3 = 变化不大，4 = 减少(变差)较多，5 = 减少(变差)很多。

三、重点国有林区改革面临的问题

重点国有林区改革开展两年来，各项改革任务推进缓慢，主要存在以下问题：

(一)政企社分开所需具备的条件尚不充分

重点国有林区改革设定的目标之一是政企社和管办分开，必然涉及中央与地方各级政府的权利关系调整，要处理好政府与企业、职工个人的利益分割问题，同时要解决林区社会发展和民生保障问题，各方利益错综复杂，牵一发而动全身，因而改革进展缓慢。调研发现，诸如森林资源的管理监督职能、社会管理职能与企业经营管理职能分开问题、社会职能移交问题、国有森林资源管理机构性质及人员配备问题，都需要在政企社分开之前明确。各林区都在探索，但因实际情况不同，很难齐步、快速推进。

目前，五家森工集团普遍存在的问题是医院、环卫、消防，“三供一业”维持运转资金缺乏，离退休职工管理移交地方需要续缴统筹外工资和医疗保险费，不解决费用分担问题，社会职能难以移交到位。

对黑龙江省改革试点单位(方正、清河、柴河、五营、鹤北、十八站、塔河县)调研发现，形式上的分开难以解决根本问题，具体表现如下。

一是管用分开不彻底。资源管理与利用只是在林业局内部模拟分开，未斩断资源管理与利用的利益链，这种运作关系表面上看解决了管理与经营的分开，但本质上专业经营公司效益与林业局生存是紧密连为一体的，一旦遇到经济利益矛盾时，监督对经营和利用没有任何约束力。

二是职能移交不到位。十八站林业局将教育、卫生、社区、计生疾控、粮食等实行属地化管理，公、检、法、市政、广播电视、消防、供排水、供暖等职能仍由林业局承担。但由于塔河县也是政企合一，省财政户头上仅为乡级财政（不完整的一级财政），县级财政供养人口由森工企业负担，移交人员待遇仍然按森工企业执行，机构和人员并未真正移交地方。

三是对“政企分开”持不同见解。森工企业对于是否一步到位完成政企分开看法并不一致。方正林业局认为：一方面，林场撤并不利于有效保护森林资源，也不利于发展林下经济；另一方面，方正林业局地跨林口、依兰、方正三县，地方政府在地理上远离方正林业局局址，县域经济社会发展水平和公共秩序管理等方面落后于林区，移交有悖于政企分开的初衷。

（二）森工企业债务负担沉重

停伐后，国有重点森工企业没有了木材收入，企业正常运行缺乏资金，且债务负担沉重。目前，龙江森工下属企业尚有金融机构债务合计125.14亿元，包括金融债务111.34亿元，地方债务和基建项目债务13.8亿元。截至2014年年底，大兴安岭林业集团各类金融机构借款累计49.08亿元（银行贷款36.08亿元、债券13亿元），其中森工企业棚改贷款30.25亿元（含企业债券13亿元），基础设施贷款8.26亿元，生产周转贷款5.63亿元，木材生产贷款3.99亿元，木材加工贷款0.55亿元，停伐后林业局失去经济来源，资金链面临断裂风险。截至2014年年底，内蒙古森工集团银行借款余额达到27亿元，占其负债总额（148亿元）的18.24%，其中正常借款11.04亿元，占全部借款的40.89%；历史挂账形成的7.2亿元，占全部借款的26.67%，其正常经营形成的金融债务中，有至少5亿元作为企业配套资金投入了棚改工程，而且由于企业配套资金内生来源已经严重匮乏，为了全面完成棚改工程任务，内蒙古森工集团已经与国家开发银行签订协议，还将融入棚改工程信贷资金15亿元。吉林省两家森工集团和18个国有林业局金融债务222亿元，这些债务既有用于固定资产投资，又有用于企业经营，还有用于棚户区改造配套等政策性投入；由于停伐后没有了木材收入，森工企业已无力偿还银行本金和利息。

调研发现，棚户区改造产生大额债务。棚户区改造的费用由中央财政、地方财政、森工企业分别承担三分之一，在没有木材收入来源的情况下，森工企业无力承担棚改费用，只能通过银行贷款解决。在木材采伐收入基本消失后，后续替代产业发展资金严重不足和棚户区改造工程仍需要投入巨额资金的形势下，森工企业未来全部偿还银行借款已不现实。

（三）国有林区社会发展和民生保障资金不足

天保工程启动以来，东北、内蒙古国有林区经济社会发展和民生保障主要依赖森林管护、森林抚育、社会保险补助、政社性人员补助等中央财政专项资金。但此类资金总量有限，且难以随物价水平变化而灵活调整，致使森工企业每年用于林区社会发展和民生保障的资金缺口越来越大。首先，长期以来，森林管护是吸纳林业职工转岗的主要渠道，管护费补助是保障森工企业运转唯一的稳定资金来源，但因补助标准偏低，加之近年来我国物价水平快速上涨，林业职工的实际收入水平在下降。其次，天保工程二期启动后，只对社会保险补助缴费基数进行过一次调整，造成森工企业缴纳社保资金缺口不断增大。大兴安岭林业集团2014年“五险”资金缺口3.4亿元，2015年达到了5.8亿元。大部分林区职工住房公积金、取暖费、离退休人员项目外工资、遗属生活费和企业退休人员一次性补助等社会性支出没有资金来源，资金缺口巨大。再次，天保工程政社性补贴标准偏低，林区公益事业开支、医疗卫生、教育经费支出缺口大，林业局已无力承担。天保工程二期按人均18437元补助，2014年实际支出达到人均20790元，仅伊春市年缺口额度就达2.4亿元。最后，国有林区基础设施建设资金严重不足，通往林场的公路升级改造、破损桥梁、涵洞维修及道路养护等均缺乏专项资金支持，导致部分林业局森林防火道路失去了防火功能，主要原因是地方配套资金不到位，无法展开建设和维护。20个林业局林区公路里程为21566千米，其中，急需改造公路里程8475千米，占比为39.3%，占比已经超过三分之一。

（四）传统林业产业发展面临危机

停止天然林商业性采伐后，东北、内蒙古重点国有林区的木材加工等林产加工业、多种经营等第二、三产业的原料供给更加紧张，仅靠森林抚育提供极少的原料，林区传统支柱产业发展面临危机，但新兴接续产业尚未成熟，尤其木材加工业、食用菌种植业由于缺少原料来源，产量大幅减少，停产企业比比皆是，没有停产的木材加工企业为了解决原料短缺问题只有进口俄罗斯等地木材，大大增加了成本，企业利润已处于维持生产无利可图的境地。调研发现，2015年吉林由于停伐没有原料，有8户人造板加工企业停产，涉及职工4000多人；2014年龙江森工区域内1370个厂家、600多个加工户，大部分处于停产、半停产状态；大兴安岭共有木材加工企业202家，停伐后147家停产，48家半停产；内蒙古森工木材加工业面临大面积倒闭或停产现象，仅有10%经营管理基础较好企业会转向购买境外进口木材维持生存。木材加工业的萎缩对林区经济发展带来巨大冲击，短期内产业转型和人员安置的压力都非常大；同时，发展替代产业、接续产业也需要大量的资金投入，但目前森工企业可投入的资金严重不足，产业转型任重而道远。

（五）林业生产经营活动缺乏自主权

森林抚育按照较老的营林技术规程进行的，而各个林业局资源状况、林地状况均不相同，且较营林技术规程制定之时发生了较大变化，营林技术规程已不适应现实情况，而林业局还要按照营林技术规程进行营林生产，且营造林管理过死，程序复杂，林业局缺乏自主权，林业生产灵活性较差，森林经营应适时制定中长期发展规划。

森林资源承包管护这项改革，没有在产权方面进行彻底改革，只是有限程度的放权，林地使用权不灵活。据伊春林管局五营林业局林业职工反映，从事林下经济受到林地使用权的限制，且审批手续繁琐、困难，影响林业职工参与积极性，以致影响林下经济发展，制约林区解决改革后企业转型及接续替代产业发展。因此，森林资源承包管护责任制应该进一步改革、创新，适度放活林地经营自主权。

（六）国有林区民生问题突出

国有林区职工就业稳定和收入增加是民生持续改善的基础。重点国有林区停止天然林商业性采伐产生了大量的富余人员，使本已职工就业不充分、分流安置困难的森工企业压力增大。事实上，林业职工多年在木材生产领域工作，目前已年龄偏大（以 40、50 岁为主）、技能单一、文化水平低，转岗再就业难度非常大。主要的安置方向无非是营林、管护、物业、园林环卫等岗位，虽然转岗但不能充分就业，又因抚育任务量小和管护费标准低，许多岗位全年只工作 4～5 个月时间，不能保障基本的生活开支，就业不充分的林业职工成为林区最困难的群体。

由于就业不充分，林区居民人均可支配收入均低于周边城镇居民的人均可支配收入。2014 年龙江森工人均可支配收入为 17829. 81 元，大兴安岭为 17732. 34 元，而全国和黑龙江省城镇居民人均可支配收入分别为 28843. 9 元、22609 元，占全国和黑龙江省城镇居民人均可支配收入的 60% 和 78% 左右；2015 年 21 个林业局在册职工年人均工资 28709 元，而 1028 户职工家庭人均可支配收入 20403. 90 元，与全国平均水平 31195 元相比仍然有较大差距。居民社会保险缴纳比例占职工收入的比例较高，职工缴纳社会养老保险显得力不从心。

四、政策建议

针对发现的上述问题，提出如下政策建议。

（一）进一步优化国有林区管理体制改革路径的顶层设计

目前，重点国有林区面临的最突出问题依然是多年遗留、最难解决的问题，这就决定了国有林区管理体制改革需要科学的顶层设计，自上而下地有序推进。顶层设计首要考虑的两大问题是民生改善和森林资源保护，改革起点和落脚点都是基于改善民生和保护森林资源。改革涉及多方面利益关系，且林区改革成本巨大，包括生态保护的投入、产业转型的投入、职工安置的投入，势必为国家造成巨大财政压力，因此，它是一种渐进式的制度变革，不能操之过急，在摸索中不断积累经验，能一步到位实施政企分开的则实施，不具备条件的先实施内部政企分开，即将森林资源管理、林区社会行政管理两项政府职能与企业经营职能分开，待条件成熟时，再将森林资源管理职能与社会行政管理职能分开。

（二）加大对森工企业转型发展的扶持力度

政策扶持是东北、内蒙古重点国有林区摆脱经济围困的保障，应加强对国有林区在天然林资源保护、债务豁免、基础设施建设、深山远山职工搬迁、产业转型等方面的财政、金融政策支持。建议：一是要提高天保工程二期社会保险补助费的财政补助标准，将社会保险缴费工资基数和比例，按照各省上年度社会平均工资基数给予全额补助，并实行动态管理。二是要增加企业退休人员基本医疗保险补助，提高林区医疗卫生机构、政社性人员和公益性岗位人员经费补助标准，并随社会平均工资标准的提高而动态调整。三是要将林区职工住房公积金、御寒补贴、取暖费、城镇运营和维护费、营林防火等基础设施建设费、城镇居民养老保险、医疗保险配套资金以及森工国有退休人员医疗保险补助资金纳入财政补助范围，由天保工程中央财政资金全额补助。四是要动态调整森林管护费补助标准，提高森林抚育补助标准，确保林业职工工资收入持续增长。

（三）推进森林科学经营，切实提高森林抚育质量

一是为适应新时期森林资源科学经营和管理，要适度适当调整营林技术规程，进行森林资源二类调查，摸清森林资源总量，编制长期森林可持续经营方案，为推进改革和森林可持续经营奠定基础。二是提高森林抚育和管护技术水平。重点国有林区由于长期过度采伐，大部分天然林不是过密，而是过疏；存在着分布不均、树种组成单一、林相单一、结构不合理、林地利用率低、综合效益不高的问题。森林抚育不能只对林分进行透光伐、生长伐，应开展补植补造和人工促进天然更新，增加珍贵目的树种、施肥除草、改善森林卫生状况等措施，丰富森林抚育的作业方式和内容，真正做到宜抚则抚、宜补则补、宜改则改、宜造则造。

（四）完善民生改善政策，细化民生保障措施

一是给予林区一线职工享受提前退休政策，建议国家比照枯竭矿山关闭破产提前退休政策，对森工林区职工给予提前5年退休政策，即男满55岁、女满45岁职工实行退休；对从事繁重体力劳动和其他有害健康的特殊工种职工给予提前10年退休政策，即男满50岁、女满40岁职工实行退休；对安置人员也比照执行提前退休政策。二是建议给予“4050”以上人员在再就业之前或季节性待业期间，设立专项补助资金保障其生活。三是政策扶持再就业，通过给予小额贷款、贴息贷款、技术培训、创业补贴等政策，重点扶持发展林下经济、家庭经济、种养殖、森林旅游等经营项目，鼓励其自住创业。四是增加安置人员社保、医保补助，间接减少个人缴纳额度。五是妥善解决为数众多的集体混岗职工和知青工的待遇问题。

（五）创新林业生产组织方式，适度放活林地使用和经营权

创新林业生产组织方式，运用市场化手段组织林业生产，造林、管护、抚育、木材生产等林业生产建设任务，凡能通过购买服务方式实现的要面向社会购买，既可活跃林区市场经济，又可发挥国有林区职工个人比较优势，调动工作的主动性和积极性，提高工作效率，提升造林、营林绩效，实现资源有效分配，并对林业就业、职工家庭增收有促进作用。建议适度放活国有森林资源的使用权和经营权，在不破坏森林资源和不发生国有林权流转的前提下，允许林业局通过出租和特许经营等方式，把林权变资产、资产变资金，解决改革后企业转型、发展接续替代产业发展资金不足问题，以此增加就业，促进民生发展。

（六）积极探索"PPP"新模式，促进林业生态建设和产业转型

除了加大财政投入外，把政府和社会资本合作（PPP）模式用到林业建设中来，且国家发展和改革委员会联合国家林业局于2016年11月24日联合发布《关于运用政府和社会资本合作模式推进林业建设的指导意见》，提出在林业重大生态工程、国家储备林建设、林区基础设施建设、林业保护设施建设、野生动植物保护及利用等五大重点领域实施政府和社会资本合作（PPP）模式。指导意见的提出，是我国林业建设的一大创新之举。

《指导意见》侧重林业生态领域的建设，而对于林区林业产业转型也应积极探索，开展合资合作，调动社会资本、民间资本参与林业产业发展，推进林区由单一利用林木资源向综合开发林区多种资源、特别是非林非木资源的转变。给予经营自主权，在企业贴息贷款、前期国家项目支持、税收等方面给予扶持。对就业吸纳量大、发展后劲和市场竞争力强的产业，在贷款和土地、税收等方面给予重点培育和扶持。对一些小规模的家庭经营者应在简化小额贷款手续、增加贷款额度、提供技术服务等方面给予扶持。

调 研 单 位：国家林业局经济发展研究中心
东北林业大学经济管理学院
调研组成员：谷振宾　耿玉德　万志芳　李　微　付存军　郑丽娟　蒋云亮　包天缘
赵明鑫　于婕媛　杨雨晴　李　想

林业供给侧结构性改革及生态产品供给研究报告

【摘　要】林业作为国民经济的重要组成部分，开展林业供给侧结构性改革具有重大的战略意义。进行林业供给侧结构性改革，就是要从林业生产端入手，把构建和维护国家生态安全作为首要任务，扩大生态公益林资源，提高林业生态功能产品公共服务质量，构建可持续发展的、生态效益最大化的森林生态循环体系。本报告针对林业供给侧结构性改革措施研究，结合对山东、湖南、河北、江西等地林业企业的实地调研，指出与其他行业改革的共同点和不同之处，并从生态产品、经济林产品、木质林产品、森林旅游等供给现状、面临问题等进行了较为深入的剖析。针对林业企业开展供给侧结构性改革调查结果表明，我国生态产品供给能力与需求矛盾突出，木材加工一些行业存在产能过剩情况，消费类经济林产品总体供给能力不足等，并提出了相应的政策建议。

一、林业供给侧结构性改革综述

（一）供给侧改革政策的出台

2015 年 11 月 10 日，习近平总书记在中央财经领导小组第十一次会议上，首次提出“在适度扩大总需求的同时，着力加强供给侧结构性改革，着力提高供给体系质量和效率，增强经济持续增长动力，推动我国社会生产力水平实现整体跃升”。2015 年 11 月 11 日，国务院常务会议强调提出要“培育形成新供给新动力扩大内需”；11 月 15 日，习总书记在 G20 峰会上强调要“重视供给端和需求端协同发力”；11 月 18 日，习总书记在 APEC 会议上再次提出，要“推进经济结构性改革，使供给体系更适应需求结构变化”。习总书记在讲话中指出，推进供给侧结构性改革，要从生产端入手，重点是促进产能过剩有效化解，促进产业优化重组，降低企业成本，发展战略性新兴产业和现代服务业，增加公共产品和服务供给，提高供给结构对需求变化的适应性和灵活性。简言之，就是去产能、去库存、去杠杆、降成本、补短板。

（二）林业开展供给侧结构性改革的必要性

1. 维护国家生态安全是当前林业的首要任务

从某种意义上讲，当前林业改革即是林业发展过程中最大的供给侧结构性改革。长期以来，林业发展以林产品供给为主要任务，侧重林业的经济效益，而现在林业发展转型到以生态建设为中心，把保护森林和健全生态，维护国家生态安全作为首要任务，更加注重林业生态效益，这意味着林业供给不再是仅仅供给林木产品等有形产品，更多的要提供旨在净化空气、减轻土壤污染、减少水污染等的无形的生态产品的供给。

为此，国家和各级政府部门出台了一系列相关政策。2015年，中共中央、国务院印发《国有林场改革方案》和《国有林区改革指导意见》，在国有林区落实停伐政策，全面停止天然林商品性采伐，涉及东北内蒙古100个林场和吉林4个森林经营局。国有林场改革也在同年全面铺开，明确界定国有林场的生态责任和保护方式，从种植采伐经营性模式转向以培育和保护森林资源为主的生态公共服务模式。2015年9月，中共中央、国务院印发了《生态文明改革总体方案》，构建反映市场供求和资源稀缺程度，体现自然价值和代际补偿的资源有偿使用和生态补偿制度，着力解决自然资源及其产品价格偏低、生产开发投入短缺、保护生态得不到合理回报等问题。这些政策的出台和落实是重大的林业结构性调整，决定着未来的林业发展导向。同时，打破原有结构也会产生诸多亟待解决的问题，比如如何提高森林质量、增加森林面积、提高森林蓄积量；如何改善国有林区和国有林场民生、加强林地监管、引进社会资本；如何创新监管政策等。

2. 林业产业发展迫切需要转型升级

调查结果显示，最近几年林业制造业发展整体处于萎缩状态，迫切需要新的增长点，而随着收入的提高，人们对林业生态旅游、林业服务业的需求逐渐提升。以林业制造业为代表的林业企业利润下滑，缺乏新的增长动力，而林业服务业的发展还需要大力完善基础设施建设，才能满足日益增长的需求。进行供给侧结构性改革不是对林业第二产业的压制，而是依据市场需求进行结构性调整，优化资源配置，提高全要素生产率。

3. 扩大生态产品供给是林业发展的重要目标

狭义上的生态产品是指“维系生态安全，保障生态调节功能，提供良好人居环境，包括清新的空气、清洁的水源、生长的森林、适宜的气候等看似与人类生产活动没有直接关系的自然产品”。生态产品是绿色产品，林业的天然属性决定了林业所提供的生态产品种类众多，价值量高，有珍贵的红木产品，有林下人参、灵芝，有环保的竹产品，也有无形的森林景观。目前，我国总体上生态产品供给不足，其附加值有待充分挖掘。

除了可以直接在市场上交易的生态产品外，林业还担负着建设和维护那些对人的生命和健康起重要作用的生态产品的责任，这些无形的生态产品具有公共属性，但是，对其的维护没有产生多少经济效益，造成的结果是即使政府承担了绝大部分的投资和建设责任，国家仍然面临着严重的生态问题。因此，作为政府部门，在明确产权的基础上，要积极引进社会资本，通过购买公共服务等形式，将社会资本纳入到生态建设体系中，扩大生态产品供给。同时，可允许在一定的规则内，将生态产品纳入市场交易范畴，比如碳汇交易，真正体现出生态产品的经济效益，这是供给侧结构性改革的重要任务之一。

4. 开展供给侧结构性改革是政府转变职能，强化市场对资源配置的支配作用的重要途径

我国林产品种类丰富，以经济林产品为列，有些地区以经济林产业为支柱产业，当地林农依赖经济林种植、加工和销售获得经济来源。但是，也要看到整个林产品市场存在的不足：①小规模、大群体是目前经济林种植经营普遍存在的现象。②经济效益有所下滑，内部同行业之间竞争加剧；人力和土地成本上升挤压利润；缺乏产品质量、规格等市场判别标准，一些低质低效的产品进入市场影响了生产者的利润；国外进口产品也对国内生产造成了一定的冲击。③储藏技术和能力不足。④产业链短，产品深加工能力不足，很多企业和组织依然处在简单利用和初加工水平上。⑤市场信息不畅，种植结构有一定失衡，各级政府存在重种植、轻市场研究现象。⑥龙头企业数量少、技术水平较落后，抗市场风险能力较弱，与林农之间还未建立收益稳定的互惠机制。⑦林产品市场假货、低劣产品严重影响了林业产业的健康有序发展。这都需要政府转变职能，提高市场服务意识，加强林产品市场监管工作，也是林业开展供给侧结构性改革的重要驱动力。

（三）林业供给侧结构性改革的内涵

进行林业供给侧结构性改革，就是要从林业生产端入手，把构建和维护国家生态安全作为首要任务，扩大有利于生态安全的林产品的生产，提高林业生态产品公共服务质量，构建可持续发展的、生态效益最大化的森林生态循环体系；转变政府职能，发挥市场在资源配置上的支配作用，加强市场监管，优化生产要素配置，切实提高传统林产品的质量，提高传统林业科技水平，为企业减轻负担，提高其国际竞争力；扩大森林康养等生态旅游供给，加强基础设施建设，满足人民日益增长的对生态服务的需求。

（四）林业供给侧结构性改革特点

林业供给侧结构性改革与其他行业相比，有共同之处，也有不同之处。

共同之处在于：林业产业是GDP的重要组成部分，林业企业是市场经济的主体之一，其生产的林产品是社会必需品，如纸品、人造板、木材等。事实上林业产业经过多年的发展，正处在关键节点，传统的林业制造业发展后劲不足、新兴林业产业亟待开发完善、传统林业产业技术均质化严重，导致同质性竞争加速，加之市场的供需因素，导致林业企业出现了库存、产能问题，产业结构性失衡，企业成本上升、利润下滑。这是其他行业，如农业、钢铁、煤炭等都存在的问题，因此，可以借鉴其他行业的做法在林业行业开展供给侧结构性改革。要继续从生产端入手，提高劳动效率，降低企业成本，加强科技要素投入，促进产业转型升级。

但是，林业供给侧结构性改革又有着自身的特点，主要原因在于林业还承担着生态建设和保护的重任，要求把生态建设放首位，以提高生态效益为主要目标，这就意味着不能完全依赖市场法则来开展生态建设。我国森林资源的主要产地——国有林区、国有林场已从原有的采伐性经营转变为以生态保护和建设为主，天然林全面禁伐，如何适应这种转变、扩大生态产品供给是开展林业供给侧结构性改革的主要内容，也是区别于其他行业之处。

二、生态产品供给及政策建议

（一）生态产品供给能力分析

生态产品供给能力的提升主要依赖于两个因素，一个是森林资源面积、湿地面积以及自然保护区面积不断提升，另一个是森林资源、湿地以及自然保护区单位面积相关指标不断改善，比如森林资源单位蓄积量不断提升，单位面积碳存储量不断提升，采伐量不断下降等。

近些年，我国森林资源供给处于上升态势，第八次（2009～2013年）清查结果显示，我国森林面积2.08亿公顷，比第六次（1999～2003年）清查期间增加了1621.85万公顷，年均增加162.2万公顷，占世界森林面积比重从4.72%上升到了5.18%，对此联合国粮农组织作出了正面评价："中国在通过天然更新和人工造林增加永久性森林面积方面，为全球树立了榜样。"这不单是对我国对森林资源恢复成就作出的肯定，更是对世界其他发展中国家由于生存需要导致森林面积不断较少的担忧。第六次清查期间，世界人均森林面积0.662公顷，超过我国人均水平的5倍，到第八次清查期间，世界人均森林面积下降到0.551公顷，而我国提升到0.151公顷/人，我国人均森林面积提高了14.39%，而世界人均森林面积下降了16.77%。

我国森林资源供给能力不断提升的主因是政府对生态环保的重视和大规模的人工林培育。在《中华人民共和国森林法》和《中华人民共和国森林法实施条例》等法律法规的保障下，我国实行了覆盖各个层次的生态保护工程，目前，生态公益林面积达到1.16亿公顷，占森林面积的56%，随着天然林保护全覆盖和禁止天然林商业性采伐政策的实施，进一步提升了森林资源保护水平。我国大规模实行植树造林也是森林资源快速恢复的重要原因，目前我国人工林面积已达6933万公顷，占世界人工林面积的23.89%，人均人工林面积0.051公顷，超过0.04公顷/人的世界水平。

我国天然林资源供给能力也不断提升，八次清查显示天然林面积达1.2亿公顷，占世界天然林面积的9.52%，人均天然林面积0.089公顷，约等于世界水平的1/2。

相比森林资源供给面积，我国森林资源蓄积量、碳存储量以及单位面积供给水平很低，我国森林资源蓄积量151立方米，仅占世界总蓄积量的3.5%，人均蓄积量10.98立方米，约等于世界平均水平的1/5，2014年碳存储量占世界总碳存储量的2.17%，人均碳储量468.38吨，约等于世界平均水平的1/8。

截至2015年年底，我国湿地面积达到5360.26万公顷，与2014年持平。各湿地类型中，沼泽湿地和湖泊湿地在2013年有较大幅度增长，分别比2012年增长58.6%和2.9%。2014年自然保护区面积1.25亿公顷，占国土面积的12.99%，相比2001年，这一占比提高1.15个百分点按目前的发展趋势，未来几十年内，我国森林资源供给能力将超过世界平均水平，目前人工林人均拥有面积已经超过世界平均水平，天然林在国家的保护下，正逐步恢复到世界平均水平，湿地和自然保护区面积也会逐步扩大。问题是这种发展能否可持续？从全球经验来看，这种担心不是多余的，如世界森林资源人均蓄积量从2000年的70.03立方米下降到2014年的59.13立方米，2000~2010年间，热带地区国家每年森林面积减少700万公顷。

世界森林资源评估报告认为，农业仍然是全球毁林的最重要的驱动因素，不过对我国而言，这已经是过去式。目前影响我国生态产品供给能力提高的主因是：我国是人造板产量和出口大国、木材采伐和消耗大国、木质家具生产大国，工业活动对林木等林产品的需求旺盛，在需求的刺激下，我国一半的木材需要从世界各地进口，这是我国与其他发展中国家和发达国家的不同之处，处理好保护与发展的关系是未来改革政策的重点。

（二）生态产品供给面临的问题

1. 生态产品供给能力不足

森林生态产品具有不可替代的环境服务能力，包括固碳、生物多样性保护以及栖息地保护、水土资源保护等，森林生态产品对农业可持续发展和粮食安全同样至关重要。目前，我国森林资源面积仅占世界森林资源面积的5.19%，森林固碳能力只有世界平均水平的1/8，森林人均蓄积量只有世界平均水平的1/6，人均有用天然林面积仅为世界平均水平的1/2，湿地面积仅占世界湿地面积的4.19%。长江、黄河等流域仍然面临着严重的水土流失问题。

2. 生态产品供给与林产品供给矛盾仍然突出

我国在提高生态产品供给能力方面作出的努力及成效堪比世界发达国家，2000~2015年间，全球森林面积减少了1.29亿公顷，而我国在政府的主导下，大力推行生态修复工程，森林面积和蓄积量不断上升，自然保护区面积和湿地保护面积也不断提升。但是，影响我国生态产品供给能力提高的因素仍然存在。经过20多年的经济高速发展，在工业活动尤其是建筑业，房地产等对木材产品的需求刺激下，我国成为了木材、木浆、人造板和木质家具等的生产大国、进口大国。在现有的生产力水平下，林产品需求的激增必然影响生态产品供给能力的提高，两者之间的平衡将是未来林业发展过程中政策的关注重点。

3. 政府承担责任重

在生态环境不断恶化的情况下，我国政府主导，加快生态修复的步伐，实施了一系列保护工程，包括天然林保护工程、退耕还林工程、三北防护林工程等，生态修复成效显著。到2000年，我国林业累计完成固定资产投资167.77亿元，到2015年，这一数字增长到1280.38亿元，总量是2000年的7.63倍。2014年林业投资4265.27亿元，其中国家预算1727.95亿元，占林业投资总额的40.51%，国内贷款401.70亿元，占林业投资总额的9.42%，其余为上年结余，国家预算是林业投资主要来源。此外，政府在林业规划、设计、施工、核查等几乎所有环节中扮演了主要角色，可见，过去我国提高公共生态产品供给能力基本靠政府。

（三）政策建议

1. 落实政府购买服务机制，引进社会资本参与林业建设

《国有林场改革方案》和《国有林区改革指导意见》（中发〔2015〕6号）提到“完善以购买服务为主的公益林管护机制。国有林场公益林日常管护要引入市场机制，通过合同、委托等方式面向社会购买服务。在保持林场生态系统完整性和稳定性的前提下，按照科学规划原则，鼓励社会资本、林场职工发展森林旅游等特色产业，有效盘活森林资源。发挥政府对生态环境保护的主导作用，加强制度建设，完善法规政策，创新体制机制，拓宽补偿渠道，通过经济、法律等手段，加大政府购买服务力度，引导社会公众积极参与”。在全国选取典型地区，开展政府购买服务工作，把购买服务工作拓展到森林防火、公益林管护、病虫害防治以外的业务中。把企业、研究机构、社会组织、NGO、个人等吸引进来，共同参与林业建设。吸引社会资本参与林业建设，尤其是在那些生态优先的、主要由政府承担建设费用的领域。

2. 完善林业碳汇交易法律制度，提升森林生态服务价值

通过制定完善的林业碳汇交易法律制度，构建第三方权威评估平台，进行独立资产评估，在明确的产权界定下，出台权威、准确的森林生态服务价值核算体系，改变生态产品无偿占用模式和使用制度，努力培养碳汇交易市场，提高碳汇交易市场化程度和交易活跃度。

三、木材资源供给及政策建议

（一）木材资源供给现状及供给能力分析

2015年，全国商品材总产量为7218.21万立方米，受国家天然林禁伐政策的影响，商品材总产量有较大幅度减少，比2014年减少12.33%。其中，原木产量6546.35万立方米，比2014年减少13.33%；2015年，锯材产量为7430.38万立方米，比2014年增长8.68%。假设没有库存，国产木材供给即为全国商品材产量。分析1978～2015年我国商品材供给情况的结果显示，总体上，我国商品材产量供给呈现上升趋势。

如果放在国际上，我国木材供给水平在什么层次？为了便于比较，这里采用FAOSTAT[①]数据来统计分析我国木材供给水平，以各国工业用原木(industrial round wood)为例，FAO统计的工业用原木包括：锯材原木和单板原木；纸浆材原木和劈木；其他工业用原木。根据FAO统计，新中国成立以来，我国一直是世界木材生产大国，木材生产量长期处在世界前5位。2015年，我国工业用原木生产量1.66亿立方米，占世界工业用原木产量的8.97%，在世界工业原木生产量排名中，中国处在美国、俄罗斯之后，位于世界第三，加拿大、巴西分列第四和第五位。但是我国人均工业用木材产量不高，如2015年我国人均工业用原木产量0.12立方米，同期世界人均产量0.25立方米，我国人均水平还不到世界人均水平的一半。

我国木材供给还大量依赖国外进口。2015年，我国进口工业用原木4455万立方米，占世界工业用原木进口总量的36.09%，进口量排在世界第一位，而1986年，这一比例仅为7.22%，最近几十年不断攀升，从2001年开始至今，我国进口工业用原木进口数量一直排在第一位。相比进口，出口数量严重偏少，占世界工业用出口原木总量的比例不超过1%，这反映出我国原木供给能力严重不足。

我国针叶类工业用原木供给下降趋势明显，1986~2000年期间，大部分年份基本维持在6000万立方米以上的产量，1996年左右达到峰值，世界排名在前四位徘徊，从2001年开始，产量逐年下降，到2015年，下降至2862万立方米，世界排名第十位，占世界叶类工业用原木产量的2.77%。相比我国的产量，从2011年开始，我国进口针叶类工业用原木超过国内产量，2015年，进口数量达到3006万立方米，占世界针叶类工业用原木进口总量的37.84%，从2002年开始，连续排在世界进口量第一位。

相比我国针叶类工业用原木供给量下降态势，我国非针叶类工业用原木供给量呈上升趋势，2015年产量达到1371万立方米，占世界总产量的16.84%，人均产量为近100立方米/千人，接近世界年均水平，自2009年开始产量连续排世界第一。我国也是非针叶工业用原木进口大国，2015年，进口量达到1449万立方米，占世界进口总量的32.94%，从2001年开始，一直排在世界进口总量的第一位。而在20年前，进口量只有255万立方米，占世界进口总量的6.92%。

我国锯材供给量总体处于上升态势，2015年，我国锯材产量7430万立方米，占世界总产量的16.43%。排在世界第2位，人均产量达到54立方米/千人，略低于世界人均产量。我国也是锯材进口大国，进口数量每年不断上升，2015年，进口量达2608万立方米，占世界进口总量的19.93%，自2001年连续4年排世界锯材进口总量第一位。

我国针叶锯材产量不断上升，2015年达3310万立方米，占世界针叶锯材总产量的

① FAOSTAT中，工业用原木(industrial round wood)是聚合名称，对应海关代码(协同系统2012)4403，即原木，包括针叶原木和非针叶原木；锯材(sawn Wood)是聚合名称，对应海关代码4407(不包括4406.10/90，即浸渍铁道及电车道枕木)，其中针叶锯材对应4407.10，非针叶锯材包括4407.10外其余部分。

10.3%，排名世界第三位，人均产量为24立方米/千人，约为世界平均水平的一半。从历年供给来看，针叶锯材产量上升幅度较大，2006年针叶锯材产量1042万立方米，十年期间，针叶锯材产量增长约2倍。针叶锯材进口量也不断增加，2015年达1411万立方米，占世界总进口量的13.28%，排名世界第二位。

我国非针叶锯材供给能力突出，非针叶锯材产量长期处于在世界前五位，2008年后持续排在世界第一位，2015年，我国非针叶锯材产量达到4120万立方米，占世界总产量的31.50%，在世界人均产量不断下降的情况下，我国非针叶锯材人均产量不断提升，2015年达29.94立方米/千人，远超世界17.80立方米/千人的水平。非针叶锯材进口量长期处于世界第一位，2015年，进口数量达1197万立方米，占世界总进口量的48.53%，几乎达到一半，而在20年前，这一比例只有7.15%。

我国木质燃料供给总体处于下降状态，占世界总产量比例不断下降，但仍然是世界木质燃料消耗大国，世界排名长期处于第一位和第二位。2015年，我国木质燃料产量1724万立方米，占世界总产量的9.24%，排在世界第二位，而在20年前的1996年，我国木质燃料产量2360万立方米，占世界总产量的13.78%。世界人均木质燃料产量呈下降趋势，我国也呈下降趋势，2015年，我国木质燃料产量125.28立方米/千人，同期世界为253.89立方米/千人，仍然有很多其他国家依赖木质燃料。我国木质燃料消耗主要靠国内生产，进口量不到世界总进口量的1%，出口量也很少。

我国木浆总供给能力不断上升，占世界总产量份额和排名也不断上升，2015年，我国木浆产量达986万吨，占世界总产量的5.62%，排名世界第六位。人均产量不到世界人均产量的1/3，2015年，我国木浆人均产量为7.17吨/千人，同期世界木浆人均产量为23.90吨/千人。由于我国木浆产量较少，大部分依赖进口，进口量年增幅很大，2015年，进口木浆1980万吨，是同期我国木浆产量的2倍，进口木浆占世界总进口量的33.71%，占据近1/3的世界进口份额，进口量排名世界第一位。

（二）木材供给主要面临的问题

1. 木材供给对外依赖程度高

随着全面禁止天然林商业性采伐政策的实施，我国人工林承担起了木材供给的主要任务，“十五”期间人工林采伐限额占比38.6%，“十二五”期间，人工林采伐限额占比提升到69.5%，而到“十三五”期间，人工林采伐限额2.05亿立方米，更是达到了80.5%的比例，相比“十五”期间，提升了2倍多。在此政策背景下，未来我国木材供给将主要依赖人工林，根据第八次清查，我国人工林面积6933万公顷，蓄积量24.83亿立方米，占总蓄积量的17%，其中，用材林占31%，薪炭林占1%，如果仅采伐商品材，理论可供给7.95亿立方米，超过“十三五”期间的年林木蓄积总生长量。

根据FAO统计，我国工业用原木进口量排在世界第一位，国内产量排在世界第二位，锯材进口量排世界第一位，国内产量也排第二位，木质燃料产量排世界第一位，木浆产量排世界第六位，木浆进口排世界第一位，以目前的发展态势，尽管《全国木材战略储备生产基地建设规划》设计我国每年木材产能提高9500万立方米，相当长时期内，仍然无法自给自足。

2. 人工林供给质量不高

人工林供给质量不高主要体现在：人工林单位面积蓄积量低，供给树种结构单一，大径级供给缺乏，红木完全依赖进口。根据八次森林资源清查，我国人工林单位蓄积量52.76立方米/公顷，远小于104.62立方米/公顷的天然林单位蓄积量。树种供给结构单一，人工林中仅15%为混交林，远低于49%的天然林混交林比重。主要用材树种杨树、桉树和杉木人工种植面积占到人工乔木林面积的75%，八次清查结果显示，杨树、桉树和杉木用材林面积1716万公顷，蓄积9.95亿立方米。这三个用材树种为我国胶合板、纤维板、刨花板、细木工板等木材加工业最主要的原材料来源，同时也因为速生、小径级、物理性能等原因，只能满足部分加工业的原料需求。

3. 大径级木材和珍贵木材供给能力不足

2009年，我国进口原木（海关代码：4403.4100/4910/4920/4930/4940/4950）135万立方米，进口额达3.88亿美元，每立方米价格达287.92美元。到2013年进口131万立方米，稍低于2009年进口量，进口金额却达5.27亿美元，平均每立方米价格达401.23美元。以进口柚木原木为例，2013年，我国进口柚木原木16.3万立方米，进口金额1.26亿美元，平均每立方米773.81美元，折合人民币4697元，根据国内木材市场价格监测，2015年进口柚木原木市场价格达8621元/立方米。由于供给能力严重不足，导致我国进口原木消费市场价格居高不下，消费者范围被严重限制在特定阶层。

（三）政策建议

1. 加大珍贵木材和大径级木材培育

热带气候区是珍贵木材和大径级木材的主要产区之一，每年由于农业生产等原因森林面积不断减少，2000~2010年，热带气候区每年森林面积净减少600万公顷，热带气候区天然林保护、木材采伐限量导致减产将是未来发展的主要方向，势必影响我国木材供给，因此，加大力度培育珍贵木材和大径级木材迫在眉睫。

2. 改进和完善速丰林产业政策，保证林业企业健康发展

以桉树为例，桉树面积仅占全国森林总面积的2%，桉树木材产量（3000万方/年）却超过了全国木材总产量的25%，这大大减缓了天然林采伐压力。但2000年左右出台的鼓励速丰林的政策没有持续贯彻，如计办〔2001〕141号、中发〔2003〕9号文等，近年来桉树产业没有得到应有的扶持，因此逐年萎缩。如果不能及时出台支持速丰林产业的新政策，地方限桉政策真的落实，桉树种植将难以为继。

四、人造板供给及政策建议

（一）供给能力分析

为了便于比较，采用FAO对全球人造板的统计数据分析我国人造板的供给能力，FAO统计因统计口径、标准不一等原因，与我国统计的产量有出入，但都在一个量级，按时间序列分析，基本都能反映供给能力发展态势。

我国曾经是胶合板进口大国，经过近十多年的发展，从2005年开始，我国逐步逆袭成为胶合板制造大国，产量和出口量均排在世界第一位，人均产量远超世界平均水平。以1992年为例，当年我国胶合板产量156万立方米，虽然产量排世界第五位，但仅占当年世界总产量的3.23%，而到2015年，这一比例提高到72.19%，1992年我国人均产量仅为1.23立方米/千人，同期世界人均产量为8.84立方米/千人，我国约为世界水平的1/8，而到2015年，我国胶合板人均产量达82.29立方米/千人，同期世界人均产量为21.34立方米/千人，我国超过世界平均水平3倍多。1992年，我国进口胶合板204万立方米，占世界胶合板总进口量的12.23%，到2015年，进口量下降到20万立方米，排名世界23位，占世界总进口量的0.81%。1992年，我国出口量只占世界胶合板总出口量的0.38%，而到2015年，出口量达1130万立方米，占世界出口量的39.48%，排名世界第一位。

我国是纤维板制造大国，产量长期处在世界前五位，从2002年开始，产量连续排名世界第一。30年前，我国纤维板产量仅占世界产量的5.3%，到2015年，该比例已经提升到54.63%，当年我国人均产量为36.60立方米/千人，而同期世界人均水平为15.97立方米/千人，我国远超世界平均水平，而在30年前，我国人均产量只有0.96立方米/千人，不到同期世界人均水平的1/3。1997~2006年期间，我国纤维板进口进入高峰状态，2000年进口219万立方米，进口量排名世界第一位，占世界总进口量的14.11%，2007年开始，进口量逐年下降，到2015年，进口量仅23万立方米，排名世界第27位，占世界总进口量的1.01%。进口量下降的同时，我国纤维板出口量猛增，2005年，出口量达160万立方米，出口排名从2004年的第21位跃居世界第二位，占世界总出口量的7.43%，到2015年，占世界总出口量比提升到12.45%。

经过30年的发展，我国刨花板供给能力不断提升，产量排名从1986年的第31位提升到2015年的第一位，1986年，产量只有21万立方米，占世界总产量的0.44%，人均产量为0.2立方米/千人，同期世界人均产量为9.77立方米/千人，是我国人均产量的48倍。到2015年，我国刨花板产量稳居世界第一位，占世界总产量的18.01%，人均产量达14.52立方米/千人，基本达到世界人均产量的水平。刨花板进出口发展态势与胶合板、纤维板发展态势不同，进口量和出口量占世界总额比例都很小，2005年以来，进口量不断下降，到2015年，进口排名世界第17位，占世界进出口量的1.66%。刨花板出口量很少，近30年出口量占世界总出口量比未超过1%。

截至2015年，全国保有刨花板生产线340条，合计生产能力1995万立方米，其中，广东产能最高，达到325万立方米，山东的生产线最多，达到54个，河南也有较强的产能，但是生产量却不高，2014年刨花板产量112万立方米，产量与产能之比0.58，一些内陆省产量与产能之比也较低。

（二）人造板供给面临的问题

1. 发展态势处于萎缩状态

对全国530余家林业企业的调查结果显示，2016年全年林业采购经理平均指数48.96，比2015年全年平均指数上升5.98%，3、4、5、10、11、12月指数超过50，其余月份均低于50，林业产业发展态势有所恢复，但仍然处于萎缩状态。同期由财新中国发布的制造业采购经理年平均指数49.83，比林业采购经理年均指数稍高1.98个百分点。

2016年林业采购经理生产指数50.22，比上年增长9.97%；订单指数50.01，比上年增长10.93%；库存指数46.27，比上年增长2.21%，雇员指数47.09，比上年增长2.15%，供货指数49.06，比上年下降2.01。说明2016年林业制造业生产量和订单量相比去年均有所增长，发展态势向好，库存好于上年，但仍然存在较大压力，劳动力雇佣不容乐观，供货能力相比上年有所下降。

2016年胶合板年均指数47.61，比上年增长9.36%，刨花板指数49.41，较上年上升5.79%，纤维板指数50.45，较上年上升14.57%，转为发展状态，木地板指数48.75，较上年上升3.41%。木家具指数46.30，较上年下降4.57%。

2. 供给产品面临环保压力

2011年，国务院印发《关于加强环境保护重点工作的意见》（国发〔2011〕35号）和《国家环境保护“十二五”规划》（国发〔2011〕42号），均明确要求“制定和完善环境保护综合名录”。根据《环保综合名录（2015年版）》，胶合板制造、刨花板制造、纤维板制造、木质家具制造、木竹浆制、非木竹浆制造均被列为“高污染、高环境风险产品”。根据林业发展“十三五”规划，要淘汰80%以上的落后产能。这些政策的实施对当前人造板行业造成很大的冲击，人造板供给侧改革势在必行。

（三）人造板供给政策建议

1. 淘汰落后产能，淘汰E2级产品

根据《环保综合名录（2015年版）》，胶合板制造、刨花板制造、纤维板制造、木质家具制造、木竹浆制造、非木竹浆制造均为“高污染、高环境风险产品”，其中甲醛释放限量E1标准的除外。因此要逐步淘汰E2级产品，按市场规律关停部分供给企业，提高我国胶合板企业集群优势，发展龙头企业，改变90%以上的胶合板企业属于中小型企业的现状。

2. 迁移板厂企业至产业工业园区，发挥集群优势

建议分地域、产品构建产业工业园区，逐步将所有人造板企业迁移至工业园区，发挥产业集群优势，减少制造企业对土地、水、空气的污染，促进清洁生产和绿色发展。

3. 将利于环保的林产品纳入政府采购目录

我国大部分竹产品，包括竹家具、竹地板、竹制品等具有良好的生态、环保功能，但是主要销往国外，在发达国家重视森林认证工作，只有符合森林认证的竹产品被允许销往该国。而我国在此方面没有制定特别的政策来扶持生态产品的发展。建议将具有良好环保功能的产品纳入政府采购目录，政府以购买服务或直接采购的方式支持环保林产品的发展。

4. 构建良好市场环境、着力解决企业转型面临问题

根据此次调研结果，林业企业大部分有转型升级的意愿，但是在转型升级过程中也面临着一些问题，主要有缺乏管理人才、缺乏资金支持、研发能力薄弱、缺乏技术支撑、企业新产品易被仿冒、转型升级后面临产品同质竞争、产能过剩的局面等。建议从政策、资金、人才和维护市场秩序层面开展专项工作，为企业发展排忧解难。

五、经济林产品供给及政策建议

(一)经济林产品供给现状

2015年营造经济林175.1万公顷，其中：新造面积103.3万公顷，改培面积71.9万公顷。截至2015年年底，全国经济林栽培总面积达3588.0万公顷，其中结果面积1961.5万公顷，占经济林总面积的54.67%。

经济林产量和产值方面，2015年，全国经济林总产量达17.4亿吨，经济林种植与采集业实现年产值11.9亿元。其中：水果产量1.46亿吨，占经济林总产量的84.19%；干果产量1044万吨，占经济林总产量的6.01%；木本油料产量560万吨，占经济林总产量的3.23%。

进出口情况方面①，2015年我国消费类经济林产品进出口总计808.8万吨，比上年增长11.73%，其中出口459.4万吨，比上年增长12.32%，进口349.4万吨，比上年增长10.96%，进出口数量比44:56。进出口金额总计52.7亿美元，比上年增长9.04%，其中出口29.2亿美元，比上年增长2.64%，进口23.4亿美元，比上年增长18.22%，进出口金额比43:57。

(二)大宗经济林产品供给现状

1. 核　桃

2015年我国核桃营造面积为17.5万公顷，其中：2015年新造面积15.1万公顷，改

① 此处核算的经济林产品进出口数据主要依据2015年《林业统计年鉴》。

培面积2.40万公顷。截至2015年年底，全国核桃栽培总面积达686.1万公顷。结果面积255.7万公顷，占栽培总面积37.27%。

2015年，全国核桃的产量达到333.2万吨。其中：云南核桃产量为82.5万吨，占全国核桃产量的24.75%；四川核桃产量为45.8万吨，占全国核桃产量的13.76%；陕西核桃产量为22.1万吨，占全国核桃产量的6.64%；山东核桃产量为21.97万吨，占全国核桃产量的6.59%。

2. 大　枣

2015年，全国枣（干重）产量为540.2万吨。其中：新疆枣（干重）产量为244.9万吨，占全国枣（干重）产量的45.34%；陕西枣（干重）产量为85.05万吨，占全国枣（干重）产量的15.74%；河北枣（干重）产量为55.4万吨，占全国枣（干重）产量的10.26%；山西枣（干重）产量为48.3万吨，占全国枣（干重）产量的8.94%；山东枣（干重）产量为37.1万吨，占全国枣（干重）产量的6.88%。

3. 板　栗

2015年我国板栗营造面积为10.8万公顷，其中：新造面积为2.6万公顷，改培面积为8.2万公顷。截至2015年年底，全国板栗栽培总面积达177.5万公顷，结果面积为95.6万公顷，占到总栽培面积的53.84%。

2015年，全国板栗产量为234.2万吨，占干果产量的22.44%。其中：湖北板栗产量为41.2万吨，占全国板栗产量的17.61%；河北板栗产量为32.7万吨，占全国板栗产量的13.98%；山东板栗产量为31.3万吨，占全国板栗产量的13.38%。

（三）经济林产品供给存在的问题

1. 单位面积经济林产品供给能力低

以苹果为例，据联合国粮农组织统计，1992年开始，我国苹果产量超过前苏联，跃居世界第一位，1994年，我国人均产量达9.28千克/人，超过日本7.97千克/人的人均产量，同时超过世界8.32千克/人的人均产量。2001年，我国人均产量达15.68千克/人，超过美国14.96千克/人的人均产量。

但是，相比苹果产量的快速提高，我国苹果单产水平很低，直到2006年，苹果单产13.72吨/公顷，超过世界13.64吨/公顷的水平，近几年单产一直处于略高于世界平均水平的位置。但跟发达国家相比，差距仍然很大，美国自1978年以来，单产一直保持在20吨/公顷以上，2014年达到40.27吨/公顷。而我国苹果2014年的单产18.01吨/公顷，还达不到美国1978年的水平。

2. 大宗经济林产品利润下滑

在政府支持和消费市场的推动下，近10~20年，红枣产业得到了空前发展，尤其是新疆，在自治区政府的大力推动下，红枣已成为新疆农村经济发展的支柱产业，南疆起步较早的地区，红枣是当地林农的主要收入来源。但是，在种植面积不断扩大和产量不断提升的情况下，红枣产业发展也面临着许多挑战，由于我国是枣产业超级大国，也是世界上唯一的红枣出口国，因此这些挑战仅来自国内。

(1)红枣市场正从卖方市场向买方市场转变，市场竞争加剧，导致一些地区林农收益受损。红枣批发价格监测结果表明，在红枣产量提升的背景下，价格却处于下降态势，消费市场价格已经发出利润下降的信号。同时，林农红枣栽培成本不断上升，这包括土地流转、租赁费用、劳动力成本等，尤其是劳动力成本上升很快，不断蚕食红枣销售利润。

(2)产业链短，保鲜能力不足，造成了产量越高损失反而越大的局面。由于枣树的自然属性，鲜枣上市周期非常集中，近些年的价格走势对此反应敏感，每到9~11月份由于集中上市，加上鲜枣保鲜能力不足，红枣批发价格下降明显，导致林农利益受损。

(3)产业区域转移导致传统生产地区竞争力不足。陕西、山西、河北、山东曾经是我国主要的北方红枣生产地区，而经过近几十年的发展，新疆一跃成为全国红枣面积和产量均居全国第一的红枣大省。新疆独特的地理条件优势也是红枣产业快速发展的重要因素，导致有些地区的红枣卖不出好价格。

(四)经济林产品供给政策建议

1. 全面开展林产品原产地保护工作

林产品具有天然的原产地属性，只有在特定的水、气、土壤上才能生产特有的林产品，就像只有茅台镇生产的酒才能叫茅台酒，而且林产品种植已成为一些地区的主要经济来源。我国有大量的林产品原产地亟待确认和保护，这不但是解决特色林产品特色的问题，更重要的是提升林产品的原产地价值，也是保护广大林农为代表的林产种植加工从业者的需要。

2. 对部分林产品进行保护性收购

通过实地调研和统计分析发现，一些依赖林产品销售的林农因为当年销售价格低下、遭受灾害等原因，导致年收入很不稳定，从事林业的积极性下降，这对改善当地生态功能，让更多的林农从事林业建设是一个不好的信号。建议制定林产品保护性价格，一旦低于设定价格，则启动价格保护措施。

3. 构建“互联网+”背景下林业生产现代化服务体系

林业产业“十三五”发展规划中，将发展特色富民产业作为“十三五”林业产业发展重点领域，包括林下经济、中药材、木本油料、绿化苗木和花卉、特色经济林、野生植物繁殖利用、竹产业等，“互联网+”为特色富民产业发展惠及林农提供了重要的途径，同时，也要看到我国特色富民产业仍然存在着生产经营分散、林产品保护力度不够、经营成本高、规模效益低下、产业链短等诸多问题，政府部门如何制定政策，充分利用现代网络构建林业现代化服务体系，关系着林产品如何及时供应市场、如何及时反映消费市场需求、如何提供有效供给、如何最大限度实现利润保证等诸多问题。因此，需要研究林业生产现代化服务体系的政策、方法，充分利用现代信息技术构建数据网络平台，为生产者与市场、企业和政府构建沟通的桥梁。

六、林业企业供给侧改革调查

针对林业供给侧结构性改革措施研究，本研究中心联合中南林业科技大学对山东、湖南、河北、江西等地林业企业进行调查，获得202份有效的企业问卷，调查的样本含大型企业12家、中型企业114家、小型企业76家，分别占全部有效样本的5.94%、56.44%和37.62%。大型企业中私营企业10家，占83.33%；中型企业中私营企业103家，占90.34%；小型企业中私营企业70家，占92.11%。样本中企业的主营业务包括人造板加工及销售、家具加工和销售、木门及木制品加工、竹制品加工、食用产品加工和其他林产品加工，企业数分别是64家、37家、32家、21家、18家和30家，分别占样本总数的31.68%、18.32%、15.84%、10.40%、8.91%和14.85%。调查结果如下。

（一）大部分企业有转型升级意愿

样本总数中，无转型意愿的60家，有转型意愿的142家，分别占总数的29.70%和70.30%；其中私营企业中无转型意愿的有55家，有转型意愿的127家，分别占总样本的27.23%和62.87%；其他类型企业中无转型意愿的有5家，有转型意愿的15家，分别占样本总数的2.48%和7.43%。

（二）企业产能过剩现象较少

2015年无产能过剩的企业有87家，产能过剩很少的企业有52家，产能过剩严重的企业有14家，产能过剩一般的企业有49家，分别占样本总数的43.07%、25.74%、6.93%和24.26%。2016年无产能过剩的企业有83家，产能过剩很少的企业有50家，产能过剩严重的企业有16家，产能过剩一般的企业有53家，分别占样本总数的41.09%、24.75%、7.92%和26.24%；相比2015年，无产能过剩的企业和产能过剩很少的企业分别下降4.6%和3.85%；产能过剩严重的企业和产能过剩一般的企业则分别增长14.29%和8.16%。

（三）企业库存压力一般

2015年无库存压力的企业有76家，库存压力很小的企业有44家，库存压力严重的企业有12家，库存压力一般的企业有70家，分别占样本总数的37.62%、21.78%、5.94%和34.65%。2016年无库存压力的企业有67家，库存压力很少的企业有50家，库存压力严重的企业有10家，库存压力一般的企业有75家，分别占样本总数的33.17%、24.75%、4.95%和37.13%；相比2015年，无库存压力的企业和库存压力严重的企业分别下降11.84%和16.67%；库存压力很少的企业和库存压力一般的企业分别增长13.64%和7.14%。

（四）行业竞争激烈是企业转型升级主因

企业转型升级的原因中，认为发现新的市场机会的企业有45家，企业目前成本过高的企业有47家，新产品或技术研发成功的企业有28家，目前行业发展前景暗淡的企业有15家，认为行业竞争激烈的企业有78家，认为市场萎缩的企业有47家，分别占总样本的22.28%、23.27%、13.86%、7.43%、38.61%和23.27%。

（五）产品创新是企业转型升级最可行路径

在调查的企业转型升级路径中，认可通过产品创新提高产品附加值的企业有73家，认可“互联网+”的企业有48家，认可创建自主品牌的企业有24家，认可技术升级的企业有57家，认可企业间资源整合、形成协同效应的企业有37家，认可地理布局优化的企业有24家，认可由制造向前延伸到研发设计及由制造向后延伸到市场营销的企业有39家，分别占总样本的36.14%、23.76%、11.88%、28.22%、18.32%、11.88%和19.31%。

（六）企业转型升级主要方向趋同

在当前企业转型升级主要方向中，升级后与升级前相比较，自主研发方面基本持平的企业有66家，明显增加的企业有34家，有所增加的企业有92家，下降的企业有10家，分别占总数的32.67%、16.83%、45.54%和4.95%；设备升级方面基本持平的企业有74家，明显增加的企业有36家，有所增加的企业有90家，下降的企业有2家，分别占总数的36.63%、17.82%、44.55%和0.1%；人才引进方面基本持平的企业有90家，明显增加的企业有27家，有所增加的企业有77家，下降的企业有8家，分别占总数的44.55%、13.37%、38.12%和3.96%；品牌建设方面基本持平的企业有65家，明显增加的企业有47家，有所增加的企业有87家，下降的企业有3家，分别占总数的32.18%、23.27%、43.07%和1.49%；管理升级方面基本持平的企业有46家，明显增加的企业有47家，有所增加的企业有103家，下降的企业有6家，分别占总数的22.77%、23.27%、50.10%和2.97%。

（七）企业近三年转型升级绩效显著

调查的企业中，企业近三年转型升级绩效与升级前相比，市场竞争力得到改善的企业有127家，得到显著改善的企业有42家，没有改善的企业有33家，分别占总数的62.87%、20.79%和16.34%；生产情况得到改善的企业有128家，得到显著改善的企业有38家，没有改善的企业有36家，分别占总数的63.37%、18.81%和17.82%；盈利状况得到改善的企业有131家，得到显著改善的企业有23家，没有改善的企业有48家，分别占总数的64.85%、11.39%和23.76%；用工数量减少的企业有118家，显著减少的企业有10家，没有改善的企业有6家，没有减少的企业有68家，分别占总数的58.42%、4.95%、2.97%和33.66%。

(八)企业平均产能利用率不高

调查样本中，上半年平均产能利用率25%以下的企业有23家，25%~50%的企业有24家，50%~75%的企业有72家，75%以上的企业有83家，分别占总数的11.39%、11.88%、35.64%和41.09%。

(九)缺乏资金支持成为企业面临的主要问题

企业认为当前生产经营中的主要困难有5个方面，管理人才缺乏的企业有73家，缺乏资金支持的企业有158家，研发能力薄弱、缺乏技术支撑的企业有93家，新产品易被仿冒的企业有57家，转型升级后面临产品同质竞争，产能过剩的局面的企业有51家，分别占总数的36.14%、78.22%、46.04%、28.22%和25.25%。

(十)企业同质化竞争严重

制约企业现有产品竞争力提升的主要因素中，认为产品档次较低端的企业有39家，品牌认同率不高的企业有45家，面临同质竞争的企业有107家，商业模式陈旧的企业有77家，营销手段不足的企业有57家，分别占总样本数的19.31%、22.28%、52.97%、38.12%和28.22%。

(十一)市场营销能力与品牌建设不足是企业存在的短板

认为成本控制能力不足的企业有35家，管理体系建设不足的企业有31家，技术创新能力不足的企业有83家，商业模式创新、市场营销能力与品牌建设不足的企业有108家，企业文化与员工激励机制不足的企业有33家，分别占总数的17.33%、15.35%、41.09%、53.47%和16.34%。

(十二)企业对政府推进转型升级措施评价较好

对政府推进企业转型升级措施的评价中，总体评价好的企业有118家，评价一般的企业有54家，评价有待改进的企业有30家，分别占总数的58.42%、26.73%和14.85%；为企业提供转型升级所需技术信息与支持评价好的企业有98家，评价一般的企业有71家，评价有待改进的企业有33家，分别占总数的48.51%、35.15%和16.34%；为企业提供转型升级所需资金支持评价好的企业有83家，评价一般的企业有72家，评价有待改进的企业有47家，分别占总数的41.09%、35.64%和23.27%；为企业吸引转型升级所需人才提供支持评价好的企业有73家，评价一般的企业有78家，评价有待改进的企业有51家，分别占总数的36.14%、38.61%和25.25%。

企业对政府在推进企业转型升级所采取的措施方面总体评价较好，其中，政府提供转型升级所需技术信息与支持是各企业满意度最高的措施，相对而言，资金支持与提供人才支持则有待进一步加大力度。当前政府作用主要存在的问题有：一是体制机制不够健全；二是发展支撑要素不足；三是创新驱动要素不足。

(十三)企业对政府实施供给侧改革建议

企业对政府实施供给侧结构性改革的建议中，认可保护知识产权的企业有14家，认可创新创业扶持的企业有 121 家，认可加强土地、水电气等要素支持的企业有 58 家，认可简政放权的企业有 51 家，认可降低流通成本的企业有 67 家，认可降税减费的企业有 117 家，分别占总数的 6. 93% 、59. 90% 、28. 71% 、25. 25% 、33. 17% 和 57. 92% 。改革建议中，企业认为政府的创新创业扶持和降税减费是两个重要的措施，其他方面也应有所改善，这样才能加快我国企业转型升级的进度。

调 研 单 位：国家林业局经济发展研究中心
中南林业科技大学
调研组成员：毛炎新　侯森林　张英豪　朱光玉　苏　纾　罗小浪　关瑞芳　王海洋
吴灿军

林业建设 PPP 模式应用研究报告

【摘　要】林业 PPP 建设是林业领域发挥市场在资源配置中起决定性作用的重要尝试，为林业发展带来了新机遇，在提高林业工程效率、降低融资压力两方面对林业发展有积极意义。由于林业项目融资压力大、土地资源问题难解决、社会资本参与度低、林业部门职能分工的劣势等因素，导致林业 PPP 项目存量不足，数量和金额明显偏低。林业作为生态服务的重要提供者，PPP 应用前景广阔，应积极发展林业 PPP。林业 PPP 发展应遵循生态为主、兼顾经济性和效率性原则，重点在生态资源保护、生态工程和林业基础设施三大领域中发展 PPP 项目。同时在林业 PPP 建设中，应转变政府职能，理顺各类阻碍项目实施、社会资本难以参与的林业政策；研究新兴的生态效益融资方式，拓展林业融资和收益渠道；做好林业 PPP 规划的顶层设计，推广林业 PPP 示范项目，强化专业人员机构和能力建设，加强高层交流，切实解决林业 PPP 落地难的问题。

一、林业 PPP 内涵

政府与社会资本合作（PPP）即 public—private　partnership，是指政府与社会资本之间为了提供某种公共物品或服务形成的合作伙伴关系，在合作中双方通过合同来明确权利和义务，使合作达到比单独行动更有利的结果。当前中国的 PPP 热有其深刻的背景，一方面地方政府融资平台遭遇瓶颈、土地财政难以为继，财政收入逐步收紧；另一方面预算限制日益紧张、银行削减项目贷款，能够用于公共服务项目的资金十分有限。与此同时，经过近四十年的改革开放，民间已经积累了巨大规模的资本，却缺乏合适的投资途径。推行 PPP 模式主要是通过在项目全流程引入社会资本，发挥市场在资源配置中的决定性作用，实现公共服务供给机制的重大变革。同时，政府部门负责基础设施及公共服务价格和质量监管，以保证公共利益最大化，引入 PPP 的目标在于能够解决公共产品供给中资金匮乏和效率低下两类问题。目前国内 PPP 开展的主要方向在交通、水利、市政三方面。

提供公共服务方面，公共服务是指由政府或公共组织或经过公共授权的组织提供的具有共同消费性质的公共物品和服务，它具有非竞争性和非排他性，即这种公共服务人人可以享用，且每个人的消费和收益不会影响其他人的消费和收益，其主要内容有义务教育、社会保障、卫生、城市的公共基础设施等。在现实生活中，除了纯粹的公共服务外，政府给予补贴但仍需要收取一定和费用的“准公共服务”普遍存在，如城市的公交系统，政府修建的公园、公路，等等。理论上讲，纯公共服务和准公共服务均可以通过 PPP 方式实施。

随着人们对“绿水青山就是金山银山理念”达成共识，社会对生态建设的关注度逐渐加深。林业作为生态建设主体，经过多年发展，已经取得长足进步，但是人民日益增长的对美好生活的需要和林业服务不平衡不充分的发展之间的矛盾十分突出，基础设施建设和其他领域相比仍然十分落后，为了提高林业项目效率、减轻生态建设的资金负担，林业领域的政府和社会资本合作逐渐受到关注。

林业 PPP 即是指政府与社会资本之间，为了合作建设林业项目形成的伙伴式合作关系，并通过签署合同来明确双方的权利和义务，以确保合作的顺利完成。

林业作为一项重要的社会公益事业和一个重要的物质生产部门，兼具生态、经济和社会功能，是一个具有典型外部经济的领域；同时，从改善生态环境、推动经济发展、促进社会进步角度看，目前中国林业建设发展还是一个短板，需要不断重点发展。这些特点决定了林业的建设和发展与政府和公共服务的投入有着密不可分的联系。从林业性质与定位、当前中国林业所处的历史阶段及国外的经验来看，对林业加大扶持、增加投入、促进发展是必须高度重视的一个重大战略问题。从这个角度看，林业 PPP 发展前景广阔。

二、林业 PPP 发展现状

据统计，截至 2017 年 6 月，财政部政府和社会资本合作中心项目库中项目总量为 13554 个，总金额约 16 万亿元，其中入库的林业 PPP 项目共计 30 个，国家示范项目 2 个，总投资 410 亿元(其中福建南平国家储备林工程建设投资 216 亿元)。投资额 1 亿元以下项目 3 个，1 亿~3 亿元项目 5 个，3 亿~10 亿元项目 13 个，10 亿元以上项目 8 个。入库的农业项目国家示范项目 143 个，总投资 416.73 亿元，投资额 1 亿元以下项目 33 个，1 亿~3 亿元 44 个，3 亿~10 亿元 44 个，10 亿元以上项目 22 个。林业 PPP 项目投资回报以 BOT(建设 - 运营 - 转让)和 BOO(建设 - 拥有 - 运营)模式为主。据统计，截至 2017 年 7 月，国家发改委 PPP 项目库中林业领域项目 42 个，总投资额达到 279.15 亿元。

和农业领域的 PPP 项目相比，林业项目存量不足，数量较少，项目投资领域较窄，项目实施进度慢。从项目类别来看，财政部 PPP 项目库中的 30 个林业项目中，森林公园

(生态园)建设类 9 个，林业生态工程 8 个，林业产业类 6 个，通道绿化 4 个，其他类 3 个。国家发改委 PPP 项目库中，有 42 个林业 PPP 项目，其中湿地公园、森林公园(生态园)类项目 31 个，林业生态工程类 10 个，林业产业类 1 个。但是，截至 2017 年 6 月底，财政部林业 PPP 项目中仅有 3 个项目正在执行，包括博乐市万亩生态林工程建设一期、二期项目(实际上是森林公园建设)和策勒县 3 号风口风沙源治理与林业综合开发项目(实际上是沙漠公园和经济林产业建设)。传统的林业生态工程建设领域的项目很少纳入到林业 PPP 项目库，《关于运用政府和社会资本合作模式推进林业建设的指导意见》指出的林业基础设施建设和野生动植物保护利用、储备林建设等林业 PPP 项目尚未发展起来。

社会资本收益途径有两个，一是建成的公园、设施的运营收益或发展林下经济得到的收入，二是政府按照造林和生态恢复标准为企业支付的补助。这些项目主要位于城区或城郊，现实收益和未来收益(土地溢价趋势)明显，传统意义上的边远山区林业基本设施建设项目很少。值得注意的是，目前我国的 PPP 项目中，划分为生态建设和环境保护类的项目较多，项目总量约 700 个，其中一半为水源和流域治理项目，但也有很大一部分景观建设类项目中包含了造林和绿化项目。城镇综合开发类项目总量也有 700 余个，土地整治和城镇化建设中包含城市绿化工程。由此可见，目前许多 PPP 项目中包含林业工程，造林绿化、河流整治、基础设施建设这些工程共同服务于环境治理这一目的。但这些项目主要由建设部门主管，林业部门的参与度较低。

总体来看，目前我国林业 PPP 项目尚未发展起来，存量项目少，同时项目如何吸引社会资本，如何开发项目，如何保证项目落地，都是现阶段需要考虑的重要问题。

三、林业 PPP 项目开发意义

1. 创新林业生态产品供给方式

目前我国公共服务体系建设取得显著成效，但仍不足以满足人民群众日益增长的公共服务需要和对良好生态环境的需要。长期以来，我国林业建设一直由政府主导，国家预算资金和国内贷款是主要的资金投入来源。发展林业 PPP 项目是响应国家在公共服务领域推进供给侧结构性改革的重要举措，有利于吸收社会资本参与林业建设，促进林业生态建设主体多元化，避免政府“唱独角戏”，真正实现生态建设共建共享。发展林业 PPP 项目有利于调动社会资本的积极性和创造性，在生态建设领域引入社会资本，提高生态建设项目的运营效率，实现社会公众对良好生态环境的获得感。

2. 提升林业工程建设效率

PPP 项目运作模式对提升林业工程的效率、创新实施林业项目有益。我国林业公共服务建设中存在重造林、轻经营，重建设、轻运营维护，重准入、轻监管的问题，项目运营缺乏稳定收益，后期缺乏稳定投入，影响了公共服务的供给效率和实际效果。低效率必然会增加项目的执行监督成本，降低项目绩效，项目效果与项目目标存在差距。林业PPP项目引入社会资本后，通过垫资－建设－验收－补偿－建设－再补偿等环节控制，实现政府和社会资本风险共担，利益共享。政府更好地履行项目合同监管职责，社会资本便会按照项目合同要求，全周期地高效完成项目目标。

3. 完善林业治理水平

实施PPP可以促进林业行政职能转变，助力林业市场化改革。在林业公共服务领域中，林业部门还承担着许多职责，阻碍了林业市场化方向，降低了林业治理效率。通过林业PPP项目，政府和市场可以重新划分权责，政府由管理向治理转变，由运动员和裁判员转变为监督者和合作者，市场承担起优化资源配置的职能，双方通力合作，实现林业公共服务管理效率的提升。

4. 激活林业创造力

林业PPP可以为一部分企业扩展市场空间，激发经济活力和创造力。林业PPP以新的方式打破民间资本进入林业公共服务领域的限制，拓展社会资本的发展空间，可以帮助打造新的林业经济增长点。

综上，林业PPP项目的引入对于创新林业生态产品供给方式，提升项目管理效率，加快林业建设发展都有着极大的推进作用。

四、林业PPP项目的特点

1. 项目全生命周期长

由于林业生产本身的长周期客观导致了林业PPP项目全生命周期长。与一般PPP项目相比，林业领域PPP项目的收益回收慢且合同期长。林业PPP项目库中的项目合作周期一般都在20年以上，最长有50年。PPP项目具有特许期限，其周期是从项目启动到项目不能再提供产品或服务为止的全寿命期。根据世界各国开展基础设施特许经营的经验看，不同的PPP形式导致特许权期限的不同。在政府购买(BT)的合作方式下，管理合同一般为3~10年；租赁合同在10~15年；建设－运营－移交(BOT)项目的合同一般为15~30年。由于林业产品生命周期长，收益回收较慢。对于私营部门，由于受林业生态产品如何转化为经济效益，受需求弹性和市场定价的限制，以及担心特许期内投资无法完全回收，从而需要比一般公共部门PPP项目有更长的项目期限，以激励特许权人进行必要的投资。

项目经营周期长，必然面临着较大的自然风险和经营风险。项目后期长期的管理和保障需要巨大的资金支持，依靠政府相对单一的投资渠道，显然无法满足林业建设的需要，需要银行贷款、保险、资产证券化等渠道来提供资金支持，融资风险必须引起重视。

2. 项目融资压力大

当前林业工程项目的平均投资在 5 亿~ 20 亿，由于政府补偿和使用者付费的支出存在延后性，项目建设期融资的需求较强，融资的可行性也是社会资本方识别项目时非常关注的。目前我国林业工程的融资方式除了无偿的财政拨款外，最常见的就是银行贷款，包括向商业银行、政策性银行和其他国外金融组织贷款等，而银行机构的信贷政策仍然沿用传统政府融资和企业融资思路，强调抵押物担保，希望政府财政兜底。对于公益性项目而言，除需要合同质押外，还需要提供土地、资产收费权等实物担保或公司的抵押或当地政府的金融平台的公司提供担保。PPP 项目公司的在项目运营阶段一般获得林地经营权，但林地经营权抵押贷款还处于试点探索阶段，金融机构对抵押物的选择过于挑剔，PPP 项目公司通过林权融资难度较大。

3. 林地资源更为复杂

林业 PPP 项目中无论是生态恢复还是森林公园建设，需要占用大量的土地资源。项目范围内若出现林地、耕地、建筑用地等多属性土地资源，项目的进展和土地的利用将存在一定困难，也有可能出现预期外的土地征收费用。此外，我国林地的所有权为国家所有和集体所有两种形式，在征占土地时审批程序并不一样。特别是集体林，及众多利益主体，林权情况更为复杂。为盘活林业资源，我国从 2008 年起就逐步开展集体林权制度改革，约有 90% 的集体林地已经实现分配到户，产生了较好的效果，吸引了大量民间资本投入林业，激活了林业活力，带动了地方林业经济和林业产业的发展。但林地细碎化，小林户经营难以实现规模经济，林业片区性生态效益有所损害等问题日渐明显。开展林业 PPP 项目时，需要通过租赁、合作入股、征收等方式获得土地经营权，建设项目需要协调数量众多的经营主体，需要大量时间，工作量也较为庞大，项目规划与市政工程相比，操作更加复杂。

4. 项目政策风险和收益风险大

基于林业项目周期长即利润回报周期长的特点，在林业方面开展 PPP 项目意味着承担更大的风险。社会资本竞标林业 PPP 主要面临三方面风险。首先是政策风险，由于林业 PPP 项目周期长，在此期间，社会经济发展变迁、国家治理思维的转变、政府决策者的更替、政府不同部门的政策冲突，都会给项目造成潜在风险。即使在政府付费模式下，一些地方政府缺乏可靠的财力保障，社会资本担心政府违约。其次是收益风险，林产品和生态产品一般情况下生产周期较长，收益回收期长，受市场影响波动大。而且林业项目补贴额度总体偏低，依靠这些补贴虽能勉强能弥补造林和养护成本，但是难以形成有效收益，项目收益往往低于预期。因此相比传统的项目承包模式，社会资本参与林业 PPP 项目的最终收益具有很大不确定性。最后是自然环境风险，对于林业项目，林木培育的效果更多受到自然环境的影响，自然灾害、极端天气等都有可能造成林木损失。同时，林业项目的投资者不仅要在初期投入较多资本，在项目完成后交付运营的过程中还要大量的维护成本，例如苗木后期管理成本，其中包含了病虫害防治、抚育修枝、水肥管理、人工成本等。

5. 林业分工的特殊性

目前土地财政在地方政府财政中仍占据重要地位。市区、市郊开发基础设施类PPP项目具有先天优势，也可直接就近服务民众，创造了优美的自然生态宜居环境，间接刺激了周边地价上涨，增加政府财政收益。因此地方政府开发就近PPP项目的意愿较高。林业PPP大多开发在城市边远区域，开发后主要提供生态产品，获得生态效益，经济效益相对较少，政府开发此类项目的主观意愿较弱。林业PPP项目在区位中明显处于劣势，难以获得地方政府青睐。此外，林业PPP项目管理权归属较复杂。目前与林业相关、与城市基础设施建设也相关的核心PPP项目主要集中在城市绿化、近郊公园等园林项目上，而此类项目的管理和审批权限常常归属于住建部门，林业部门职权范围主要在国有林地的建设管理和大型生态工程的建设、维护上，多头管理项目存在一定风险和麻烦，客观上降低了林业部门开展PPP项目的意愿。

五、林业PPP建设思路

(一)林业PPP发展原则

1. 生态优先原则

PPP项目是公私合作伙伴制，主要为了提供基础设施和公共服务而在公共机构与民营机构之间达成的伙伴关系。所以，PPP项目的首要目标是为公众提供公共产品，由此，林业领域的PPP项目首要任务是提供林业生态产品或服务。在此基础上，才有政府部门和私营部门的经济共建目标。不属于林业公共服务领域的，涉及国家重大公共利益的，或者不适宜由社会资本承担的，不适宜采用PPP模式。

利润和风险分担方面，在PPP项目中社会资本要实现自身利益最大化，而政府部门要实现公共社会福利和利益最大化，这两者之间可能产生矛盾。因此，世界各国在公私合作的实践中达成了两个共识，一是需要约定社会资本方的收益水平，防止公共资源变成牟利工具，二是需要强化政府监督，保障项目的实施能够提高公共服务质量和水平。

2. 经济性原则

林业建设的PPP项目模式是否是最优选择，要看是否使其资金效用最大化。2004年，英国财政部颁发了《资金价值评估指南》(*Value for Money Assessment*)，认为：资金价值最大化可以理解为项目生命期内费用与目标实现程度的最优组合。PPP是一种融资方案，其资金的经济性原则可以分解为时效性、风险收益相协调和成本收益相匹配的原则。

林业领域的PPP项目期长，且存在较高的自然风险、市场风险和政策风险。因此，在整个项目期内，如果项目的收费不足以补偿投资和日常运营成本时，政府就应采用补贴等方式对参与项目的私营部门进行补偿，如：生态效益补偿，使私营部门获得适当的项目收益，否则就会失去对项目参与者的吸引力。林业领域的 PPP 项目应以成本 - 收益为原则，制定林业生态建设的 PPP 项目的成本分摊方案、评估项目的财务生存能力，应考虑由林业生态建设项目引起的外部效果，进而为多方项目合同利益者正确分配收益。

3. 效率性原则

PPP 项目在政府公共部门和私营部门应该共享投资收益、分担投资风险。这种制度安排要求建立政企职能与义务协调分离的原则。私营部门成为林业建设的长期提供者，从而对该资源进行长期管理；而政府公共部门更多成为管制者，主要任务应该在林业建设的整体资源规划、绩效监督、契约的管理方面。从而提高林业领域 PPP 项目的效率。

(二)林业 PPP 适用条件

通过理论分析和林业投资的特点分析可以看出，林业项目具有天然运用 PPP 模式的特质，可以总结为以下几点：

1. 适用于涉及林业公共产品或公共服务领域的项目

林业作为重要的社会公益事业和物质生产部门，兼具生态、经济和社会功能。公共服务可以根据其内容和形式分为基础公共服务、经济公共服务、公共安全服务和社会公共服务。从林业层面细分：包括基础公共服务，如对林业基础设施的建设；经济公共服务，如政府提供免费种苗，提供适用造林技术指导；公共安全服务，如防火、防虫、防盗的“三防”服务；社会公共服务，如城市森林、湿地公园和沙漠公园的建设。

2. 适用于与林业生态建设相关的周期长的项目

林业生态建设注重长时间的生态效益，因此其项目持续时间较长。目前我国林业生态建设项目主要包括退耕还林、长防林、绿色长廊工程、森林资源保护工程、森林生态效益补偿基金等，这些项目开展的周期长，需要源源不断的资本注入才能顺利维持下去，而林业 PPP 正好可以为这些项目提供长时间的融资支持。

3. 适用于生物能源开发、园林绿化等具有一定专业要求，又存在足够多的利益相关者的项目

开展林业 PPP，就是要通过 PPP 取得 1 + 1 > 2 的效果，双方要优势互补，其中社会资本的相对优势主要体现在资本、技术、管理等方面，而且往往体现为综合优势。对于生物能源开发、园林绿化等具有一定专业要求，且具有众多利益相关者的林业项目，恰恰可以充分利用林业 PPP 中社会群体参与的优势，发挥社会群体的专业技能。

4. 适用于存在效率问题和融资困难的项目

从效率问题和融资难易的角度来讲，在偏远地区开展林业项目是最需要推行 PPP 模式的，这些地区交通闭塞、信息传播不畅，且社会经济条件较为落后，但往往又是适宜林业发展的山区，因此，效率低下，资金不足成为这些地区开展林业项目的“瓶颈”。比如在这些地区的用材林和经济林种植等。PPP模式下，项目主体需要统筹考虑项目全寿命周期的成本，可以有效避免前后脱节的问题、保障项目设施的可用性和运行绩效达标。

5. 适用于私营部门享有管理权，政府部门享有投资决策权的项目

社会资本和政府部门在开展林业PPP时要有所分工。在总结国外PPP项目经验时发现，私营部门在参与项目时，多采用租赁或购买等方式获取对公共产品在一段时间内的使用权和管理权，但在项目结束后，会将公共产品无偿交回政府部门。也就是说，政府部门始终掌握着对公共产品的控制权，能够对公共产品投资进行决策，而私营部门只是参与其中，达到共担风险、共享利润的目的。

具体来说，不同林业PPP发展模式的适用条件见表1。

表1 林业PPP发展模式的适用条件

模式	中文含义	使用条件
LBT	租赁－建设－转让	私营部门采用租赁的形式承包林业项目，经过一定程度的建设，到期结束后移交给政府
PBT	购买－建设－转让	私营部门采用购买的形式承包林业项目，经过一定程度的建设，合同结束后移交给政府。与LBT不同的是，在建设期间，私营部门拥有该项目的所有权
BLOT	建设－租赁－经营－转让	私营部门先与政府签订长期租赁合同，由私营部门对林业项目进行投资和建设，并在租赁期内享有全部的项目可实现利润，于合同结束后移交给政府
BOOT	建设－拥有－经营－转让	私营部门获得政府授予的特许权后，对林业项目进行投资和建设，并获取项目可实现利润。与BLOT不同的是，在特许期内私营部门拥有项目的所有权，特许期结束后交还给政府
DBTO	设计－建造－转移－经营	私营部门先垫资建设林业项目，完工后以约定好的价格移交给政府。政府再将项目以一定的费用回租给私营部门，由私营部门对该项目进行后期经营
DBFO	设计－建造－投资－经营	私营部门投资建设林业项目，通常也具有改项目的所有权。政府根据合同约定，向私营部门支付一定费用并使用该项目，同时提供与项目相关的核心服务，而私营部门只提供该项目的辅助性服务
PBO	购买－建设－经营	私营部门以购买的形式承包林业项目，经过建设后经营该项目并永久拥有该项目的所有权。在与政府签订的购买合同中注明保证公益性的约束条款，受政府管理和监督
BOO	建设－拥有－经营	私营部门投资、建设并永久拥有和经营某林业项目，在与政府签订的原始合同中注明保证公益性的约束条款，受政府管理和监督

（三）林业PPP应用领域

依据国家林业局的分类，林业项目可分为生态建设与保护、林业支撑与保障、林业产业发展、林业民生工程四大类。其中林业产业发展项目是传统的企业项目，不属于公共服务范畴。林业民生工程主要包括棚户区改造、林产业基地建设等民生改善项目，属于纯公共服务领域，经济效益不显著、不适合PPP方式。林业支撑项目包括林木种苗、森林防火、有害生物防治、林业信息化等，属于有一定经济效益的公共服务项目，需要依据不同项目特征分开考量。林业生态建设与保护项目属于典型的公共服务项目，传统项目招投标经验丰富，是林业PPP开展的重点领域。具体项目分为以下几类。

从林业支撑类项目来看，森林防火和有害生物防治工作历来由地方林业局组织开展工作，目的是保护林业资源且特别是保护限制开发的天然林资源。项目与社会资本相关的环节是防火器材、防虫药剂的采购环节，并不适用于倡导社会资本参与项目建设的PPP方式。林木种苗和林业信息化项目有一定招标经验，种苗培育领域已经涌现出一批实力雄厚的企业，可以承担林业信息化项目的技术企业也十分丰富，社会资本有承接项目的能力，有采取PPP方式开展项目的基础。林木种苗项目是林业建设和生态建设的基础性工程，兼具公共服务属性和经济属性，且企业在育苗上的经验和技术可以帮助提高后期工程质量和效率，依据《中国林业统计年鉴2014》，林木种苗的投资额占林业支撑保障资金的38%，共计84多亿元，且林木种苗的培育有一定年限需求，采取PPP模式有助于平滑政府财政支出、减轻财政负担，是适合推广PPP的领域。林业信息化是国家林业局近年新提出的林业支撑类项目，包括涉密信息系统和公用信息系统两套体系，涉密信息须由具有国家保密局认可的具有相应涉密资质的机构设计开发，建成后由国家保密局或者其认定的测评机构进行测评，其PPP应用需格外注意社会资本方的认证资质；公用信息系统的建设可以由专业的互联网企业承接，采取PPP方式对提高效率、降低成本均有帮助，适宜采取PPP方式建设和运行相关系统。

林业生态建设领域属于林业PPP重点开展领域。2013年生态建设资金占林业总投资资金的49.6%，达1870亿元，生态建设项目资金需求高、投资周期长，且森林公园等生态项目有其固定的盈利模式，适用PPP模式进行融资、建设。

林业生态工程项目可分为资源保护项目和造林项目两大类。资源保护项目包括天然林资源保护、野生动植物保护、湿地保护三大类。资源保护项目中，适合采取PPP方式进行的为可开发和建设的森林公园、湿地公园、野生动植物景观的项目，即以国家公园形式运行的保护区域。目前我国大量的自然保护区不允许在保护区内特别是核心区直接利用自然资源或开展任何形式的生产性经营活动的。商业性的生态旅游景区往往也无法实现动植物保护的最大化。国家公园在此背景下应运而生，具有丰富的公共价值，它既可以保护典型生态系统的完整性，同时也为生态旅游、科学研究和环境教育提供场所，有其特殊的盈利模式，此类收益成熟、建设经验较为丰富的项目适合作为在林业领域应用PPP的窗口，率先进行推广，社会资本不仅参与建设，也可参与公园的运营活动。

造林项目依据区域规划和造林目的分为退耕还林、三北及长江防护林、京津风沙源治理三大类工程。退耕还林是兼顾民生改善和生态保护的项目，相关补贴是国家为保障农户生活发放的补贴，退耕后的林地带来的收益是农户转型林户后的经济来源，不适合由社会资本过多参与，社会资本可发挥的作用体现在还林所需林木种苗的培育上，因此此类项目不适合以PPP模式开展。防护林和风沙治理项目类似，虽然种植的树木不能直接砍伐以形成经济效益，但是果树等经济林也具有防护林的功效，利用防护林发展林下经济也是近年防护林建设中摸索出来的新方法，这些防护林均能兼顾经济效益和生态效益，并且还具有建设周期长、社会资本有承担能力的特点，因此防护林和防沙治理林的建设适合采用PPP方式开展。

综上所述，在林业领域中，应重点推广 PPP 方式的项目集中在以下几点。

(1)生态资源保护项目，此类项目包括森林公园、湿地公园、野生动植物保护区等，以林业建设为主体，同时提供生态效益的项目。其中森林公园等资源保护类公园项目有比较成熟的发展背景，适合作为推广林业 PPP 的代表性项目。

(2)生态建设工程项目，此类项目包括退耕还林、三北及长江防护林、京津风沙源治理等。

(3)林业基础设施项目，如林业信息化、林区基础设施建设等，这类项目与林木种植关系不大，但是是服务于林业建设的重要工程，适合与其他类型 PPP 项目融合，发挥其应有的效果。

六、推进林业 PPP 项目发展的政策建议

我国各领域近年来对于 PPP 模式的改革和落地进行了不懈的探索，从 2014 年至今，PPP 改革走过了三年的道路，目前正式进入改革的深水区。作为供给侧结构性改革的重要方面，结合目前已经开展的具体 PPP 项目等微观考量，PPP 已经取得了相应的成果，同时也暴露出了一些问题。我国林业 PPP 刚刚起步，吸取国外的成功经验，参考国内其他领域的开展情况，进一步在林业方面推广 PPP，应坚持问题导向，为林业 PPP 项目发展创造更好的空间。

(一)转变政府职能，创造良好的政策空间和氛围

促进林业 PPP 的发展，必须要从政府职能转变入手，政府不再充当林业工程唯一的供应者，而是成为服务的监督者，通过对生态工程与林业资源的总体规划、开发林业 PPP 项目、监督 SPV(特殊目的实体)公司项目建设、在提供补助和项目交付时检验项目的实际运营情况这几个环节，实现节约财政支出、提高项目效率的目的。在这种背景下，成立顾问委员会是一个较好的选择。顾问委员会虽然不直接参与伙伴关系运行，却可以对伙伴关系的决策和实施过程进行监督和咨询。林业 PPP 项目可以成立类似于顾问委员会的第三方组织，由独立于林业 PPP 项目利益相关者的市民和专业人士组成，对林业 PPP 项目的决策和运行进行监督。在 SPV 公司的管理中，要注意实现决策民主，通过赋予各参与组织代表同等的地位，通过对不同伙伴代表比例的控制，促使多主体相互合作，避免纠纷。

为林业 PPP 项目的顺利开展与实施创造良好的政策空间，政府发挥有效的监管职能和服务职能，尤其要注意以下几个方面。

1. 加快建立完善的林业 PPP 项目规范管理体系

规范的管理体系应该涵盖宏观到微观的各项管理规范，应该考虑社会资本、政府角色、公众等项目涉及的所有利益相关者。管理体系的形成对于刚刚起步的林业 PPP 意义

重大，对于指导地方政府和社会资本开展工作具有非常典型的意义。只有当上下形成一套行之有效的管理体系时，才能保证各项工作的开展效率和上传下达的高效运转。

2. 加紧出台林业 PPP 项目操作流程指导意见

各地方可以根据具体的林业发展状况、经济发展水平、区域发展特色、民俗文化等综合考量因素因地制宜，制定出符合本地区经济发展水平、符合本地区市场情况的林业生态服务规划。为了避免出现虎头蛇尾、过程偏差等常见问题，也为了减少地方政府相关部门的工作量，制定适用性较强的林业 PPP 具体操作流程规范的指导意见至关重要。该指导意见应该具体到人员配置等细节问题的一般性原则，同时注重地方政府在该指导意见下的灵活性。林业 PPP 项目的开展一般有比较规范的流程和程序，整个的运作周期基本包括前期的准备、项目招投标实施阶段、项目实施阶段以及合同终结阶段。各个阶段应该要有明确具体的意见。

3. 强化林业 PPP 项目的公共服务性质

最后，政府要从公共价值观念出发，引导林业 PPP 发展。公共价值观念是反映政府、企业和公众的偏好以及客体的公共效用，融合了效率、效果、公平、责任和公共利益等。林业 PPP 模式是我国公共服务领域改革与创新的内容，在当前情境下，通过引入民间资本提高效率、节约成本、实现公平和保证公共利益，这与公共价值观念存在关联性。

（二）创新融资渠道和收益机制，提高社会资本参与度

融资是林业工程开展的一大难题，当前比较能接受林权抵押融资的机构大多为政策性金融机构或者公共性投资主体，如国家开发银行、PPP 基金、社保基金等，融资成本在 8%~10% 范围浮动。但是这些主体在投资时看重项目的经营资质，对项目周期、收益有严格的规定，林业工程在全部 PPP 项目中比重低，在吸引融资时竞争力不高。为了尽量争取金融机构的贷款，林业部门对 SPV 公司及项目的支持必不可少。对于政府付费的项目，地方政府若能将该项支出列入当地财政规划，也能提高金融机构对项目的认可度，增加获得融资的可能性。

收益方面，生态环境补偿是目前林业工程回收成本的重要途径，其中政府补偿包括财政转移支付和生态效益补偿金两种，涵盖了公益林营造、抚育、保护和管理的资金，市场补偿主要体现为消费者付费模式。我国目前的林业发展实际以政府补偿为主，市场补偿长期缺位，生态效益的价值没有充分体现出来。

另一种近年来兴起的融资方式为森林碳汇融资，包括森林碳汇债券、森林碳汇抵押等，这种利用森林生态效益融资的方式虽发展不久，但对林业生态项目来说十分重要。我国在 2014 年建立了碳汇交易所，实现了碳汇交易的市场化，帮助了林业生态效益向经济效益的转变，但是如何将这种生态补偿作为一种收益权实现融资还正在探索中。碳汇权存在的前提是对其的正确估值，而当前金融机构的评估方式并没有一个统一的规定，既增加了银行评估的成本，也增加了申请者等待评估的时间成本。想要推进森林碳汇融资的发展，特别是促进商业银行接受碳汇抵押贷款，需要国家林业部门出台明确的评估办法，对林业生态项目中可兑换收益的CERs(核证减排量)进行统一评估，拓宽项目获得融资的途径。充分研究和利用森林碳汇融资(如森林碳汇债券、森林碳汇抵押)这一新兴的生态效益融资方式，有助于实现林业生态效益向经济效益的转变。

我国的集体林地中，公益林面积在总面积中占比高，蕴含了大量的生物资源和旅游资源。为了适应林业市场经济发展的需求，国家在集体林权改革中规定，公益林在不破坏生态功能的前提下，可依法开发林下种养业、发展森林旅游业等。为实现森林的经济价值提供了途径。随着人们对生态产品的逐渐重视和对生态旅游热情的逐渐提升，林下经济和森林旅游将成为生态林创收的重要途径。

(三)高度重视林业PPP建设，夯实基础工作

林业作为生态服务提供的主要阵地，国家林业主管部门要高度重视林业PPP建设，除完善相关政策外，还应做好系统性规划，解决林业PPP落地难的问题。

首先，要做好典型项目推广。PPP在我国的发展时间不长，有些领域已经先一步开展试点工作，而林业PPP的推广也可以通过试点工作进行深入的探索。对目前我国林业PPP的发展来说，增加存量项目和开发示范项目案例，是现阶段着重需要考虑的问题。国家可按湿地公园、森林公园、造林等分类精选1~2个项目，进行重点跟踪，再进行全国示范推广，这样有事半功倍的效果。研究储备林建设、林业保护设施建设和野生动植物保护利用、荒漠/沙漠类项目开发，增加项目存量。

第二，要加强人员机构能力建设。和其他建设项目不一样，林业生态服务功能外部性、林地林权属性复杂性、林业区位边远性等特点加剧了林业PPP建设的专业性，需要既懂林业又熟悉PPP运作的专门人员来操作，才能更好地解决实际运作的技术问题。因此国家应加强林业PPP人员能力建设，成立专家队伍，储备人才，同时加强地方林业管理人员培训，培养和强化林业PPP意识。建立专门机构，纳入部门日常运作，负责统领全国林业PPP指导、规划和建设工作。

第三，加强高层交流工作。积极沟通国家发改委、财政部等部门，争取国家完善对林业PPP建设的顶层设计。特别是加强地方政府的交流沟通，增加地方政府对林业工作的理解和支持，在项目涉及生态修复、景观设计、造林绿化等林业工作时，在考虑作为一个整体建设项目的同时，将林业部门纳入共建或辅助主管部门，甚至是主管部门。

调 研 单 位：国家林业局经济发展研究中心
北京林业大学经济管理学院
调研组成员：张志涛　李小勇　张　砚　蒋　立　周　莉　郑　傲　郭　晔　张欣晔